全国机械行业职业教育优质规划教材（高职高专）
经全国机械职业教育教学指导委员会审定
电气自动化技术专业
高职高专“十三五”规划教材

中级维修电工技能综合实训

主　编　李庆梅　张文初
副主编　杨庆徽
参　编　罗钟祁

机械工业出版社

为满足维修电工职业技能培训和职业技能鉴定需要，本书从职业（岗位）分析入手，紧紧围绕国家职业技能标准，突出教材的实用性及可操作性，本书是项目式教学的特色教材，每个项目都以实际工程案例引入，由浅入深地讲述相关理论和实际应用案例。各个项目都包含几个任务，每个任务包含任务引入、任务分析、必备知识、任务实施、任务检查与评定、相关知识和任务小结等内容，同时每个任务还配有习题及思考题。

本书包含四个项目：维修电工的基本训练、三相异步电动机电路的安装与调试、电子基本功训练、机床电气故障与检修主要内容为：电气意外及处理、识别常用电工材料、电工仪器仪表的使用、三相异步电动机的检修与维护、照明电路的安装与维修、送料小车的电气控制电路的安装与调试、三相异步电动机Y-Δ减压起动的控制电路的安装与调试、双速异步电动机控制电路的安装与调试、三相异步电动机制动控制电路的设计与调试、半导体器件的认知与检测、电子仪器仪表的使用、直流稳压电源的制作、调光电路的制作、机床电气设备检修、M7120 型平面磨床故障与检修、Z3050 型摇臂钻床电气电路故障与检修、T68 型卧式镗床电气电路故障与检修、X62W 型万能铣床故障与检修。

本书可供各相关职业院校机电设备类、自动化类专业教学使用，也是社会人员参加维修电工初、中级鉴定考核取证的参考用书。

为方便教学，本书配有免费电子课件、习题及思考题答案、模拟试卷及答案，供教师参考。凡选用本书作为授课教材的教师，均可来电（010-88379375）索取，或登录机械工业出版社教育服务网（www. cmpedu. com）网站，注册、免费下载。

图书在版编目（CIP）数据

中级维修电工技能综合实训/李庆梅，张文初主编. —北京：机械工业出版社，2016. 12（2020. 1 重印）

全国机械行业职业教育优质规划教材. 高职高专

ISBN 978 - 7 - 111 - 55548 - 3

Ⅰ. ①中… Ⅱ. ①李…②张… Ⅲ. ①电工 - 维修 - 高等职业教育 - 教材 Ⅳ. ①TM07

中国版本图书馆 CIP 数据核字（2016）第 287346 号

机械工业出版社（北京市百万庄大街 22 号　邮政编码 100037）

策划编辑：于　宁　冯睿娟　责任编辑：于　宁　曲世海　冯睿娟

责任印制：常天培　责任校对：李锦莉

北京京丰印刷厂印刷

2020 年 1 月第 1 版 · 第 5 次印刷

184mm × 260mm · 15 印张 · 362 千字

标准书号：ISBN 978 - 7 - 111 - 55548 - 3

定价：37. 00 元

凡购本书，如有缺页、倒页、脱页，由本社发行部调换

电话服务　网络服务

服务咨询热线：010-88379833　机 工 官 网：www. cmpbook. com

读者购书热线：010-88379649　机 工 官 博：weibo. com/cmp1952

教育服务网：www. cmpedu. com

金 书 网：www. golden-book. com

前　　言

本书是根据高职学生毕业后从事职业的实际需求，贯彻职业教育“以就业为导向，以能力为本位”的指导思想，紧密联系高职院校教学的实际并参照初级、中级维修电工中的职业技能标准确定学生应具备的知识能力结构要求而编写的。本书特点如下：

1）采用项目式编写结构，内容紧密联系专业工程实际，将知识点贯穿于项目中。每个项目配备多个任务，通过任务的实施、考核让学生掌握其专业知识和技能的应用。

2）教材编写突出实践操作，以能力培养为目标，以完成每个任务为引导，使学生对相关知识的学习有针对性、目的性和主动性。

3）教材在内容的安排上，力求简明扼要、难易适中、加强实践内容，突出针对性、实用性和先进性。

本书建议学时分配如下表所示，总课时140，课程教学建议采用理论实践一体化授课形式，理论授课和实践课安排可以灵活掌握，交融渐进。各院校可根据实际教学环境适当地对课时与教学方式进行调整，以方便教学。

项　　目	任　　务	建议学时
项目一　维修电工的基本训练	任务一　电气意外及处理	4
	任务二　识别常用电工材料	4
	任务三　电工仪器仪表的使用	4
	任务四　三相异步电动机的检修与维护	6
	任务五　照明电路的安装与维修	8
项目二　三相异步电动机电路的安装与调试	任务一　送料小车的电气控制电路的安装与调试	10
	项目二　三相异步电动机Y-△减压起动的控制电路的安装的调试	8
	任务三　双速异步电动机控制电路的安装与调试	8
	任务四　三相异步电动机制动控制电路的设计与调试	8
项目三　电子基本功训练	任务一　半导体器件的认知与检测	4
	任务二　电子仪器仪表的使用	6
	任务三　直流稳压电源的制作	8
	任务四　调光电路的制作	8
项目四　机床电气故障与检修	任务一　机床电气设备检修	6
	任务二　M7120型平面磨床电气电路故障与检修	12
	任务三　Z3050型摇臂钻床电气电路故障与检修	12
	任务四　T68型卧式镗床电气电路故障与检修	12
	任务五　X62W型万能铣床电气电路故障与检修	12
总　　计		140

本书由李庆梅、张文初任主编，杨庆徽任副主编，罗钟祁参编。具体编写分工是：项目一任务四和项目二由李庆梅编写，项目一任务一、任务二及项目三由张文初编写、项目一任务三、任务五由杨庆徽编写，项目四由罗钟祁编写。

本书在编写过程中，参阅了许多同行专家们的论著文献，在此表示真诚的感谢。由于编者的学识水平和实践经验有限，书中疏漏之处在所难免，敬请使用本书的读者批评指正。

编　者

二维码清单

资源名称		二维码	资源名称		二维码
项目一	任务一　电气意外及处理		项目二	任务三　双速异步电动机制动控制电路的安装与调试	
	任务二　常用电工材料			任务四　三相异步电动机制动控制电路的设计与调试	
	任务三　常用电工仪表			按钮行程开关及刀开关	
	任务四　三相异步电动机的检修与维护			接触器	
	任务五　照明电路的安装与维修			继电器	
项目二	任务一　送料小车的电气控制电路的安装与调试			熔断器	
	任务二　三相异步电动机星三角减压起动控制电路的安装与调试			低压断路器	

（续）

	资源名称	二维码		资源名称	二维码
项目三	任务一　二极管、桥堆		项目四	任务一　机床电气设备检修	
	任务一　晶体管			任务二　M7130 型平面磨床电气控制电路故障与检修	
	任务二　电子仪器仪表的使用			任务三　Z3050 型摇臂钻床电路故障与检修	
	任务三　直流稳压电源的制作			任务四　T68 型卧式镗床电气电路故障与检修	
	任务四　调光电路的制作			任务五　X62W 型万能铣床电气电路故障与检修	
	场效应晶体管及晶闸管				

目　录

项目一 维修电工的基本训练

任务一 电气意外及处理

能力目标：

1. 掌握维修电工安全常识。
2. 掌握维修电工基本操作技能。
3. 会正确处理触电、电气火灾等常见电气意外。

知识目标：

1. 了解触电、电气火灾等常见电气意外，熟悉安全用电常识。
2. 掌握维修电工基本安全知识。
3. 掌握安全用电、文明生产和消防知识。
4. 掌握触电急救的知识和方法。

一、任务引入

维修电工必须接受安全教育，在掌握基本的安全知识和工作范围内的安全技术规程后，才能进行实际操作。

二、任务分析

1. 维修电工必须具备的条件

1）身体健康，精神正常。凡患有高血压、心脏病、气喘病、神经系统疾病、色盲疾病、听力或四肢功能有严重障碍者，不得从事维修电工工作。

2）获得维修电工国家职业资格证书，并持电工操作证。

3）掌握触电急救方法。

2. 维修电工人身安全知识

1）在进行电气设备安装和维修操作时，必须严格遵守各种安全操作规程，不得玩忽职守。

2）操作时，要严格遵守停送电操作规定，要切实做好防止突然送电时的各项安全措施，如挂上“有人工作，禁止合闸！”的标示牌，锁上闸刀或取下电源熔断器等。不准临时送电。

3）在带电部分附近操作时，要保证有可靠的安全间距。

4）操作前，应仔细检查操作工具的绝缘性能，检查绝缘鞋、绝缘手套等安全用具的绝缘性能是否良好，有问题的应及时更换。

5）登高工具必须安全可靠，未经登高训练的人员，不准进行登高作业。

6）如发现有人触电，要立即采取正确的急救措施。

三、必备知识

电力是国民经济的重要能源，在现代生活中也不可缺少。但是不懂得安全用电知识就容易造成触电身亡、电气火灾、电气损坏等意外事故，所以，“安全用电，性命攸关”。

随着社会的发展，电在人们的日常工作与生活中应用极其广泛，但如果使用不当，小则损坏机器设备，大则危及人身安全。因为当人们一不小心碰到电时，电流就能立即通过人体，对人体造成不同程度的伤害。

（一）电流对人体的伤害

电流对人体的伤害分为电击和电伤两种。

1. 电击

所谓电击就是指当电流通过人体内部器官，使其受到伤害。如电流作用于人体中枢神经，会使心脑和呼吸机能的正常工作受到破坏，人体发生抽搐和痉挛，失去知觉；电流也可能使人体呼吸功能紊乱，血液循环系统活动大大减弱而造成假死。如救护不及时，则会造成死亡。电击是人体触电较危险的情况。

2. 电伤

所谓电伤就是指人体外器官受到电流的伤害，如电弧造成的灼伤，电的烙印，由电流的化学效应而造成的皮肤金属化，电磁场的辐射作用等。电伤是人体触电事故较为轻微的一种情况。

（二）影响人体触电伤害程度的因素

1. 电流大小的影响

电流的大小直接影响人体触电的伤害程度。不同的电流会引起人体不同的反应。根据人体对电流的反应，习惯上将触电电流分为感知电流、反应电流、摆脱电流和心室纤颤电流。

2. 电流持续时间的影响

人体触电时间越长，电流对人体产生的热伤害、化学伤害及生理伤害越严重。一般情况下，工频电流15～20mA以下及直流电流50mA以下，对人体是安全的。但如果触电时间很长，即使工频电流小到8～10mA，也可能使人致命。

3. 电流流经途径的影响

电流流过人体的途径也是影响人体触电严重程度的重要因素之一。当电流通过人体心脏、脊椎或中枢神经系统时，危险性最大。电流通过人体心脏，引起心室颤动，甚至使心脏停止跳动。电流通过背脊椎或中枢神经，会引起生理机能失调，造成窒息致死。电流通过脊髓，可能导致截瘫。电流通过人体头部，会造成昏迷等。

4. 人体电阻的影响

在一定电压作用下，流过人体的电流与人体电阻成反比，因此人体电阻是影响人体触电的另一因素。人体电阻由表面电阻和体积电阻构成。表面电阻即人体皮肤电阻，对人体电阻起主要作用。有关研究结果表明，人体电阻一般在1000～2000Ω范围。

人体皮肤电阻与皮肤状态有关，随条件不同在很大范围内变化。如皮肤在干燥、洁净、无破损的情况下，可高达几十千欧，而潮湿的皮肤，其电阻可能在1000Ω以下。同时，人体电阻还与皮肤的粗糙程度有关。

5. 电流频率的影响

经研究表明，人体触电的危害程度与触电电流频率有关。一般地来说，频率在25～300Hz的电流对人体触电的伤害程度最为严重。低于或高于此频率段的电流对人体触电的伤害程度明显减轻。如在高频情况下，人体能够承受更大的电流作用。目前，医疗上采用20kHz以上的高频电流对人体进行治疗。

6. 人体状况的影响

电流对人体的伤害作用与性别、年龄、身体及精神状态有很大的关系。一般地说，女性比男性对电流更敏感，小孩比大人更敏感。

（三）触电的方式

人体触电的方式有很多，常见的有单相触电、两相触电、跨步触电、接触电压触电、人体接近高压触电、人体在停电设备上工作时突然来电的触电等。下面对前三种做简单介绍。

1. 单相触电

如图1-1-1、图1-1-2所示，如果人站在大地上，当人体接触到一根带电导线时，电流通过人体经大地而构成回路，这种触电方式通常被称为单相触电，也称为单线触电。这种触电的危害程度取决于三相电网中的中性点是否接地。

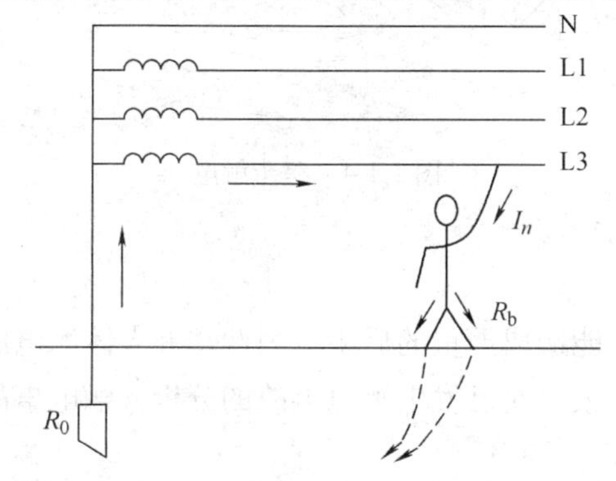

图1-1-1　中性点接地系统的单相触电

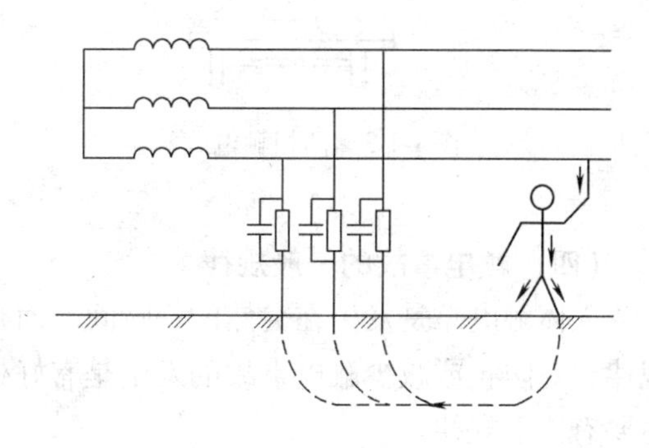

图1-1-2　中性点不接地系统的单相触电

1）中性点接地。如图1-1-1所示，在电网中性点接地系统中，当人接触任一相导线时，一相电流通过人体、大地、系统中性点接地装置形成回路。因为中性点接地装置的接地电阻比人体电阻小得多，所以相电压几乎全部加在人体上，使人体触电。但是如果人体站在绝缘材料上，流经人体的电流会很小，人体不会触电。

2）中性点不接地。如图1-1-2所示，在电网中性点不接地系统中，当人体接触任一相导线时，接触相经人体流入地中的电流只能经另两相对地的电容阻抗构成闭合回路。在低压系统中，由于各相对地电容较小，相对地的绝缘电阻较大，故通过人体的电流会很小，对人体不至于造成触电伤害；若各相对地的绝缘不良，则人体触电的危险性会很大。在高压系统中，各相对地均有较大的电容。这样一来，流经人体的电容电流较大，造成对人体的危害也较大。

2. 两相触电

如图1-1-3所示，如果人体的不同部位同时分别接触一个电源的两根不同电位的裸露导线，导线上的电流就会通过人体从一根电流导线流入到另一根导线，从而形成回路，使人触电，这种触电方式通常称为两相触电，也称为两线触电。此时，人体处于线电压的作用下，所以，两相触电比单相触电危险性更大。

3. 跨步触电

跨步触电如图1-1-4所示，当人体在具有电位分布的区域内行走时，人的两脚（一般相距以0.8m计算）分别处于不同电位点，两脚间会承受电压的作用，这一电压称为跨步电压。跨步电压的大小与电位分布区域内的位置有关，在越靠近接地体处，跨步电压越大，触电危险性也越大。

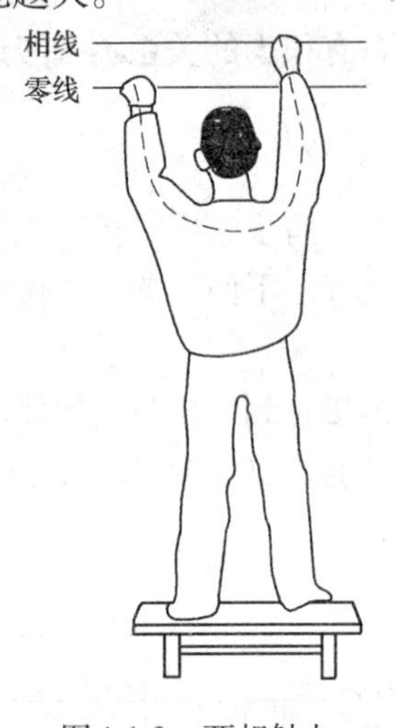

图1-1-3　两相触电

图1-1-4　跨步触电

（四）触电事故的一般规律

人体触电总是发生在突然的一瞬间，而且往往能造成严重的后果。因此掌握人体触电的规律，对防止或减少触电事故的发生是有好处的。根据对已发生触电事故的分析，触电事故主要有以下规律。

1. 季节性

一般来说，每年的6月至9月为事故的多发季节。该季节炎热，人体多汗，皮肤湿润，使人体电阻大大降低，因此触电危险性及可能性较大。

2. 低压电气设备触电事故多

在工农业生产及家用电器中，低压设备占绝大多数，而且低压设备使用广泛，其中不少人缺乏电气安全知识，因此，发生触电的几率较大。

3. 移动式电气设备触电事故多

由于移动式设备经常移动，工作环境参差不齐，电源线磨损的可能性较大，同时，移动式设备一般体积较小，绝缘程度相对较弱，容易发生漏电故障。再者，移动式设备又多由人手持操作，故增加了触电的可能性。

4. 电气触点及连接部位触电事故多

电气触点及连接部位由于机械强度、电气强度及绝缘强度均较差，较容易出现故障，容易发生直接或间接触电。

5. 农村用电触电事故多

由于农村用电设备较为简陋，技术和管理水平低，而且目前一般农村用电工作环境较恶劣，因此触电事故较多。

6. 临时性施工工地触电事故多

现在我国正处于经济建设的高峰期，到处都在开发建设，因此临时性的工地较多。这些工地的管理水平高低不齐，有的施工现场电气设备、电源线路较为混乱，故触电事故隐患较多。

7. 中青年人和非专业电工触电事故多

目前在电力行业工作的人员以年轻人居多，特别是一些主要操作者，有不少往往缺乏工作经验、技术欠成熟，增加了触电事故的发生率。非电工人员由于缺乏必要的电气安全常识，盲目地接触电气设备，当然会发生触电事故。

8. 错误操作的触电事故

由于一些单位安全生产管理制度不健全或管理不严，电气设备安全措施不完备、思想教育不到位和责任人不清楚，因此，会产生错误操作的事故。

了解和掌握触电事故发生的一般规律，对防止事故的发生，做好用电安全工作是十分必要的。

（五）触电急救与预防

1. 触电急救

发现人身触电事故时，发现者一定不要惊慌失措，要动作迅速，救护得当。首先要迅速将触电者脱离电源，其次，立即就地进行现场救护，同时找医生救护。

（1）脱离电源　电流对人体的作用时间愈长，对生命的威胁愈大，所以触电急救首先要使触电者迅速脱离电源。救护人员既要救人也要注意保护自己。脱离低压电源的常用方法可用“拉”“切”“挑”“拽”和“垫”五个字来概括。

“拉”是指就近拉开电源开关，拔出插销或瓷插熔丝。

“切”是指用绝缘柄或干燥木柄切断电源。切断时应注意防止带电导线断落碰触周围人体。对多芯电力电缆也应分相切断，以防短路伤害人。

“挑”是指如果导线搭落在触电人身上或压在身下，这时可用干燥木棍或竹竿等挑开导线，使之脱离开电源。

“拽”是救护人戴上手套或在手上包缠干燥衣服、围巾、帽子等绝缘物拖拽触电人，使他脱离开电源导线。

“垫”是指如果触电人由于痉挛手指紧握导线或导线绕在身上，这时救护人可先用干燥的木板或橡胶绝缘垫塞进触电人身下使其与大地绝缘，隔断电源的通路，然后再采取其他办法把电源线路切断。

在使触电人脱离开电源时应注意的事项：

1）救护人不得采用金属和其他潮湿的物品作为救护工具。

2）在未采取绝缘措施前，救护人不得直接接触触电者的皮肤和潮湿的衣服及鞋。

3）在拉拽触电人脱离开电源线路的过程中，救护人宜用单手操作，这样做对救护人比较安全。

4）当触电人在高处时，应采取预防措施预防触电人在解脱电源时从高处坠落摔伤或摔死。

5）夜间发生触电事故时，在切断电源时会同时使照明失电，应考虑切断后的临时照明，如应急灯等，以利于救护。

（2）对症抢救的原则　触电者脱离电源后，应立即移到通风处，并使其仰卧，迅速鉴定触电者是否有心跳、呼吸。

1）触电者神志清醒，但感到全身无力、四肢发麻、心悸、出冷汗、恶心或一度昏迷，但未失去知觉，应将触电者抬到空气新鲜、通风良好的地方舒适地躺下休息，让其慢慢地恢复正常。要时刻注意保温和观察。若发现呼吸与心跳不规则，应立刻设法抢救。

2）触电者呼吸停止但有心跳，应用口对口人工呼吸法抢救。

3）触电者心跳停止但有呼吸，应用胸外心脏按压法与口对口人工呼吸法抢救。

4）触电者呼吸、心脏均已停止，需同时进行胸外心脏按压法与口对口人工呼吸法抢救。

5）千万不要给触电者打强心针或拼命摇动触电者，也不要用木板来挤压，以及强行拖拉触电者，以使触电者的情况更加恶化。抢救过程要不停地进行。在送往医院的途中也不能停止抢救。当抢救者出现面色好转、嘴唇逐渐红润、瞳孔缩小、心跳和呼吸恢复正常时，即为抢救有效的特征。

（3）人工呼吸法　在做人工呼吸之前，首先要检查触电者口腔内有无异物，呼吸道是否堵塞，特别要注意清理喉头部分有无痰堵塞。其次，要解开触电者身上妨碍呼吸的衣裤，且维持好现场秩序。主要方法：

1）口对口人工呼吸法。口对口（鼻）人工呼吸法不仅方法简单易学且效果最好，较为容易掌握。

①将触电者仰卧，并使其头部充分后仰，一般应用一手托在其颈后，使其鼻孔朝上，以利于呼吸道畅通，但头下不得垫枕头，同时将其衣扣解开（如图 1-1-5 所示）。

②救护人在触电者头部的侧面，用一只手捏紧其鼻孔，另一只手的拇指和食指掰开其嘴巴，准备向鼻孔吹气，即口对鼻（如图 1-1-6 所示）。

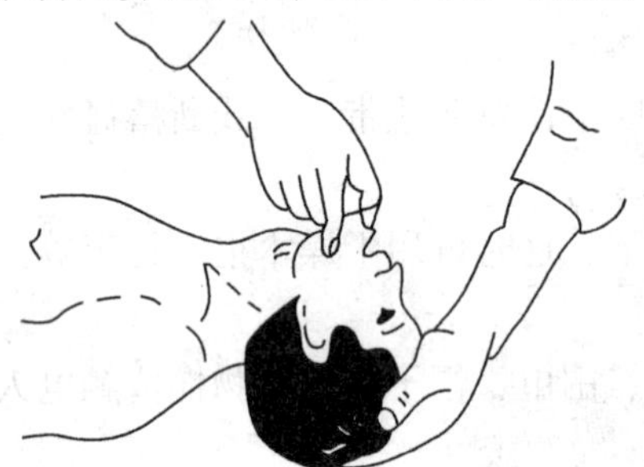

图 1-1-5　身体仰卧且头部后仰

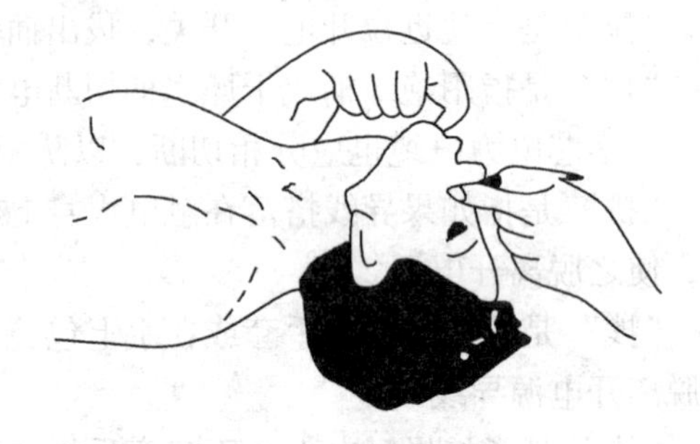

图 1-1-6　捏鼻掰嘴准备进行

③救护人深吸一口气，紧贴掰开的嘴巴向内吹气，也可搁一层纱布。吹气时要用力并使其胸部膨胀，一般应每 5s 吹一次，吹 2s，放松 3s。对儿童可小口吹气。向鼻孔吹气与向口吹气相同（如图 1-1-7 所示）。

④吹气后应立即离开其口或鼻，并松开触电者的鼻孔或嘴巴，让其自动呼气，约 3min（如图 1-1-8 所示）。

⑤在实行口对口（鼻）人工呼吸时，当发现触电者胃部充气膨胀，应用手按住其腹部，并同时进行吹气和换气。

2）胸外心脏按压术。胸外心脏按压术是触电者心脏停止跳动后使心脏恢复跳动的急救方法，是每一个电气工作人员应该掌握的。

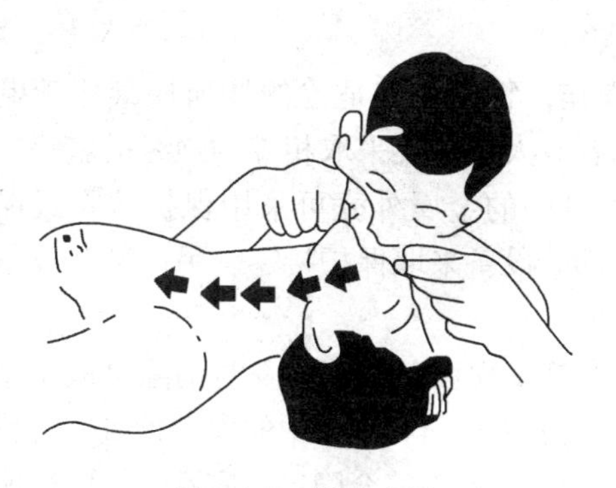

图 1-1-7　紧贴吹气

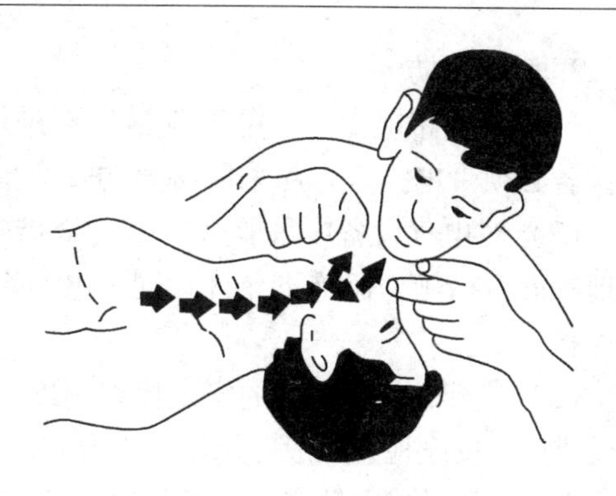

图 1-1-8　放松换气

①首先使触电者仰卧在比较坚实的地方，解开领扣衣扣，并使其头部充分后仰，使其鼻孔朝上，或由另外一人用手托在触电者的颈后，或将其头部放在木板端部，在其胸背后垫以软物。

②救护者跪在触电者一侧或骑跪在其腰部的两侧，两手相叠，下面手掌的根部放在心窝上方胸骨下三分之一至二分之一处（如图 1-1-9 所示）。

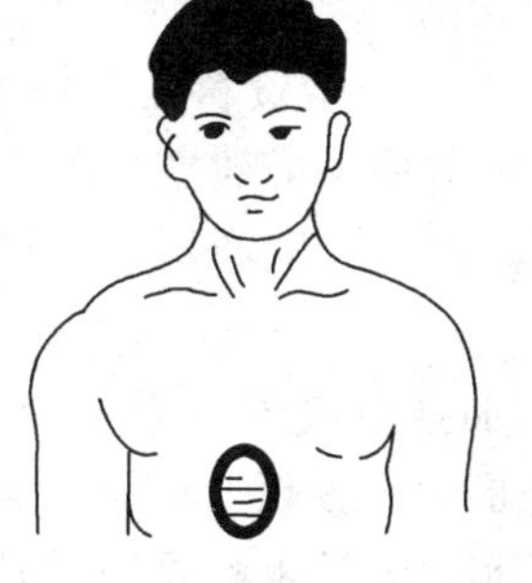

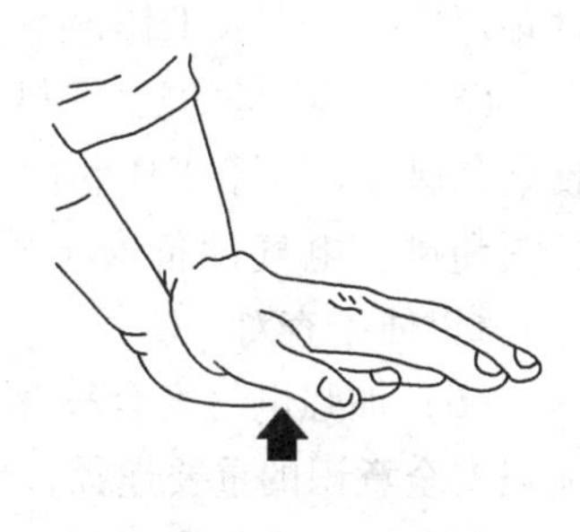

图 1-1-9　正确按压位置、叠手方式

③掌根用力垂直向下按压，用力要适中不得太猛，对成人应压陷 3 ~ 4cm，频率为 60 次/min；对 16 岁以下儿童，一般应用一只手按压，用力要比成人稍轻一点，压陷 1 ~ 2cm，频率 100 次/min 为宜。这样可使心脏里面的血液因受压而流向全身（如图 1-1-10 所示）。

④按压后掌根应迅速全部放松，让触电者胸部自动复原，血液又回到心脏，放松时掌根不要离开压迫点，只是不向下用力而已（如图 1-1-11 所示）。

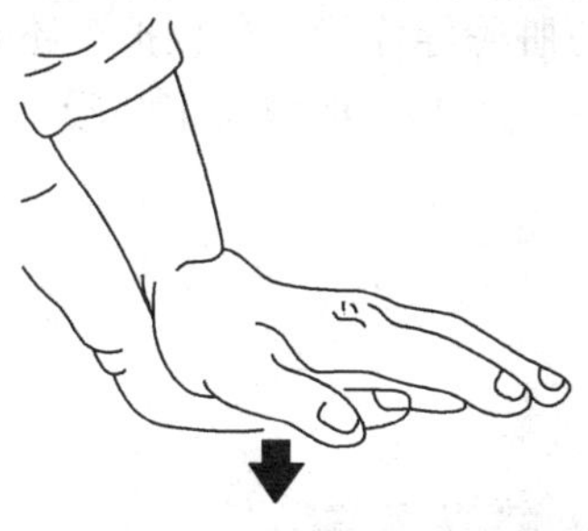

图 1-1-10　向下按压

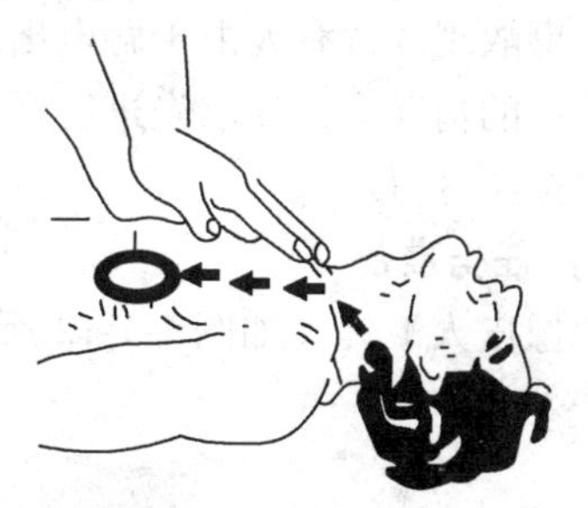

图 1-1-11　迅速放松

⑤为了达到良好的效果，在进行胸外心脏按压术的同时，必须进行口对口（鼻）的人工呼吸。因为正常的心脏跳动和呼吸是相互联系且同时进行的，没有心跳，呼吸也要停止，而呼吸停止，心脏也不会跳动。

注意：实施胸外心脏按压术时，切不可草率行事，必须认真坚持，直到触电者苏醒或其他救护人员、医生赶到。

2. 触电预防

（1）不要带电操作　电工应尽量不进行带电操作，特别是在危险的场所应禁止带电作业。若必须带电操作，应采取必要的安全措施，如有专人监护及采取相应的绝缘措施等。

（2）对电气设备应采取必要的安全措施　电气设备的金属外壳可采用保护接零或保护接地等安全措施，但绝不允许在同一电力系统中一部分设备采取保护接零，另一部分设备采取保护接地。

（3）应建立一套完善的安全检查制度　安全检查是发现设备缺陷，及时消除事故隐患的重要措施。安全检查一般应每季度进行一次。特别要加强雨季前和雨季中的安全检查。各种电器，尤其是移动式电器应建立经常的与定期的检查制度，若发现安全隐患，应及时加以处理。

（4）要严格执行安全操作规程　安全操作规程是为了保证安全操作而制定的有关规定。根据不同工种、不同操作项目，需制定各项不同安全操作规程。另外，在停电检修电气设备时必须悬挂“有人工作，不准合闸！”的警示牌。电工操作应严格遵守操作规程和制度。

（5）建立电气安全资料　电气安全资料是做好电气安全工作的重要依据之一，应注意收集和保存。为了工作和检查的方便，应建立高压系统图、低压布线图、架空线路及电缆布置图和建立电气设备安全档案（包括生产厂家、设备规格、型号、容量、安装试验记录等），以便于查对。

（6）加强电气安全教育　加强电气安全教育和培训是提高电气工作人员的业务素质，加强安全意识的重要途径，也是对一般职工和实习学生进行安全用电教育的途径之一。对每一位新参加工作的职工和来厂实习的学生都要进行电的基本知识教育和安全用电的教育。电气设备的操作者还要加深用电安全规程的学习；从事电工工作的人员除应熟悉电气安全操作规程外，同时还应掌握电气设备的安装、使用、管理、维护及检修工作的安全要求，电气火灾的灭火常识和触电急救的基本操作技能。

四、任务实施

（一）任务要求

电气事故现场，有人由于触电出现自主呼吸停止与心脏骤停症状，在救护车还未到达或离医院较远的情况下，要求先进行现场急救。要求 2 人一组，1 人现场人工呼吸练习，1 人胸外心脏按压练习。

（二）任务准备

模拟橡皮人 1 具（如图 1-1-12 所示）、秒表 1 块。

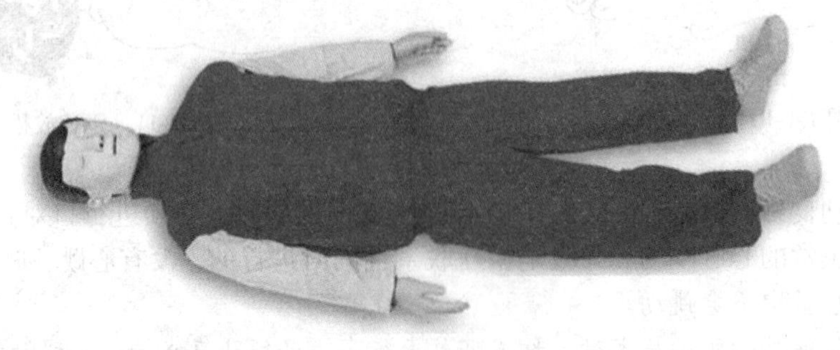

图 1-1-12　模拟橡皮人

（三）任务实施步骤

1）练习者分立病人左右两侧，使病人仰卧在空气流畅的平地或硬板上，迅速松开其领口和裤带，两臂在身旁紧贴身躯，用手帕擦去口腔内异物，保持呼吸道通畅。

2）人工呼吸急救者一手掌按前额，将另一手的食指和中指置于颏骨下，上抬下颏部，使头颅后仰；用按于前额的手的拇指和食指夹住鼻翼，抢救者做深吸气后，俯身以口唇包围病人口部，用力缓慢呼气，将气压入肺脏，时间应持续1s以上，直至病人胸廓向上抬起。此时，立刻脱离接触，面向病人胸部再吸空气，以便再进行下次人工呼吸。与此同时，使病人的口张开。并松开捏鼻的手，观察胸部恢复状况及是否有气体从病人口中排出，然后再进行第二次人工呼吸。

3）胸外心脏按压急救者站立或跪在病人身体一侧，两只手掌根重叠置于病人胸骨中下1/3处。肘关节伸直，借助身体的重力向病人脊柱方向按压。按压应使胸骨下陷4~5cm后，突然放松。按压频率为100次/min。

（四）注意事项

1）按压必须要与人工呼吸同步进行。

2）按压不宜过重、过猛，以免造成肋骨骨折，也不宜过轻，过轻效果不好。

3）按压放松时手掌不要离开原部位。

4）婴幼儿心脏位置较高，应按压胸骨中部。

五、任务检查与评定

任务内容及配分	要　求	扣分标准		得分
人工呼吸（50分）	准备工作	漏一项扣2分		
	保持呼吸道通畅	漏一项扣2分，操作不到位酌情扣分		
	判断有无自主呼吸	漏一项扣2分，操作不到位酌情扣分		
	口对口呼吸使患者的气道通畅。深而快地吹气（成人每次入气体量为800~1200ml）	漏一项扣10分，或操作不到位扣5分		
胸外心脏按压（40分）	识别心脏骤停，确定有心脏骤停，应立即实施心肺复苏	漏一项或一项口述不全扣3分，操作不到位酌情扣分		
	胸外心脏按压频率为80~100次/mim	漏一项或一项口述不全扣10分，操作不到位酌情扣分		
定额时间（10分）	45min	训练不允许超时，每超5min（不足5min以5min记）扣5分		
备注	除定额时间外，各项内容的最高扣分不得超过配分分数		成绩	

【相关知识】

（一）电气火灾的原因

电气火灾和爆炸在火灾、爆炸事故中占有很大的比例，如线路、电动机、开关等电气设备都可能引起火灾。变压器等含有易燃物的电气设备除了可能发生火灾外，还有爆炸的危险。造成电气火灾与爆炸的原因很多。除设备缺陷、安装不当等设计和施工方面的原因外，电流产生的热量、电火花和电弧是引发火灾和爆炸事故的直接原因。

1. 过热

电气设备过热主要是由电流产生的热量造成的。导体的电阻虽然很小，但其电阻总是客观存在的。因此，电流通过导体时要消耗一定的电能，这部分电能转化为热能，使导体温度升高，并使其周围的其他材料受热。对于电动机和变压器等带有铁磁材料的电气设备，除电流通过导体产生的热量外，还有在铁磁材料中产生的热量，因此这类电气设备的铁心也是一个热源。当电气设备的绝缘性能降低时，通过绝缘材料的泄漏电流增加，可能导致绝缘材料温度升高。由上面的分析可知，电气设备运行时总是要发热的，但是，设计、施工正确及运行正常的电气设备，其最高温度和其与周围环境的温差（即最高温升）都不会超过某一允许范围，例如裸导线和塑料绝缘线的最高温度一般不超过70℃。也就是说，电气设备正常的发热是允许的。但当电气设备的正常运行遭到破坏时，发热量会增加，温度也随之升高，当达到一定条件时，可能引起火灾。引起电气设备过热的不正常运行大体包括以下几种情况。

（1）短路　发生短路时，线路中的电流增加为正常时的几倍甚至几十倍，使设备温度急剧上升，大大超过允许范围。如果温度达到可燃物的自燃点，即引起燃烧，从而导致火灾。下面是引起短路的几种常见情况：电气设备的绝缘老化变质，或受到高温、潮湿或腐蚀的作用而失去绝缘能力；绝缘导线直接缠绕、钩挂在铁钉或铁丝上时，由于磨损和铁锈蚀，使绝缘破坏；设备安装不当或工作疏忽，使电气设备的绝缘受到机械损伤；受到雷击等过电压的作用时，电气设备的绝缘可能遭到击穿；在安装和检修工作中，接线和操作错误等。

（2）过载　过载会引起电气设备发热，造成过载的原因大体上有以下两种情况：一是设计时选用线路或设备不合理，以至在额定负载下产生过热；二是使用不合理，即线路或设备的负载超过额定值，或连续使用时间过长，超过线路或设备的设计能力，由此造成过热。

（3）接触不良　接触部分是发生过热的一个重点部位，易造成局部发热、烧毁。有下列几种情况易引起接触不良：不可拆卸的接头连接不牢、焊接不良或接头处混有杂质，都会增加接触电阻而导致接头过热；可拆卸的接头连接不紧密或由于振动出现松脱，也会导致接头发热；活动触点，如闸刀开关的触点、插头的触点、灯泡与灯座的接触处等活动触点，如果没有足够的接触压力或接触表面粗糙不平，会导致触点过热；对于铜铝接头，由于铜和铝导电性不同，接头处易因电解作用而产生腐蚀，从而导致接头过热。

（4）铁心发热　变压器、电动机等设备的铁心，如果铁心绝缘损坏或承受长时间过电压，涡流损耗和磁滞损耗将增加，使设备过热。

（5）散热不良　各种电气设备在设计和安装时都要考虑有一定的散热或通风措施，如果这些措施部分受到破坏，就会造成设备过热。

此外，电炉等直接利用电流的热量进行工作的电气设备，工作温度都比较高，如安置或使用不当，均可能引起火灾。

2. 电火花和电弧

一般电火花的温度都很高，特别是电弧，温度可高达3000～6000℃，因此，电火花和电弧不仅能引起可燃物燃烧，还能使金属熔化、飞溅，构成危险的火源。在有爆炸危险的场所，电火花和电弧更是引起火灾和爆炸的一个十分危险的因素。电火花大体包括工作火花和事故火花两类。

1）工作火花是在电气设备正常工作时或正常操作过程中产生的，如开关或接触器开合时产生的火花、插销拔出或插入时的火花等。

2）事故火花是在线路或设备发生故障时出现的，如发生短路或接地时出现的火花、绝缘损坏时出现的闪光、导线连接松脱时的火花、熔体（片/丝）熔断时的火花、过电压放电火花、静电火花以及修理工作中错误操作引起的火花等。

此外，还有因碰撞引起的机械性质的火花；灯泡破碎时，炽热的灯丝有类似火花的危险作用。

（二）电气火灾的预防

根据电气火灾和爆炸形成的主要原因，电气火灾应主要从以下几个方面进行预防：

1）要合理选用电气设备和导线，不要使其超负载运行。

2）在安装开关、熔断器或架线时，应避开易燃物，与易燃物保持必要的防火间距。

3）保持电气设备正常运行，特别注意线路或设备连接处的接触保持正常运行状态，以避免因连接不牢或接触不良，使设备过热。

4）要定期清扫电气设备，保持设备清洁。

5）加强对设备的运行管理，要定期检修、试验，防止绝缘损坏等造成短路。

6）电气设备的金属外壳应可靠接地或接零。

7）要保证电气设备的通风良好，散热效果好。

（三）电气火灾的扑救常识

1. 电气火灾的特点

电气火灾与一般火灾相比，有两个突出的特点：

1）电气设备着火后可能仍然带电，并且在一定范围内存在触电危险。

2）充油电气设备如变压器等受热后可能会喷油，甚至爆炸，造成火灾蔓延且危及救火人员的安全。所以，扑救电气火灾必须根据现场火灾情况，采取适当的方法，以保证灭火人员的安全。

2. 断电灭火

电气设备发生火灾或引燃周围可燃物时，首先应设法切断电源，必须注意以下事项：

1）处于火灾区的电气设备因受潮或烟熏，绝缘能力降低，所以拉开关断电时，要使用绝缘工具。

2）剪断电线时，不同相电线应错位剪断，防止线路发生短路。

3）应在电源侧的电线支持点附近剪断电线，防止电线剪断后跌落在地上，造成电击或短路。

4）如果火势已威胁邻近电气设备时，应迅速拉开相应的开关。

5）夜间发生电气火灾，切断电源时，要考虑临时照明问题，以利扑救。如需要供电部门切断电源时，应及时联系。

3. 带电灭火

如果无法及时切断电源，而需要带电灭火时，要注意以下几点：

1）应选用不导电的灭火器材灭火，如干粉、二氧化碳、1211 灭火器，不得使用泡沫灭火器带电灭火。

2）要保持人及所使用的导电消防器材与带电体之间有足够的安全距离，扑救人员应戴绝缘手套。

3）对架空线路等空中设备进行灭火时，人与带电体之间的仰角不应超过 45°，而且应站在线路外侧，防止电线断落后触及人体。如带电体已断落地面，应划出一定警戒区，以防跨步电压伤人。

4. 充油电气设备灭火

1）充油设备着火时，应立即切断电源，如外部局部着火时，可用二氧化碳、1211、干粉等灭火器材灭火。

2）如设备内部着火，且火势较大，切断电源后可用水灭火，有事故储油池的应设法将油放入池中，再行扑救。

【任务小结】

安全生产教育，是经济发展的一个重要条件，是企业现代化管理的重要内容之一。生产经营单位的安全生产教育工作是实现安全生产、文明生产，提高员工安全意识和安全素质，防止不安全行为，减少人为失误的重要途径。本任务主要从预防触电入手，阐述电击对人体的伤害、避免电击的方法和对触电者的救护，还介绍了如何避免电气火灾的发生，以及对电气火灾的扑救等。

【习题及思考题】

1. 什么是电击？电击对人体会造成哪些伤害？
2. 什么是电伤？电伤对人体会造成哪些伤害？
3. 影响人体触电伤害程度的因素有哪些？
4. 正常情况下，人体电阻大约是多少？人体电阻的大小与哪些因素有关？
5. 触电可分为几类？常见的触电方式有哪些？
6. 什么是单相触电？什么是两相触电？单相触电和两相触电的触电电压分别是多少？
7. 在使触电者脱离电源时，应该注意哪些事项？
8. 如何避免触电事故的发生？

任务二　识别常用电工材料

☞能力目标：

1. 掌握维修电工安全常识。
2. 会正确识别导电材料、绝缘材料和安装材料等常用电工材料。

☞知识目标：

1. 熟悉导电材料、绝缘材料、安装材料等常用电工材料的性能和用途。
2. 了解电子产品装配中所使用的基本材料。
3. 掌握基本材料的使用方法和主要用途。

一、任务引入

电工材料是电工领域应用的各类材料的统称。工程技术领域中，材料占有重要的地位。

各种技术都要通过一定的设备来实现，设备则需用具体的材料制作。没有相应的材料，即使是原理上可行的技术和产品，也都无法实现。因此识别与选用常用电工材料是电气从业者一项基本技能。

二、任务分析

对电气从业者来说，一般使用的主要有导电材料、绝缘材料等，例如常见的高低压开关柜，是最常见的电气设备，其使用了很多常见的电工材料，可以说在高低压开关柜中融进了几乎所有的电工材料。

三、必备知识

电工材料包括导电材料、半导体材料、绝缘材料、磁性材料、其他材料等。在此主要介绍导电材料。

（一）导电材料概述

导电材料一般是指专门用于传导电流的材料，大部分是金属，其特点是导电性好，有一定的机械强度，不易氧化和腐蚀，容易加工和焊接。金属中导电性能最佳的是银，其次是铜、铝。由于银的价格比较昂贵，因此只在比较特殊的场合才使用，一般都将铜和铝用作主要的导电金属材料。

常用金属材料的电阻率及电阻温度系数如表1-2-1所示。

表1-2-1　常用金属材料的电阻率及电阻温度系数

材料名称	20°C时的电阻率/Ω·m	电阻温度系数/°C^{-1}
银	1.6×10^{-8}	0.00361
铜	1.72×10^{-8}	0.0041
金	2.2×10^{-8}	0.00365
铝	2.9×10^{-8}	0.00423
钼	4.77×10^{-8}	0.00478
钨	5.3×10^{-8}	0.005
铁	9.78×10^{-8}	0.00625
康铜（铜54%，镍64%）	50×10^{-8}	0.00004

1. 铜

铜的导电性能好，在常温时有足够的机械强度，具有良好的延展性，便于加工，化学性能稳定，不易氧化和腐蚀，容易焊接，因此广泛用于制造变压器、电动机和各种电器的绕组。纯铜俗称紫铜，含铜量高，根据材料的软硬程度可分为硬铜和软铜两种。

2. 铝

铝的导电系数虽比铜大，但它密度小。同样长度的两根导线，若要求它们的电阻值一样，则铝导线的截面积约是铜导线的1.69倍。铝资源较丰富，价格便宜，在铜材紧缺时，铝材是最好的代用品。铝导线的焊接比较困难，必须采取特殊的焊接工艺。

导电材料按其使用范围分为：电线电缆、电阻电热材料、触头材料、电刷制品和其他导电材料等。

（二）电线电缆

电线电缆是一类用以传输电能和实现电磁能转换的线材。电线电缆一般分为裸线、电磁线、电气设备用电线电缆、电力电缆、通信电缆五大类。电线与电缆的区别是：一般将芯数少、直径小、结构简单的电传输线称为电线，其他的称为电缆。

1. 裸线

裸线只有导体部分，没有绝缘和护层结构。按产品的形状和结构不同，裸线分为圆单线、软接线、型线和裸绞线四种。修理电动机电器时经常用到的是软接线和型线。

（1）软接线　软接线是由多股铜线或镀锡铜线绞合编织而成的，其特点是柔软、耐振动、耐弯曲。常用软接线的品种如表 1-2-2 所示。

表 1-2-2　常用软接线品种

名　称	型　号	主要用途
裸铜电刷线 软裸铜电刷线	TS TS	供电机、电器线路电刷用
裸铜软绞线	TRJ TRJ-3 TRJ-4	移动式电器设备连接线，如开关等 要求较柔软的电器设备连接线，如接地线、引出线等 供要求特别柔软的电器设备连接线用，如晶闸管的引线等
软裸铜编织线	TRZ	移动式电器设备和小型电炉连接线

（2）型线　型线是非圆形截面的裸电线，其常用品种见表 1-2-3。

表 1-2-3　常用型线品种

类　别	名　称	型　号	主要用途
扁线	硬扁铜线 软扁铜线 硬扁铝线 软扁铝线	TBV TBR LBV LBR	适用于电机电器、安装配电设备及其他电工制品
母线	硬铜母线 软铜母线 硬铝母线 软铝母线	TMV TMR LMV LMR	适用于电机电器、安装配电设备及其他电工制品，也可用于输配电的汇流排
铜带	硬铜带 软铜带	TDV TDR	适用于电机电器、安装配电设备及其他电工制品
铜排	梯形铜排	TPT	制造直流电动机换向器用

2. 电磁线

电磁线是专用于电磁能互换场合的有绝缘层的导线，一般用于电机、变压器及电工仪表中的线圈绕组。常用电磁线的导电线芯有圆线和扁线两种，目前大多采用铜线，很少采用铝线。由于导线外面有绝缘材料，因此电磁线有不同的耐热等级。常用的电磁线有漆包线和绕包线两类。

（1）漆包线　漆包线的绝缘层是漆膜，广泛应用于中小型电动机、微电动机、干式变压器和其他电工产品中。

（2）绕包线　绕包线用玻璃丝、绝缘纸或合成树脂薄膜等紧密绕包在导电线芯上，形成绝缘层，也有在漆包线上再绕包绝缘层的情况。

3. 电气设备用绝缘电线电缆

绝缘电线电缆是指用于一般电气设备的带绝缘层的导线的总称。线芯为铜、铝；绝缘层、内外护套一般为聚乙烯、聚氯乙烯、橡胶；户外用有铠装；信号用有屏蔽。常用绝缘电线电缆有橡皮绝缘电线、塑料绝缘电线、耐热电线、屏蔽电缆、通用电缆等。常用的绝缘电线电缆型号、名称和用途见表1-2-4。

表1-2-4　常用绝缘电线电缆

型　号	名　称	用　途
BLXF BXF BLX BX BXR	铝芯氯丁橡胶线 铜芯氯丁橡胶线 铝芯橡胶线 铜芯橡胶线 铜芯橡胶软电线	适用于交流额定电压500V以下或直流1000V以下的电气设备及照明装置
BV BLV BVR BVV BLVV BVVB BLVVB VB-105	铜芯聚氯乙烯绝缘电线 铝芯聚氯乙烯绝缘电线 铜芯聚氯乙烯绝缘软电线 铜芯聚氯乙烯绝缘聚氯乙烯护套圆型电线 铝芯聚氯乙烯绝缘聚氯乙烯护套电线 铜芯聚氯乙烯绝缘聚氯乙烯护套平型电线 铝芯聚氯乙烯绝缘聚氯乙烯护套平型电线 铜芯耐热105°C聚氯乙烯绝缘电线	适用于各种交流、直流电器装置，电工仪器仪表，电信设备，动力及照明线路固定敷设
RV RVB RVS RVV RVVB RV-105	铜芯聚氯乙烯绝缘软电线 铜芯聚氯乙烯绝缘平型软电线 铜芯聚氯乙烯绝缘绞型软电线 铜芯聚氯乙烯绝缘聚氯乙烯护套圆型连接软电线 铜芯聚氯乙烯绝缘聚氯乙烯护套平型连接软电线 铜芯耐热105°C聚氯乙烯绝缘连接软电线	适用于各种交流、直流电器，电工仪器，家用电器，小型电动工具，动力及照明装置等的连接
RFB RFS	复合物绝缘平型软电线 复合物绝缘绞型软电线	适用于交流额定电压250V以下或直流500V以下的各种移动电器、无线电设备和照明灯座接线
RXS RX	橡胶绝缘棉纱编织软电线	适用于交流额定电压300V以下的电器、仪表、家用电器及照明装置

（1）绝缘电线电缆型号规格说明

1）B系列归类属于布电线，所以开头用B，电压：300/500V。

2）V就是PVC（聚氯乙烯塑料）。

3）L就是铝芯的代码。

4）R 就是（软）的意思，要做到软，就是增加导体根数。

5）绝缘电导线命名规则：导体 + 绝缘。

（2）不同温度下的导线截面积所能承受的最大电流（见表 1-2-5）

表 1-2-5　不同温度下的导线截面积所能承受的最大电流

截面积(大约值)/mm^2	铜线温度/°C			
	60	75	85	90
	电流/A			
2.5	20	20	25	25
4	25	25	30	30
6	30	35	40	40
8	40	50	55	55
14	55	65	70	75
22	70	85	95	95
30	85	100	110	110
38	95	115	125	130
50	110	130	145	150
60	125	150	165	170
70	145	175	190	195
80	165	200	215	225
100	195	230	250	260

导线截面积一般按如下公式计算：

铜线：

$$S = IL/(54.4\Delta U)$$

铝线：

$$S = IL/(34\Delta U)$$

式中　I——导线中通过的最大电流（A）；

L——导线的长度（m）；

ΔU——允许的电压降（V）；

S——导线的截面积（mm^2）。

4. 电力电缆

电力电缆是指用于高低压输电、配电网的带绝缘层的导线，用于在市区、厂区及不便用架空输电线的场合。线芯一般为铜、铝；绝缘层、内外护套一般为聚乙烯、聚氯乙烯、橡胶等；户外用有铠装。芯数有 1、2、3、3+1、4、4+1 等。

（1）电力电缆特点

1）承受电压高。

2）传输电功率大、电流大。

3）具有一定的机械强度和可弯曲性。

（2）电力电缆类型

1）油浸纸质绝缘电缆。

2）塑料（聚氯乙烯）绝缘电力电缆。

3）橡胶绝缘电力电缆。

5. 通信电缆

通信电缆是指传输电话、广播、电视、数据等电信息的绝缘电缆，多采用地下埋管敷设，主要用于特殊检测仪表电信号连接、特殊设备（如视频设备、DCS 设备、现场总线设备等）信号的传递，多采用 0.75mm^2、1.0mm^2 铜芯多对屏蔽线，如 KJCP 屏蔽控制电缆，芯数有 2、4、6、8、10、12、14、16、18、20、22、24、26、28、30、32、40、48、60 芯多种规格。

（1）通信电缆特点

1）承受电压低。

2）传输电功率小、频率高。

3）芯数多。

（2）通信电缆类型

1）市内通信电缆（对称电缆），传输音频。

2）长途对称电缆，多芯长距，传输载波信号，几百千赫。

3）干线电缆，一般为同轴电缆。

4）纤维光缆、非电缆。

（三）特殊导电材料

1. 电热材料

电热材料用于制造各种电阻加热设备中的发热元器件，可作为电阻接到电路中，把电能转变为热能，使加热设备的温度升高。对电热材料的基本要求是电阻率高，加工性能好，特别是能长期处于高温状态下工作，因此要求电热材料在高温时具有足够的机械强度和良好的抗氧化性能。目前工业上常用的电热材料可分为金属电热材料和非金属电热材料两大类，如表 1-2-6 所示。

表 1-2-6　常用电热材料的种类和特性

类别		品　种	最高使用温度/°C	应用范围	特　点
金属电热材料	铁基合金	$Cr_{13}AL_4$	950	应用广泛，适用于大部分中、高温工业电阻炉	电阻率比镍基类高，抗氧化性好，比重轻，价格较低，有磁性，高温强度不如镍基合金
		$Cr_{25}AL_5$	1250		
		$Cr_{13}AL_6Mo_2$	1250		
		$Cr_{21}AL_6Nb$	1350		
		$Cr_{27}AL_{17}Mo_2$	1400		
	镍基合金	$Cr_{15}Ni_{60}$	1150	适用于 1000°C 以下的中温电阻炉	高温强度高，加工性好，无磁性，价格较高，耐温较低
		$Cr_{20}Ni_{80}$	1200		
		$Cr_{30}Ni_{70}$	1250		
	重金属	钨 W	2400	适用于较高温度的工业炉	价格较高，须在惰性气体或真空条件下使用
		钼 Mo	1800		
	贵金属	铂	1600	适用于特殊高温要求的加热炉	价格高，可在空气中使用

（续）

类别		品　种	最高使用温度/°C	应用范围	特　点
非金属电热材料	石墨	C	3000	广泛应用于真空炉等高温设备	电阻温度系数大，需配调压器，在真空中使用
	碳化硅	SiC	1450	常制成器件使用	高温强度高，硬而脆，易老化
	二硅化钼	$MoSi_2$	1700	常制成器件使用	抗老化性好，不易老化，耐急冷、急热性差

2. 电阻合金

电阻合金是制造电阻器件的主要材料之一，广泛用于电动机、电器、仪器及电子等设备中。电阻合金除了必须具备电热材料的基本要求以外，还要求电阻的温度系数低，阻值稳定。电阻合金按其主要用途可分为调节器件用、电位器用、精密器件用及传感器件用四种，这里仅介绍前面两种。

1）调节器件用电阻合金主要用于电流（电压）调节与控制器件的绕组，常用的有康铜、新康铜、镍铬、镍铬铝等，它们都具有机械强度高、抗氧化性好及工作温度高等特点。

2）电位器用电阻合金主要用于各种电位器及滑线电阻，一般采用康铜、镍铬基合金和锰铜合金。锰铜合金具有抗氧化性好、焊接性能好、电阻温度系数低等特点。

3. 熔体材料

熔体材料安装在熔断器内，当设备短路、过载，电流超过熔断值时，经过一定时间自动熔断，保护设备，短路电流越大，熔断时间越短。

（1）常用熔体材料及参数

1）常用低熔点材料：银 Ag、铅 Pb、锡 Sn、铋 Bi、镉 Cd 或其合金。

2）额定电流：熔体能够长期正常工作不熔断的电流。

3）熔断电流：电流超过熔断电流时，经过一定时间自动熔断。通用铅锡合金熔断丝的熔断电流是额定电流的 1.3～2 倍。

（2）熔断材料的选用

1）阻性负载（电热器）：熔丝额定电流为负荷额定电流的 1.3～2 倍。

2）感性负载（电动机）：熔丝额定电流为负荷额定电流的 3 倍。

3）电焊机负载：熔丝额定电流为焊机功率（kW）数的 4～6 倍。

各种熔断器如图 1-2-1 所示。

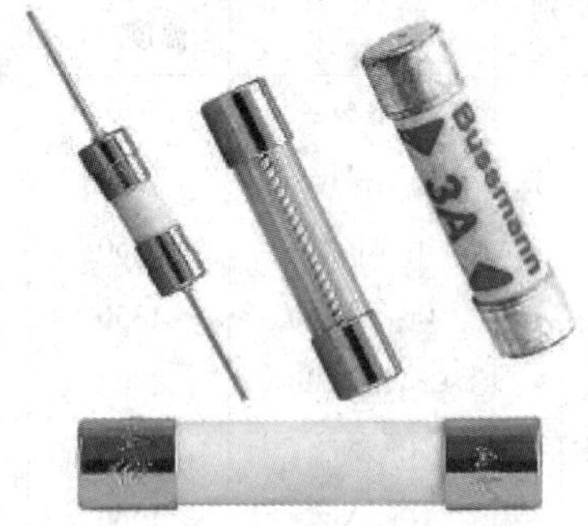

图 1-2-1　各种熔断器

四、任务实施

（一）任务要求

1）识别导线的属性，观察导线，说出导线的类型及名称。

2）识别绝缘材料，说明其物理性质，包括颜色、气味、硬度、导电性、导热性等。

3）识别熔丝与焊锡丝，观察线丝的物理性状，给出线丝属性的结论。

（二）任务准备

1. 导线：电磁线、BV线、BLV线、电缆头。
2. 绝缘材料：云母、陶瓷、绝缘板、漆管。
3. 特殊导电材料：熔丝、焊锡丝。
4. 实训工具：钢丝钳、电工刀、剥线钳。

（三）任务实施步骤

1. 导线识别

仔细区分四种不同名称的导线，判断出它们的类型、颜色、线芯形式及绝缘形式，并把结果填写到表1-2-7中。

表1-2-7　导线识别表

名　称	类　型	颜　色	线芯形式	绝缘形式
1#线				
2#线				
3#线				
4#线				

2. 绝缘材料识别

仔细区分云母、陶瓷、漆管及绝缘板四种绝缘材料，判断出它们的颜色、气味、硬度、导电性及导热性，并把结果填写到表1-2-8中。

表1-2-8　绝缘材料识别表

名　称	颜　色	气　味	硬　度	导电性	导热性
云母					
陶瓷					
漆管					
绝缘板					

3. 特殊导电材料识别

认真判断熔丝和焊锡丝这两种特殊导电材料的不同，并把判断结果填写到表1-2-9中。

表1-2-9　特殊导电材料识别表

名　称	颜　色	硬　度	导电性	导热性
熔丝				
焊锡丝				

（四）注意事项

材料样品要轻拿轻放，保持清洁，不要沾油污或破损。

五、任务检查与评定

任务内容及配分	要求	扣分标准	得分
导线识别（20分）	物理性质识别	错一项扣5分	
	定性结论	错一项扣10分	
绝缘材料的识别（30分）	选取操作	错一项扣5分	
	物理性质识别	错一项扣5分	
	定性结论	错一项扣10分	
特殊导电材料的识别（30分）	物理性质识别	错一项扣5分	
	定性结论	错一项扣10分	
安全、文明操作（10分）	违反安全、文明操作	违反一次扣5分	
定额时间（10分）	10min	每超过5min（不足5min以5min记）扣10分	
备注	除定额时间外，各项内容的最高扣分不得超过配分分数	成绩	

【相关知识】

（一）常用绝缘材料

1. 绝缘材料的概述

（1）绝缘材料的主要性能　绝缘材料的主要作用是隔离带电的或不同电位的导体，使电流能按预定的方向流动。绝缘材料大部分是有机材料，其耐热性、机械强度和寿命比金属材料低得多。

固体绝缘材料的主要性能指标有以下几项：

1）击穿强度。

2）绝缘电阻。

3）耐热性。

4）黏度、固体含量、酸值、干燥时间及胶化时间。

5）机械强度。根据各种绝缘材料的具体要求，相应规定抗张、抗压、抗弯、抗剪、抗拉、抗冲击等各种强度指标。

（2）绝缘材料的种类和型号　电工绝缘材料分气体、液体和固体三大类。固体绝缘材料按其应用或工艺特征又可划分为6类，如表1-2-10所示。

表1-2-10　固体绝缘材料的分类

分类代号	分类名称	分类代号	分类名称
1	漆、树脂和胶类	4	压塑料类
2	浸渍纤维制品类	5	云母制品类
3	层压制品类	6	薄膜、胶带和复合制品类

为了全面表示固体电工绝缘材料的类别、品种和耐热等级，用四位数字表示绝缘材料的型号：

第一位数字为分类代号，以表1-2-10中的分类代号表示。

第二位数字表示同一分类中的不同品种。

第三位数字为耐热等级代号。

第四位数字为同一种产品的顺序号，用以表示配方、成分或性能上的差别。

2. 绝缘漆

（1）浸渍漆　浸渍漆主要用来浸渍电动机、电器的绕组和绝缘零部件，以填充其间隙和微孔，提高其电气及力学性能。

（2）覆盖漆　覆盖漆有清漆和磁漆两种，用来涂覆经浸渍处理后的绕组和绝缘零部件，在其表面形成连续而均匀的漆膜，作为绝缘保护层，以防止机械损伤以及受大气、润滑油和化学药品的侵蚀。

（3）硅钢片漆　硅钢片漆被用来覆盖硅钢片表面，以降低铁心的涡流损耗，增强防锈及耐腐蚀能力。常用的油性硅钢片漆具有附着力强、漆膜薄、坚硬、光滑、厚度均匀、耐油、防潮等特点。

（4）绝缘漆的主要性能指标　绝缘漆的主要性能指标如下：

1）介电强度（击穿强度），即绝缘漆层被击穿时的电场强度。

2）绝缘电阻，表明绝缘漆的绝缘性能，通常用表面电阻率和体积电阻率两项指标衡量。

3）耐热性，表明绝缘漆在工作过程中的耐热能力。

4）热弹性，表明绝缘漆在高温作用下能长期保持其柔韧状态的性能。

5）理化性能，如黏度、固体含量、酸值、干燥时间和胶化时间等。

6）干燥后的机械强度，表明绝缘漆干燥后所具有的抗压、抗弯、抗拉、抗扭、抗冲击等能力。

3. 其他绝缘制品

其他绝缘制品指在电动机电器中作为结构、补强、衬垫、包扎及保护用的辅助绝缘材料。

（1）浸渍纤维制品

1）玻璃纤维漆布（或带）。

2）绑扎带。

（2）层压制品　常用的层压制品有三种：层压玻璃布板、层压玻璃布管、层压玻璃布棒。

（3）压塑料　常用的压塑料有两种：酚醛木粉压塑料和酚醛玻璃纤维压塑料。

（4）云母制品

1）柔软云母板。

2）塑型云母板。

3）云母带。

4）换向器云母板。

5）衬垫云母板。

（5）薄膜和薄膜复合制品　常用的薄膜有6062聚酯薄膜。常用的薄膜复合制品有6520聚酯薄膜绝缘纸复合箔和6530聚酯薄膜漆布复合箔。

（6）绝缘纸和绝缘纸板　绝缘纸和绝缘纸板主要用于电信电缆的绝缘，在电机电器中用作辅助绝缘材料。

4. 绝缘子

绝缘子主要用来支持和固定导线，下面主要介绍低压架空线路用绝缘子。

低压架空线路用绝缘子有针式绝缘子和蝴蝶形绝缘子两种，用于在电压500V以下的交、直流架空线路中固定导线。

（二）常用磁性材料

1. 软磁材料

软磁材料又称导磁材料，其主要特点是磁导率高，剩磁弱。

（1）电工用纯铁　电工用纯铁的电阻率很低，它的纯度越高，磁性能越好。

（2）硅钢片　硅钢片的主要特性是电阻率高，适用于各种交变磁场。硅钢片分为热轧和冷轧两种。

（3）普通低碳钢片　普通低碳钢片又称无硅钢片，主要用来制造家用电器中的小电动机、小变压器等的铁心。

2. 硬磁材料

硬磁材料又称永磁材料，其主要特点是剩磁强。

（1）铝镍钴永磁材料　铝镍钴合金的组织结构稳定，具有优良的磁性能、良好的稳定性和较低的温度系数。

（2）铁氧体永磁材料　铁氧体永磁材料以氧化铁为主，不含镍、钴等贵重金属，价格低廉，材料的电阻率高，是目前产量最多的一种永磁材料。

【任务小结】

本任务通过对常用电工材料的认识和使用，使学生掌握常用电工材料的用途和选用方法，本任务介绍了绝缘材料的性质、分类及绝缘材料制品，导电材料和特殊导电材料的性质、分类及用途。

【习题及思考题】

1. 什么叫绝缘材料？主要分为几类？其主要性能指标和作用有哪些？

2. X62W型万能铣床的主轴电动机M1为7.5kW，应选择多大截面积的什么类型的导线？进给电动机M2为1.5kW，应选择什么类型导线？

任务三　电工仪器仪表的使用

能力目标：

1. 熟悉指针式万用表的结构及使用方法。
2. 了解数字万用表的使用方法。
3. 能正确使用直流单双臂电桥测量电阻，测量步骤正确，测量结果在误差范围之内。

知识目标：

1. 了解直流单双臂电桥的工作原理。
2. 学习使用直流单双臂电桥测量电阻的方法。

一、任务引入

电工仪器仪表是对各种电工参数进行度量的电工电子设备。电工参数具体包括电压、电流、电阻、频率等，因此电工仪表仪器有许多种类，例如万用表、单双臂电桥、功率表、钳形电流表、绝缘电阻表等。

二、任务分析

变压器绕组直流电阻的测量是变压器试验中一个重要的试验项目。变压器在制造过程中、大修后、交接试验、预防性试验以及绕组平均温升的测定和故障诊断等都必须进行该项试验。直流电阻试验，可以检查出绕组内部导线的焊接质量，引线与绕组的焊接质量，绕组所用导线的规格是否符合设计要求，分解开关、引线与套管等载流部分的接触是否良好，三相电阻是否平衡等。直流电阻试验的现场实测中，可发现诸如变压器接头松动，分解开关接触不良，档位错误等许多缺陷，对保证变压器安全运行起到了重要作用。

三、必备知识

（一）万用表

万用表又叫多用表、复用表，是一种多功能、多量程便携式的测量仪表，由于它具有测量的种类多、量程范围宽、价格低以及使用和携带方便等优点，因此广泛应用于电气维修和测试中。万用表品种繁多，性能各异，可分为指针式（机械）万用表和数字式万用表两大类。

一般万用表可测量直流电流、直流电压、交流电压、直流电阻和音频电平等电量，有的还可以测交流电流、电容量、电感量及晶体管的 β 值等。

1. 指针式万用表

（1）指针式万用表的结构

万用表由表头（测量机构）、测量电路和转换开关等三个主要部分组成。不同的万用表外形布置不完全相同，500 型万用表的外形结构如图 1-3-1 所示。

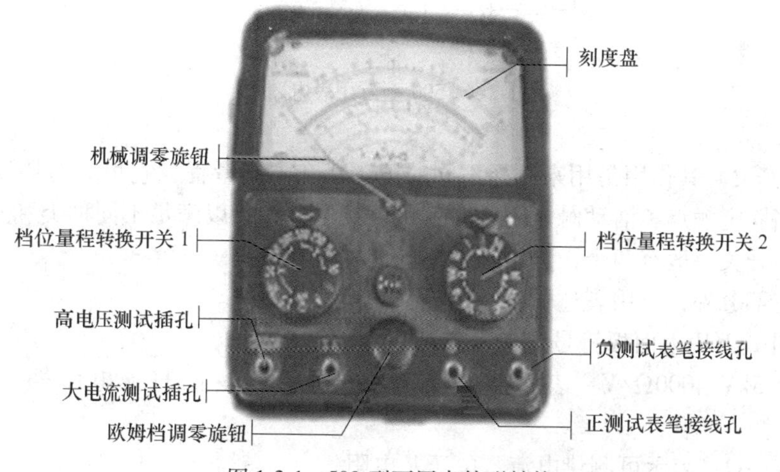

图 1-3-1　500 型万用表外形结构

1）表头。万用表的表头是采用灵敏度高、准确度较好的磁电系直流微安表，万用表的主要性能指标基本上取决于表头的性能。表头的灵敏度是指表头指针满刻度偏转时流过表头的直流电流值，这个值越小，表头的灵敏度越高，测量电压时的内阻就越大，因而电表对被测线路的工作状态的影响也就越小，其性能就越好。表头本身的准确度一般在 0.5 级以上，做成万用表后一般为 1.0～5.0 级。表头刻度盘标有多种刻度尺，可以直接读出被测量。

表头上有四条刻度线，它们的功能如下：第一条（从上到下）标有“R”或“Ω”，指示的是电阻值，转换开关在欧姆档时，即读此条刻度线；第二条标有“∽”和“VA”，指示的是交、直流电压和直流电流值，当转换开关在交、直流电压或直流电流档，量程在除交流 10V 以外的其他位置时，即读此条刻度线；第三条标有 10V，指示的是 10V 的交流电压值，当转换开关在交、直流电压档，量程在交流 10V 时，即读此条刻度线；第四条标有 dB，指示的是音频电平。

2）测量电路。图 1-3-2 是 500 型万用表电路图。测量电路是用来把各种被测量转换成适合表头测量的微小直流电流的电路，它由电阻、半导体元器件及电池组成，它能将各种不同的被测量（如电流、电压、电阻等）、不同的量程，经过一系列的处理（如整流、分流、分压等）统一变成一定量限的微小直流电流送入表头进行测量。

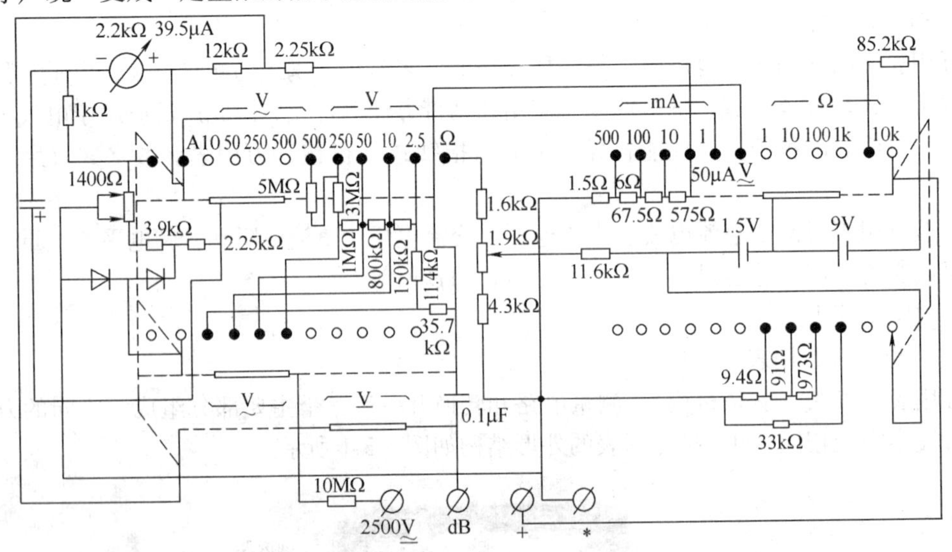

图 1-3-2　500 型万用表电路图

3）转换开关。其作用是用来选择不同的被测量和不同量程，它里面有固定接触点和活动接触点，当固定触点和活动触点闭合时就可以接通电路，以满足不同种类和不同量程的测量要求。转换开关一般有两个，分别标有不同的档位和量程。

除以上三部分外，万用表还包括一些插孔及调整旋钮等。

（2）指针式万用表面板符号含义

1）V—2.5kV 4000Ω/V：表示对于交流电压及 2.5kV 的直流电压档，其灵敏度为 4000Ω/V。

2）A—V—Ω：表示可测量电流、电压及电阻。

3）45—65—1000Hz：表示使用频率范围为 1000Hz 以下，标准工频范围为 45～65Hz。

4）$\overset{2.5}{\vee}$：以标度尺长度百分数表示的准确度等级，2.5 表示 2.5 级。

5）⌐¬：水平放置使用。

6）－2.5：表示测量直流时仪表的准确等级是 2.5 级。

7）～5.0：表示测量交流时仪表的准确等级是 5.0 级。

（3）指针式万用表的使用注意事项

1）仪表外观检查。外观应完好无损，当轻轻摇晃时，指针应摆动自如；旋动转换开关，应切换灵活无卡阻，档位应准确。

2）万用表应水平放置使用，不得受震动、受热和受潮。

3）指针机械调零。在测量前先检查指针是否指在左边零位线上，如不在零位线上，应用小螺钉旋具将指针调到零位线上。

4）插孔和转换开关位置的选择。使用时应将红表笔插入标有“＋”的插孔内，黑表笔插入标有“－”或“※”的插口内。根据测量对象，将转换开关旋至所需位置。

5）量程的选择。选择的量程应使指针移到满刻度的 2/3 左右，这样测量误差较小。如果事先不清楚被测电压的大小时，应先选择最高量程，然后逐渐减小到合适的量程。不允许用电流档或电阻档去测电压，否则会损坏表头。

6）读数要正确。万用表多有条标尺，代表不同的测量种类，测量时应根据需要选择转换开关的种类及量程，同时要认清所对应的读数标尺（即被测量的种类、电流性质和量程）。并在对应的标度尺上读数，并注意所选量程与标度尺的倍率关系。

7）在测量较高电压或较大电流时，不准带电转换开关旋钮，以防烧坏开关触点。

（4）指针式万用表的使用方法

1）电阻的测量。测量时把左边转换开关旋钮旋到“Ω”位置上，右边转换开关旋钮选择到合适的倍率位置，先将两表笔短接，用欧姆调零旋钮使指针准确指在欧姆刻度线右边的零位，如果指针不能调到零位，说明电池电压不足或仪表内部有问题。注意每换一次倍率，都要再次进行欧姆调零，以保证测量准确。测量时，选择合适的倍率档，为了提高测试精度，指针所指示被测电阻的阻值应尽可能指示在刻度尺的 1/3～2/3。测量电路中的电阻值时，应将被测电路的电源断开，如果电路中有电容器，应先将其放电后才能测量。切勿在电路带电情况下测量电阻，以免损坏表头和内部元件。

2）电压的测量。测量时应将右转换旋钮旋到“$\underset{\sim}{\underline{V}}$”电压档。测交流时将左转换旋钮旋到交流电压档“$\underset{\sim}{V}$”，测量时，万用表两表笔和被测电路与负载并联；测直流时将左旋钮旋到直流电压档 $\underline{V}$。测量时，要注意正负极性，万用表两表笔与被测电路并联，红表笔接“＋”，黑表笔接“－”，若表笔接反，表头指针会反方向偏转，容易撞弯指针。

3）直流电流的测量。将万用表的左转换旋钮置于直流电流档“A”，右转换旋钮置于 50μA～500mA 的合适量程上，测量时必须先断开电路，然后按照电流从“＋”到“－”的方向，将万用表串联到被测电路中，如果误将万用表与负载并联，则因表头的内阻很小，会造成短路进而烧毁仪表。

（5）指针式万用表的维护保养

1）使用完毕，应使转换开关置于交流电压最大档位或空档（·）上。

2）如果万用表长期不用，应将电池取出，以防电池腐蚀而影响电表内其他元器件。

3）仪表整理。仪表应经常保持清洁和干燥，以免影响准确度和损坏仪表

2. 数字式万用表

数字式万用表具有重量轻、体积小、灵敏度高、准确度高、显示清晰、过载能力强、便于携带、使用简单等特点，有取代指针式万用表的趋势。下面以 VC9802A 型数字式万用表（如图 1-3-3 所示）为例，简单介绍其使用方法和注意事项。

（1）操作面板说明（如图 1-3-3 所示）

1）液晶显示器：显示仪表测量的数值。

2）2-1：电源、自动关机按键（POWERAPO），开启关闭电源和自动关机。

2-2：保持、背光、功能选择按键（HOLDB/L），开启关闭保持和背光，在同一档位有两个功能时，可能为选择功能。

2-3：晶体管输入插座。

2-4：通断、火线报警指示灯。

3）旋钮：用于改变测量功能及量程。

4）电压、电阻、二极管、电容、频率、温度、“+”极插座。

5）温度、“-”公共端。

6）小于 200mA 电流测试插座。

7）2A/20A 电流测试插座。

图 1-3-3　VC9802A 数字式万用表

（2）使用方法

1）使用前，应认真阅读有关的使用说明书，熟悉电源开关、量程开关、插孔、特殊插口的作用。

2）将电源开关置于“ON”位置，接通万用表电源。

3）交直流电压的测量：红表笔插入“V/Ω/Hz”插孔，黑表笔插入“COM”孔，将量程开关拨至“DCV”（直流）或“ACV”（交流）的合适量程上，如果被测电压大小未知，应选择最大量程，然后根据显示值将量程开关逐渐调小至合适的位置，并读取读数，测量时将表笔与被测线路或被测元器件并联相接。测量直流电压时，显示为红表笔所接的该点电压与极性。

4）交直流电流的测量：将红表笔插入“mA”或“2A/20A”插孔，黑表笔插入“COM”插孔，将旋钮拨至 DC 或 AC 的 mA/A 的合适量程档，如果被测电流大小未知，应选择最大量程，再逐步减小，直至显示屏显示出被测的电压数值，测量时将万用表串联在被测电路上。测直流量时不必考虑正、负极性，数字式万用表能自动显示读数及极性。

5）电阻的测量：将红表笔插入“V/Ω/Hz”插孔，黑表笔插入“COM”插孔，旋钮转至“Ω”的合适量程上，将两表笔跨接在被测电阻上，如果被测电阻值超出所选择量程的最大值，万用表将显示“1”，这时应选择更高的量程。测量电阻时，红表笔为正极，黑表笔

为负极，这与指针式万用表正好相反。因此，测量晶体管、电解电容器等有极性的元器件时，必须注意表笔的极性。

6）电容的测量：将红表笔插入“V/Ω/Hz”插孔，黑表笔插入“COM”插孔，旋钮转至电容量程上，将两表笔跨接在被测电阻上。

7）晶体管 h_{FE}（$\overline{\beta}$）（直流放大系数）的测量：根据晶体管是NPN型还是PNP型，将发射极、基极、集电极分别插入晶体管输入插座的相应插孔。

8）二极管通断测量：将黑表笔插入“COM”插孔，红表笔插入“V/Ω/Hz”插孔（注意红表笔极性为“+”极）；将旋钮置于“二极管蜂鸣”档，初始为通断测量，按“HOLDB/L”键可转换为二极管测量，将表笔连接到待测试二极管，红表笔接二极管正极，黑表笔接二极管负极，读数为二极管正向压降的近似值；“二极管蜂鸣”若用于通断测量，则将表笔连接到待测线路的两点，如果内置蜂鸣器发声，则两点之间电阻低于（70±20）Ω。

9）数据保持：按下“HOLDB/L”，屏幕出现“HOLD”符号，当前数据就会保持在屏幕上；再次按下此键，“HOLD”符号消失，恢复测量。

10）自动关机：当仪表停止使用约15min后，仪表便自动断电进入休眠状态；若重新启动电源，按下“POWERAPO”按键2s，就可重新接通电源。按下“POWERAPO”按键2s，屏幕“APO”符号消失，取消自动关机功能；再次按下此键2s，“APO”符号显示，恢复自动关机功能。

11）电源开启与关闭：按下“POWERAPO”按键2s，仪表开启电源，进入工作状态，再次按下此键2s，仪表关闭电源。

（3）使用注意事项

1）测电压或电流时，如果显示屏显示“OL”，表明已超过量程范围，应将量程开关转到高一档；测量电压不应超过直流1000V和交流750V，转换功能和量程时，表笔要离开测试点；测量高电压时千万要注意避免触及高压电路。测量完毕后，应将量程开关转到最高电压档，并关闭电源。

2）测量电流时，mA孔不应超过200mA，“2A/20A”孔不应超过20A（测试时间小于10s）。

3）测量电阻时，如果显示屏显示“OL”，表明已超过量程范围，应将量程开关转到高一档；当输入端开路，则显示过载情形；测量在线电阻时，要确认被测电路所有电源已关断，而所有电容都已完全放电后，才能进行测量；请勿在电阻档测量电压；当测量值超过1MΩ以上时，读数需几秒时间才能稳定，这在测量高电阻时是正常的。

4）测电容时，如果电容超过所选量程的最大值，显示器将只显示“OL”；大电容档测量严重漏电或击穿的电容时，将显示一个不稳定的数字值；在测量电容之前，屏幕显示可能尚有残留读数，属正常现象，它不会影响测量结果；在测量电容容量之前，对电容应充分放电，以防止损坏仪表；严禁在此档输入电压；此电容档为自动量程测试，可测量程为10nF～2000pF。

5）选择正确的功能和量程，谨防误操作，该系列仪表虽然有全量程保护功能，但为了安全起见，仍应多加注意。

（4）仪表保养

1）应注意防水、防尘、防摔。

2）不宜在高温高湿、易燃易爆和强磁场的环境下存放、使用仪表。

3）应使用湿布和适合的清洁剂清洁仪表外表，不要使用研磨剂及酒精等烈性溶剂。

4）如果长期不使用，应取出电池，防止电池漏液腐蚀仪表。

5）注意9V电池使用情况，当屏幕显示出“□”符号时，应更换电池。

6）表内熔丝熔断后，应更换规格型号相同的熔丝。

（二）直流单臂电桥

平时人们普遍用万用表的欧姆档测中值电阻，但测量值误差较大。因此工程上对于阻值要求较准确的中阻值一般是用直流单臂电桥进行测量，其外形如图1-3-4所示。直流单臂电桥又称为惠斯登电桥，通常用于测量各种电动机、变压器及电器的直流电阻。该仪表适用于测量1～1MΩ的电阻，直流单臂电桥是一种比较式的测量仪器，其主要特点是灵敏度和准确度都很高，而且使用方便。

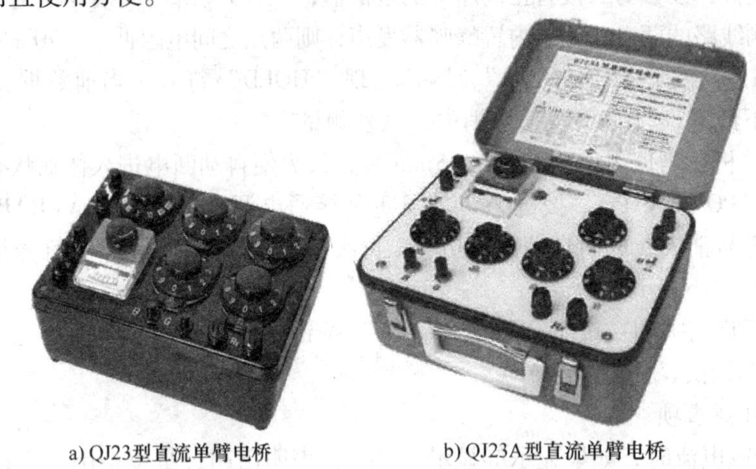

a) QJ23型直流单臂电桥　　　　b) QJ23A型直流单臂电桥

图1-3-4　直流单臂电桥外形图

1. 直流单臂电桥的结构和工作原理

（1）结构　直流单臂电桥主要由比例臂、比较臂、检流计及电池组等组合而成。全部部件安装在箱内，携带方便。该电桥的电阻测量范围为1～9999000Ω。QJ23A型电桥面板结构如图1-3-5a所示，图中，1为检流计，2为“G”外接检流计端钮，3为“G”内、外接检流计转换开关，4为四个比较臂转盘，5为“B”电源按钮，6为“G”检流计按钮，7为“R_x”被测电阻接线柱，8为“B”内、外接电源转换开关，9为“B”外接电源端钮，10为比例臂倍率转盘，11为检流计调零旋钮。

QJ23型面板结构如图1-3-5b所示，图中，1为“R_2”被测电阻接线柱，2为“G”检流计常开按钮，3为“B”电源常开按钮，4为检流计，5为检流计调零旋钮，6为“内接、外接”检流计选择端钮及端钮连接片，7为B“+”“-”外接电源端钮，8为比例臂（倍率臂）转盘，9为四个比较臂转盘。

电桥的比例臂倍率分为0.001、0.01、0.1、1、10、100和1000七档，由倍率转换开关选择。电桥比较臂由四组可调电阻串联而成，其中每组又由九个相同电阻串联组成，分别为9×1Ω、9×10Ω、9×100Ω、9×1000Ω。四个比较臂转盘读数之和为9999Ω。其内部电阻全部采用低温度系数锰铜线以无感式绕制于瓷管上，并经过人工老化和浸漆处理，故阻值稳定、准确。

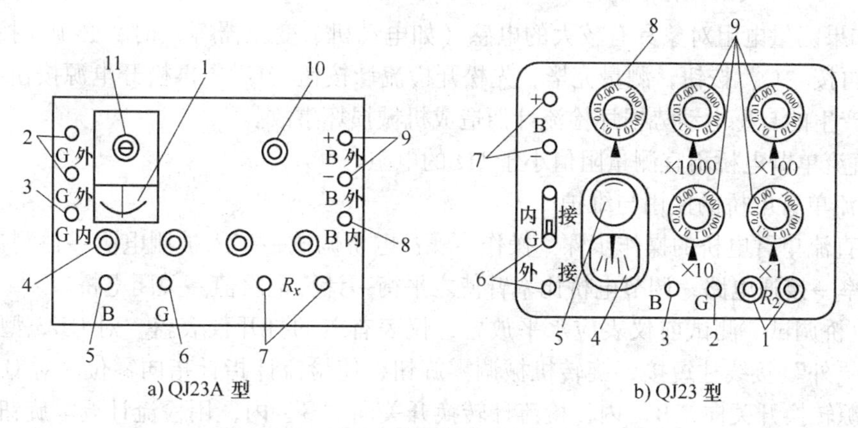

图 1-3-5　QJ23 型直流单臂电桥面板图

（2）工作原理　直流单臂电桥的工作原理如图 1-3-6 所示。图中电阻 R_2、R_3、R_4 和 R_x 接成封闭四边形，分别组成电桥的四个臂。其中 R_x 为被测臂，R_2、R_3 构成比例臂，R_4 为比较臂。在四边形的一个对角线 AC 上，经过开关 S 接入直流电源 E，另一条对角线 BD 上接入检流计 G，R_2、R_3、R_4 为可调电阻，R_x 为被测电阻。当接通开关 S 后，调节这些可调的电阻，使检流计“G”的 B、D 两点之间的电位相等时，“桥”路中的电流 $I_G=0$，检流计的指针为零，这种状态称为电桥的平衡状态。此时 $V_B=V_D$，于是，$R_x/R_4=R_2/R_3$，根据电桥的平衡条件，被测电阻 R_x 的数值，可根据已知的 R_2/R_3 的值和 R_4 的大小计算，即 $R_x=R_2/R_3\times R_4$，式中 R_2/R_3 为电桥比例臂；R_4 为电桥的比较臂电阻。这样，被测电阻也可表示为被测电阻 = 比例臂倍率 × 比较臂读数。

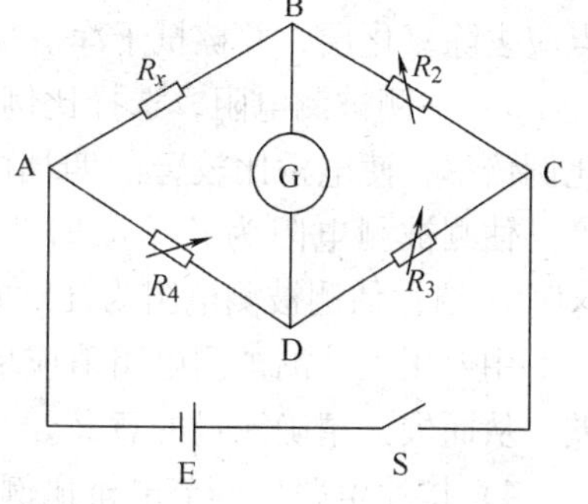

图 1-3-6　直流单臂电桥原理图

故用直流单臂电桥测试电阻精度较高，主要是由已知的比例臂电阻和比较臂电阻的准确度所决定的，其次是采用高灵敏度检流计作指零仪，为电桥能获得准确的平衡提供了条件。

2. 直流单臂电桥使用注意事项

1）为提高电桥线路灵敏度而要采用外接电池时，外接电池的电压值要符合说明书的规定，注意避免因电流过大而烧毁电桥元器件。在外接电池时，开始时先使用较低电压，在电桥大致达到平衡后，逐渐将电压升高，特别要注意比较臂 ×1000 的读数盘，不可放在刻度“0”上，否则容易烧毁电桥元件。

2）测量阻值超过 10kΩ 时，内附检流计灵敏度不够，需要外接高灵敏度检流计，QJ23 型电桥应将“内接”接线柱用连接片短路，在“外接”接线柱上连接外检流计。QJ23A 电桥应将 3（“G”内、外接检流计转换开关）扳向外接，则内附检流计短路，将 2（“G”外接检流计端钮）接入外接检流计。

3）若使用外接电源，外接电源按极性串联接入，QJ23 型电桥应断开“B”连接片，将电源的正、负极分别接到“+”“−”端钮，QJ23A 型电桥应将 8（“B”内、外接电源转换开关）扳向外，将 9（“B”外接电源端钮）接入外接电源。外接电源时，内附电池无须取出。

4）如果测量电阻对象具有较大的电感（如电动机、变压器等）时，必须先按“B”按钮，然后再按“G”按钮，测量完毕，先松开检流计按钮“G”，再松开电源按钮“B”，以免被测物产生的自感电动势损坏检流计而造成机械损坏事故。

5）直流单臂电桥不宜测量阻值小于1Ω的电阻。

3. 直流单臂电桥的使用与维护

（1）直流单臂电桥的操作步骤　操作步骤：电桥调试→接入被测电阻→估测被测电阻，选择比臂率→接通电路，调节电桥比率臂使之平衡→计算电阻值→关闭电桥。

1）电桥调试。测试前仪表应水平放置，仪表有盖的打开仪表盖。对QJ23型电桥，将面板上的“外”接线柱短接，旋转机械调零旋钮，使检流计指针指向零位。对QJ23A型电桥，将电源转换开关向“B”内，检流计转换开关向“G”内，用检流计调零旋钮调零，使指针与表面“0”刻度线重合。

2）接入被测电阻。接入被测电阻时，应采用较短、较粗的导线连接，然后将被测电阻R接到电桥的“R_x”对应的两接线端柱上并拧紧，以减小接触电阻。影响被测电阻的连接点应去除氧化层，并擦拭干净。

3）估测被测电阻，选择比例臂。用万用表估测被测电阻值。根据初测阻值选择合适的比例倍率，使电桥比较臂的四档电阻都能被充分利用，以获得四位有效数字，保证测量精度。估测被测电阻为几千欧时，比例臂选×1档；估测被测电阻为几十欧时，比例臂选×0.01档；估测被测电阻为几欧时，比例臂选×0.001档，其余依此类推。

用万用表估测被测电阻值应尽量准确，比例臂选择务必正确，否则会产生很大的测量误差，从而失去精确测量的意义。

4）接通电路，调节电桥比例臂使之平衡。先按下电源按钮“B”（也可以将按钮旋转锁住）；再按检流计按钮“G”（如此时指针偏转太快，则应及时松开该按钮，另选桥臂比率），接通电桥电路后，看检流计指针偏转方向，如果指针向“+”方向偏转，表示被测电阻大于估计值，应增大比较臂电阻值，使检流计趋于零位，若指针向“-”方向偏转，表示被测电阻小于估计值，则应减小比较臂电阻值，使检流计趋于零位；比较臂电阻值减少到1000Ω时，检流计仍向“-”边，则可减少量程倍率，再调节比较臂使检流计趋向于零位。如此反复调节各比较臂电阻，直至检流计指针指示零位，电桥处于平衡状态为止。调节过程中，不能把检流计按钮锁死，待调到电桥接近平衡时，才可锁死检流计按钮进行细调，避免检流计指针因猛烈撞击而损坏。

5）计算电阻值。被测电阻的阻值R=比例臂倍率读数×比例臂读数之和。下面以QJ23型电桥为例，如果R_x为几欧姆，倍率档选择为0.001，这样当电桥平衡时，可调电阻可以读出四位，例如：在比较臂×1可调电阻上读数是8，在×10可调电阻上读数是5，在×100可调电阻上读数是3，在×1000可调电阻上读数是4，即4358Ω。被测电阻值是$4358\times0.001\Omega=4.358\Omega$。

6）关闭电桥。测量完毕，QJ23型电桥先断开“G”按钮，再断开“B”按钮，然后拆除被测电阻，将检流计连接片放在内接位置，使检流计短路被锁住，以防止搬动过程中检流计指针损坏。QJ23A型电桥将3（“G”内、外接检流计转换开关）、8（“B”内、外接电源转换开关）扳向外接，以切断内部电源，松开5（电源按钮“B”）及6（检流计按钮“G”），然后拆除被测电阻。

（2）直流单臂电桥维护保养

1）电桥应存放在周围温度为5～45°C，相对湿度低于80%，空气内不含有腐蚀性气体的室内，以及通风、干燥、避光、无振动的场合。

2）发现电池电压不足应及时更换，否则将影响电桥的灵敏度。更换电池时，在电桥背面电池盒内将电池串联放入，QJ23型电桥放入三节1号1.5V电池；QJ23A型电桥放入六节1号1.5V电池，两节6F22型9V叠成电池。

3）每次使用完毕后，将仪表盒盖盖好，另外电桥长期搁置不用时，应将电池取出。

4）要保证电桥的接触点接触良好，如发现接触不良，可拆开外壳，用蘸有酒精或汽油的纱布清洗，并旋转各旋钮，使接触面氧化层破坏，待接触稳定后再涂一层薄薄的中性凡士林油。

（三）直流双臂电桥

直流双臂电桥又叫凯尔文电桥，其外形图如图1-3-7所示。该电桥是专供测量1Ω以下的小电阻用的比较仪器。它可用于测量分流器电阻、电动机和变压器的绕组阻值等。测量小电阻如果使用单臂电桥，由于受连接导线的电阻和被测电阻接头的接触电阻的影响，会使测量结果的误差达到不可容许的程度。而直流双臂电桥却能消除这一影响，减小测量误差从而取得比较准确的测量结果。直流双臂电桥可测量1×10^{-3}～100Ω的电阻。该电桥准确度高、稳定性好，被广泛用于电磁测量、自动调节和自动控制电路。

1. 直流双臂电桥的结构和工作原理

（1）结构　QJ44型直流双臂电桥面板图如图1-3-8所示，图中1为电桥外接工作电源接线柱，2为检流计灵敏度调节旋钮，3为检流计工作电源开关，4为比较臂细调刻度盘（读数盘）调节盘，5为比较臂旋钮，6为“G”检流计按钮开关，7为“B”电桥工作电源开关，8为“C_1”被测电阻电流端接线柱，9为比例臂旋钮（倍率臂），10为“P_1”“P_2”被测电阻电位接线柱，11为检流计调零旋钮，12为“C_2”被测电阻电流端接线柱，13为检流计指示表头。

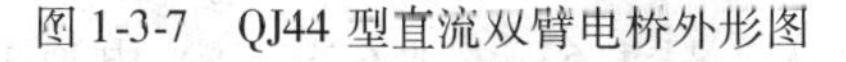

图1-3-7　QJ44型直流双臂电桥外形图

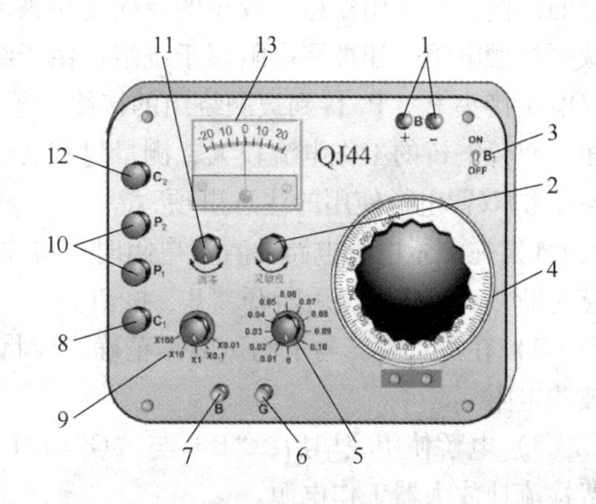

图1-3-8　QJ44型直流双臂电桥面板图

（2）工作原理　直流双臂电桥原理图如图1-3-9所示。图中R_1、R_1'、R_2和R_2'为桥臂电阻，这四个电阻组成了固定的比例臂，整个电桥在0.01～100设有五个倍率档，倍率的选择由倍率臂旋钮完成。比较臂的电阻为R_3，比较臂旋钮数值可在0.01～0.10Ω十档内调节，比较臂细调刻度盘可在0.001~0.01之间连续可调。

工作原理如下：它和直流单臂电桥不同的地方，是被测电阻 R 与标准电阻 R_1' 共组成一个桥臂，比较电阻 R_3 和标准电阻 R_2' 组成了与其对应的另一个桥臂，R 与 R_3 之间用一阻值为 r 趋于零的粗导线连接起来。为了消除接线电阻和接触电阻的影响，R 和 R_3 在电桥中都有两对端钮接线，即电流端钮 C_1'、C_2' 和 C_1、C_2 以及电位端钮 P_1'、P_2' 和 P_1、P_2，并且均用电位端钮接入桥臂。R_1、R_1'、R_2 和 R_2' 是桥臂标准电阻，其阻值均在10Ω以上，R_3 是比较用的可调电阻，R 是被测电阻。为了使双臂电桥平衡时，求解 R 的公式与单臂电桥相同，双臂电桥在结构上把 R_1 和 R_1' 以及 R_2 和 R_2' 做成同轴调节电阻，以便改变 R_1 或 R_2 的同时，R_1' 和 R_2' 变化保持同步，从而保持比值满足 $R_1'/R_1=R_2'/R_2$。

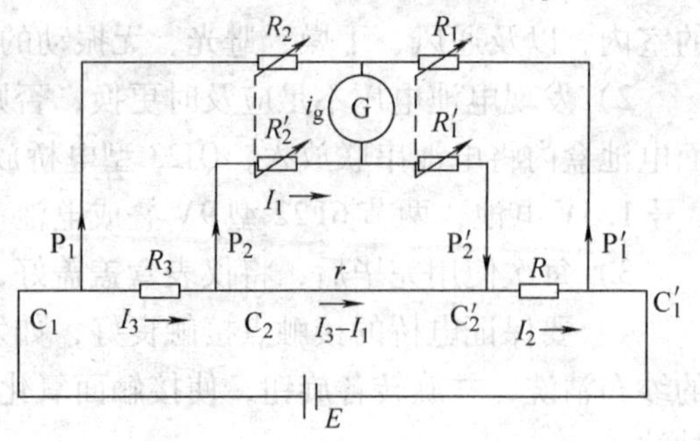

图1-3-9 直流双臂电桥原理图

测量时接上 R 调节各桥臂电阻使电桥达到平衡。此时 $i_g=0$，c、d两点电位相等，可得到被测电阻 R 为 $R=R_1/R_2\times R_3$。

R_1/R_2 的比值称为直流双臂电桥的比例臂，R_3 为直流双臂电桥的比较臂，所以被测电阻 R 同样可写成：被测电阻值=比率臂倍率读数×比较臂读数（粗调读数+细调读数）。

2. 直流双臂电桥使用步骤

1）在使用双臂电桥时，除了遵守直流单臂电桥的使用步骤外，还应注意：被测电阻的电流端钮和电位端钮应和双臂电桥的对应端钮正确连接。

2）把电桥放平稳，先把灵敏度调到最大，然后把检流计调到零位上，使检流计指针和零线重合。

3）为了减小测量误差，必须注意四根引出线 C_1、P_1、C_2、P_2 的连接方法，测量电阻元件时，电位端钮"P_1""P_2"两端接被测电阻的内侧，电流端钮"C_1""C_2"两端接被测电阻的外侧，应采用较粗、较短的导线连接被测电阻，接线间不得绞合，并将接头拧紧，尽量减少接触电阻。如被测电阻属于绕组，由于绕组只有两个接线端子，此时应将电桥引出的两根电位接头 P_1、P_2 接到被测绕组的接线端子上，然后再将电流接头 C_1、C_2 压在电位接头上面。双臂电桥的工作电流较大，测量过程要迅速，以避免电池的无谓消耗。

3. 双臂电桥使用的注意事项

1）在测量电感电路的直流电阻时，应先按下"B"按钮，再按下"G"按钮，断开时，应先断"G"按钮，后断开"B"按钮。

2）在测量时，为了测试数据精确，应将电位接线和电流接线分开接，电位接线应靠近被测电阻。

3）电桥使用完毕后，"B"与"G"按钮应断开，"B1"开关应扳向"断"位，避免浪费检流计放大器工作电源。

4）电桥电压不足时应及时更换，在电池盒内装入1号1.5V电池6节、9V电池1节。如用外接直流电源时，必须注意电源极性。将电源的正、负极分别接到"+""-"端钮，对外接电池的电压值应按说明书的规定选择。

5）每次测量完毕后，将仪表盒盖盖好，存放于干燥、避光、无振动的场合。电桥如长期不用，应将电池取出。

6）为减少引线电阻带来的误差，被测电阻与测量端的连接导线要短而粗。还应注意各端钮是否拧紧，以避免接触不良引起电桥的不稳定。

四、任务实施

（一）任务要求

1）测量某一个小型变压器的一次侧和二次侧的直流电阻，并用万用表电压档测量出其匝数比。

2）测量导线的电阻。

（二）任务准备

1. 所需仪器仪表、工具与材料

本项目需用到变压器、导线、万用表、绝缘电阻表、常用电工工具、直流单臂电桥和直流双臂电桥。

2. 领取仪器仪表、工具与材料

领取变压器、万用表等器材后，将对应的参数填写到表1-3-1中。

表1-3-1　任务器材统计表

序　号	名　称	型　号	规格与主要参数	数　量	备　注
1	变压器				
2	导线				
3	万用表				
4	直流单臂电桥				
5	直流双臂电桥				

3. 检查领到的仪器仪表与工具

1）变压器是否正常。

2）万用表、电桥等是否正常。

（三）任务实施步骤

1. 实施步骤

（1）变压器绕组电阻值的测量

1）先用万用表电阻档1Ω或10Ω估测变压器绕组和导线的阻值。万用表估测被测电阻值应尽量准确，否则会产生很大的测量误差，从而失去精确测量的意义。

2）电桥调试。测试前将面板上的“外”接线柱短接，然后打开检流计锁扣，旋转机械调零旋钮，使检流计指针指向零位。

3）根据估测变压器绕组阻值选择直流单臂电桥合适的比例倍率。估测被测电阻为几千欧时，比例臂选×1档；估测被测电阻为几十欧时，比例臂选×0.01档；估测被测电阻为几欧时，比例臂选×0.001档，其余依此类推。

4）将变压器绕组接到直流单臂电桥R_x接线柱上，再接通电路，测量时必须先按“B”按钮，然后再按“G”按钮，如果先按“G”按钮则需要先观察检流计指针摆动的趋势，并旋钮调节，一直调节到表针与零位重合，测量才算完成。

5）电阻值读数。从高位的粗调旋钮依次向低位旋钮读出它们各自指示的数值，依次乘以相应的倍率并相加所得的和即是所求的阻值。

6）用万用表测量变压器电压并计算出匝数比。

（2）QJ44 型直流双臂电桥测量导线电阻

1）电桥调试。“B1”开关扳到接通位置，等稳定后，调节检流计指针零位。将灵敏度旋钮调在最低位置。

2）接入被测电阻。测量电阻接线图如图 1-3-10 所示。将被测电阻两端接在电桥相应的 C_1、P_1、C_2、P_2 接线柱上。注意电位端钮总是在电流端钮的内侧，且两电位端钮之间的电阻就是被测电阻。

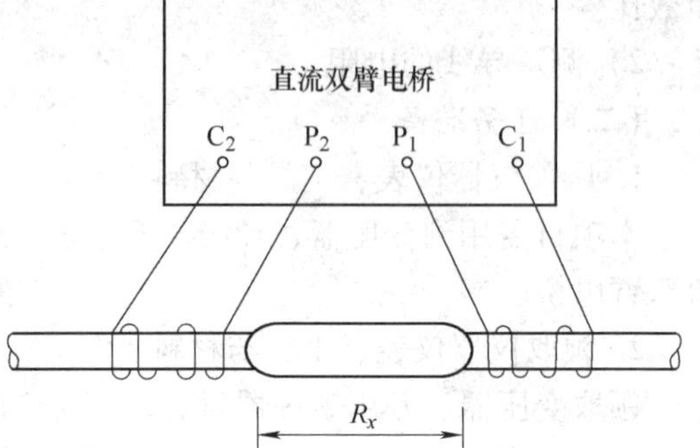

图 1-3-10　直流双臂电桥测量导线电阻接线图

3）估测被测电阻。选择臂率：用万用表估测被测电阻值大小，选择适当倍率档。如估测电阻值为几欧时，倍率选 ×100 档；估测电阻值为零点几欧时，倍率选 ×10；估测电阻值为零点零几欧时，倍率选 ×1 档等。用万用表估测被测电阻值应尽量准确，倍率选择务必正确，否则会产生很大的测量误差。

4）接通电路。调节电桥倍率使之平衡，先按下电源按钮“G”，再按下检流计按钮“B”，接通电桥电路后，适当调节灵敏度旋钮，观察检流计指针（注意尽量不要让检流计指针的摆度超过量程，以免打坏指针）。根据检流计指针偏移方向及偏移程度，调节比较臂旋钮。具体方法是：假设检流计指针向正方向偏移，先将灵敏度旋钮放至最低位，然再增大比较臂旋钮读数；反之，则应减小比较臂读数。如此反复调节，直到检流计指针向负方向偏移，然后将读数盘旋钮放至最大数位处，缓慢调节灵敏度，同时读数盘旋钮缓慢逆时针旋转（向小数值方向调节），直到灵敏度在最高位时，检流计指针在零刻度处。

5）计算电阻值。被测电阻值 = 比例臂倍率读数 × 比较臂读数（粗调读数 + 细调读数）。

6）关闭电桥。先松开检流计按钮“B”，再松开电源按钮“G”，然后断开“B1”按钮，最后拆除被测电阻。

2. 测量步骤

测量变压器一次和二次直流电阻的相关数据，将测量结果填入表 1-3-2 中。

表 1-3-2　有关数据记录

<table>
<tr><td>铭牌额定值</td><td colspan="3"></td><td>1 次</td><td>2 次</td><td>3 次</td><td>平均值</td></tr>
<tr><td rowspan="6">实际测量</td><td colspan="2" rowspan="3">万用表粗测值</td><td>一次直流电阻值</td><td></td><td></td><td></td><td></td></tr>
<tr><td>二次直流电阻值</td><td></td><td></td><td></td><td></td></tr>
<tr><td>导线电阻值</td><td></td><td></td><td></td><td></td></tr>
<tr><td colspan="2" rowspan="2">单臂电桥测量值</td><td>一次直流电阻值</td><td></td><td></td><td></td><td></td></tr>
<tr><td>二次直流电阻值</td><td></td><td></td><td></td><td></td></tr>
<tr><td colspan="2">双臂电桥测量值</td><td>导线电阻值</td><td></td><td></td><td></td><td></td></tr>
<tr><td rowspan="2">电压测量</td><td rowspan="2">万用表</td><td>一次
电压</td><td>档位
（ ）</td><td colspan="2" rowspan="2"></td><td colspan="2" rowspan="2">匝数比
（　　　）</td></tr>
<tr><td>二次
电压</td><td>档位
（ ）</td></tr>
</table>

五、任务检查与评定

任务内容及配分	要　求	扣分标准	得分
测量电源电压（25分）	万用表测量电源电压	1. 带电测量未注意安全扣1分 2. 档位选择错误扣2分 3. 测量错误扣2分	
测量直流电阻（35分）	1. 万用表粗测变压器绕组直流电阻 2. 单双臂电桥测变压器一次、二次直流电阻及导线电阻	1. 未粗测绕组电阻值扣2分 2. 未按直流单臂电桥正确使用方法操作，每错误一处扣2分 3. 损坏直流单臂电桥指针扣3分 4. 少测量一项扣5分 5. 测量数据错误扣5分 6. 未记录测量数据本项不得分	
综合评价（30分）	1. 计算变压器匝数比 2. 根据测量的参数评价操作单双臂电桥的过程 3. 每超过规定时间1min，从总分中扣1分	1. 计算公式错误扣6分，计算结果错误扣4分 2. 未写出评价结论扣6分，结论缺项每缺一项扣2分	
定额时间（10分）	15min	每超5min（不足5min以5min记）扣5分	
备注	除定额时间外，各项内容的最高扣分不得超过配分分数	成绩	

【相关知识】

ZC-8型接地电阻测量仪工作原理

接地电阻测量仪俗称“接地摇表”，是专用于直接测量接地电阻的指示仪表。型号有ZC-8型、ZC29-1型、ZC34-1型等。图1-3-11所示为ZC-8型接地电阻测量仪的外形图。

1. 工作原理

图1-3-11　ZC-8型接地电阻测量仪外形图

ZC-8型接地电阻测量仪是按补偿法的原理制成的，它主要由手摇交流发电机、电流互感器、滑线电阻以及检流计等构成。测量仪的附件有两根接地探测针、三根导线（长为5m的一根用于接地极，20m的一根用于电位探测针、40m的一根用于电流探测针）。ZC-8型接地电阻测量仪的工作原理如图1-3-12所示。图1-3-12a为原理接线图，图1-3-12b为原理电路和电位分布图，图1-3-12b中E′为接地极，P′为电位接地极，C′为电流辅助极，被测的接地电阻R_x接在E′与P′之间，而不包括电流辅助电极C′的电阻R_C。E′、P′、C′依次连接E、P_1、C_1端钮，分别插入距离接地体不小于5m、20m和40m的土壤中。

假设手摇交流发电机F在某一时刻输出交流电，其左端为高电位，则此刻电流I经电流互感器的一次侧→端钮E→接地体E′→大地→电流接地极C′→端钮C_1，再回到手摇交流发电机右端，构成一个闭合回路。在E′的接地电阻R_x上形成的压降为IR_x，压降IR_x随着与E′极距离的增加而急剧下降，在P′极时降为零。同样，两电极P′和C′之间也会产生压降，其值为IR_C，电位分布如图1-3-12b所示。

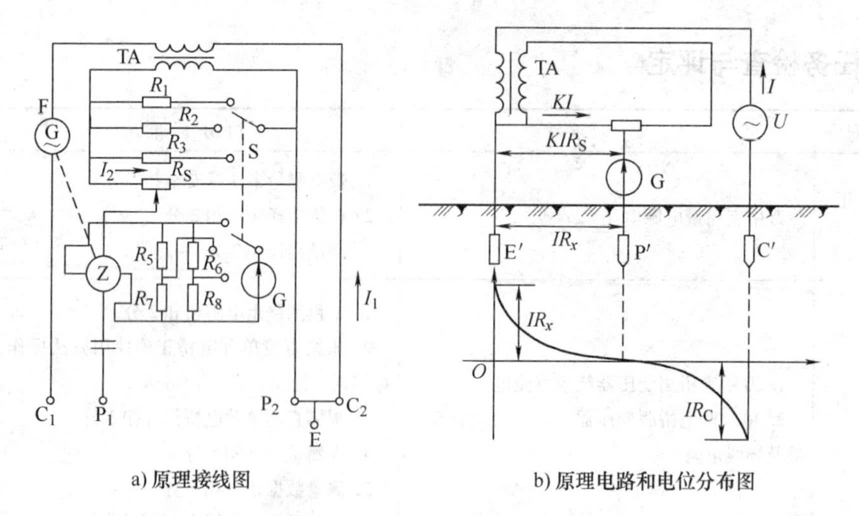

a) 原理接线图　　b) 原理电路和电位分布图

图 1-3-12　ZC-8 型接地电阻测量仪工作原理

电流互感器的二次电流为 KI（K 是互感器的电流比：I_2/I_1），该电流经过电位器 S 点的压降为 KIR_S。借助调节电位器的活动触点 W，使检流计指示为零，此时，P′、S 两点间的电位为零，即

$$IR_x = KIR_S$$

$$R_x = KR_S$$

由上式可见，被测的接地电阻 R_x 可由电流互感器的电流比 K 和电位器的电阻 R_S 决定，而与电流接地极 C′的电阻 R_C 无关。用上述原理测量接地电阻的方法称为补偿法。

需要指出的是，电流接地极 C′用来构成接地电流的通路是完全必要的。如果只有一个电极，则测量结果将不可避免地将接地体 E′的接地电阻包括进去，这显然是不正确的。还要指出的是，一般都是采用交流电进行接地电阻的测量，这是因为土壤的导电性主要依靠于地下电解质的作用，如果采用直流电就会引起化学极化作用，以致严重地歪曲测量结果。

将图 1-3-12b 线路进行简化，画成实际测量时的原理接线图，如图 1-3-12a 所示。图 1-3-12a 中 TA 是电流互感器，F 是手摇交流发电机，S 是量程转换开关，G 是检流计，R_S 是电位器。测量时两探针 P′和 C′插在离地极 20m 处，两探针之间也应保持一定距离。

由于被测的接地电阻大小不同，为了减小测量误差，在仪器中备 0 ~ 1Ω、1 ~ 10Ω 和 10 ~ 100Ω 三种量程，测量时可根据被测接地电阻的大小适当选择。改变量程是通过开关 S 来改变互感器的并联电阻和检流计 G 的并联电阻。设一次绕组电流为 I_1、二次绕组流经 R_S 的电流为 I_2，当接通 R_1 时，$I_2 = I_1$，$K_1 = 1$；当接通 R_2 时，$I_2 = (1/10)I_1$，$K = 1/10$；当接通 R_3 时，$I_2 = (1/100)I_1$，$K = 1/100$。图 1-3-12a 中的电阻 R_5 ~ R_8 为检流计分流器，是为了保证检流计的灵敏度不变而加设的。

2. 对接地探针的要求

用接地摇表测量接地电阻时，关键因素是探针本身的接地电阻，如果探针本身接地电阻较大，会直接影响仪器的灵敏度，甚至测不出来。一般电流探针本身的接地电阻不应大于 250Ω，电位探针本身的接地电阻不应大于 1000Ω，这些数值对大多数种类的土质是容易达到的。如果在高土壤电阻率地区进行测量，可将探针周围土壤用盐水浇湿，探针本身的电阻就会大大降低。探针一般采用直径为0.5cm、长度为0.5m的镀锌铁棒。

3. 仪表好坏的检查

(1) 外观检查　先检查仪表是否有试验合格标志，接着检查外观是否完好；然后看指针是否居中；最后轻摇摇把，看是否能轻松转动。

(2) 开路检查　三端钮的接地摇表：将仪表电流端钮（C）和电位端钮（P）短接，轻摇摇把，摇表的指针直接偏向读数最大方向；四端钮的接地摇表：将仪表电流端钮（C）和电位端钮（P）短接，再将接地两端钮（C2、P2）短接，然后轻摇摇把，摇表的指针直接偏向读数最大方向。

(3) 短路检查　不管是三个端钮的仪表还是四端钮的仪表，均将所有端钮连接起来，然后轻摇摇把，摇表的指针偏往“0”的方向。

通过上述三个步骤的检查后，基本上可以确定仪表是否完好。

4. ZC-8 型接地电阻测量仪操作步骤

(1) 测量仪使用方法

1) 仪表调零。使用前将仪表放平，调节调零器使指针指在零位。仪表要放置在平整的地面上，以免测量时仪表晃动。测量前，一定要将被测接地装置的接地线与避雷器或被保护电器断开，以便测量。

2) 正确接线。三端钮接地电阻测量仪接线图如图1-3-13a所示。将电位探针P′插在被测接地极E′和电流探测针C′之间，按直线布置，彼此间距20m，P′与端钮P相接，C′与端钮C相接，E′与端钮E相接。如果是四端钮测量仪，则接线方式如图1-3-13b所示。

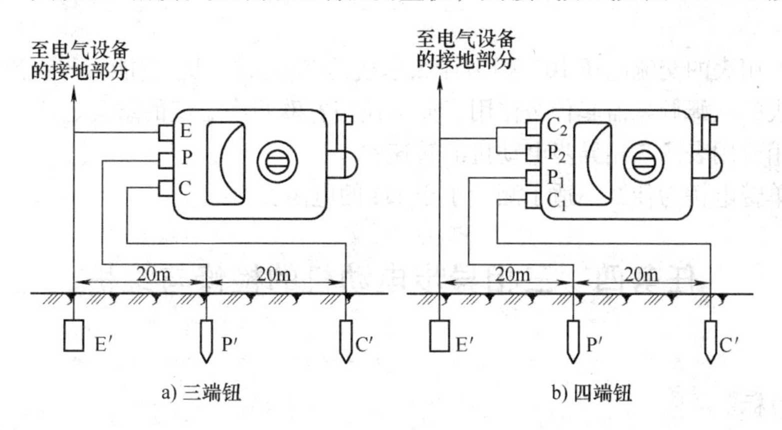

a) 三端钮　　b) 四端钮

图1-3-13　ZC-8型接地电阻测量仪接线图

3) 调节接地电阻测量仪，使之平衡。将倍率开关置于最大倍数上，缓慢摇动发电机手柄，同时转动“测量标度盘”，使检流计指针处于中心红线位置上。当检流计接近平衡时，需加速摇动手柄，使发电机转速升至额定转速120r/min，同时调节“测量标度盘”，使检流计指针处于中心红线位置，此时接地电阻测量仪处于平衡位置。上述调节过程最终要使发电机转速为120r/min时，检流计指针稳定指在中心红线“0”位置，此时才能读取测量结果。

4) 计算被测电阻值。接地电阻=倍率读数×测量标度盘读数。如果测量标度盘的读数小于1Ω，应将倍率开关置于较小的一档，再重新测量。

5) 正确读数。ZC-8型数字盘上显示为1、2、3、…、10共10大格，每个大格中有10

个小格。三端钮读数盘内有 1、10、100 三种倍数；四端钮读数盘内有 0.1、1、100 三种倍数。在指针稳定时指针所指的数乘以所选择的倍数即是测量结果。如：当指针指在 8.8，而选择的倍数为 10 时，测量出来的电阻值为 $8.8\times10\Omega=88\Omega$。

（2）测量仪使用注意事项

1）接地电阻测量应在气候相对干燥的季节进行，避免雨后立即测量，以免测量结果不真实。

2）在测量接地电阻时，如果检流计的灵敏度过高，可把电位探针较浅地插入土壤中。如果检流计的灵敏度不够，可沿电位探针和电流探针注水，使土壤湿润。

3）测量完毕后，应将探针拔出，擦干净表面，以免生锈。连接导线整理好后再放置，以便下次使用。

4）仪表携带和使用时须小心轻放，避免剧烈震动。

5）禁在有雷电时使用测量仪。

【任务小结】

本任务主要讲了常用电工仪表的使用，包含万用表、直流单臂电桥、直流双臂电桥等，并在相关知识里介绍了接地电阻测量仪的使用。

【习题及思考题】

1. 为什么用万用表测电流时要与负载串联？测电压时要与负载并联？如果错接将会产生什么后果？

2. 一般万用表的交流电压 10V 档为什么单独具有一条标尺？它能否与直流共用？

3. 万用表的欧姆调零器起什么作用？如何使用？欧姆中心值的意义是什么？

4. 如何用万用表测三相异步电动机的转速？

5. 直流单臂电桥为什么不适于测量小于 1Ω 的电阻？

任务四　三相异步电动机的检修与维护

☞能力目标：

1. 掌握三相异步电动机的拆装与维护。

2. 掌握三相异步电动机头尾端的判别并能正确地接在电动机的接线盒端子上。

3. 熟练使用钳形电流表、绝缘电阻表等。

☞知识目标：

1. 掌握三相异步电动机的结构。

2. 熟悉三相异步电动机的使用。

3. 学会三相异步电动机的Y和△联结及测试并能对三相异步电动机进行检修和维护。

一、任务引入

三相异步电动机具有构造简单、坚固耐用、维修方便、运行可靠、价格低廉等优点，因而在工业、农业等各行业的生产中得到了广泛的应用。目前，绝大多数的机械设备都是由异步电动机带动的。据统计，在电力网的总负载中，动力负载约占60%，而异步电动机的容量则占动力负载容量的85%，这足以看出异步电动机在国民经济中所起的重要作用。

同时我们也看到，不少厂矿企业和农村地区，由于未能及时进行修理，以及监护人员的失误，每年都有相当数量的电动机遭到破坏，给国家及用户造成不应有的损失和浪费。因此，熟悉并掌握三相异步电动机的构造及使用性能，加强对其维护和修理，保证修理工艺的正确，保证电动机修理后工作可靠，对延长电动机使用寿命、节约能源和资金，都有着重要的实际意义。

二、任务分析

本任务是对实验室4kW的电动机进行检修和维护，首先介绍三相异步电动机结构，接着介绍三相异步电动机的拆卸及装配，最后介绍三相异步电动机定子绕组的测定。这样就可以比较全面地了解三相异步电动机的构造、工作过程等内容。

三、必备知识

（一）电动机的基本结构

三相异步电动机的结构及铭牌如图1-4-1所示。三相异步电动机由定子和转子两大部分组成。

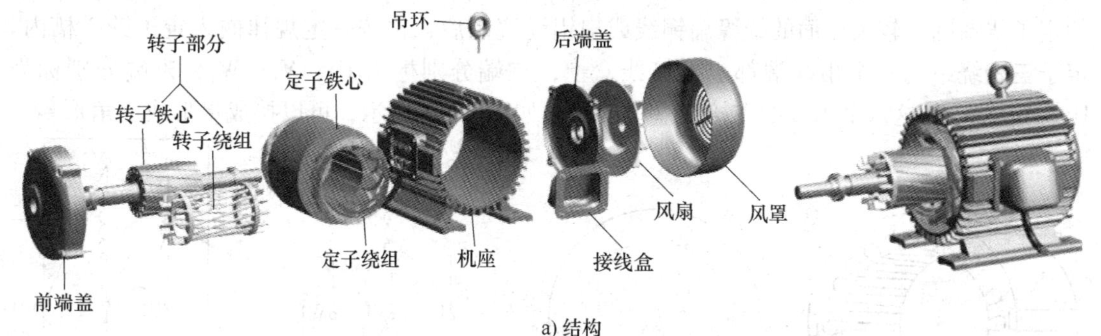

a) 结构

三相异步电动机			
型号 Y-112-M-4			编号
4.0kW		8.8A	
380V	1440r/min	LW8dB	
接法△	防护等级 IP44	50Hz	45kg
标准编号	工作制 SI	B级绝缘	年　月
××电机厂			

b) 铭牌

图1-4-1　三相异步电动机的结构及铭牌

1. 定子部分

定子是用来产生旋转磁场的。三相异步电动机的定子一般由外壳、定子铁心、定子绕组等部分组成。

（1）外壳　三相异步电动机外壳包括机座、前端盖、轴承盖、接线盒及吊环等部件。

机座：铸铁或铸钢浇铸成型，它的作用是保护和固定三相异步电动机的定子绕组。中、小型三相异步电动机的机座还有两个端盖支承着转子，它是三相异步电动机机械结构的重要组成部分。通常，机座的外表要求散热性能好，所以一般都铸有散热片。

前端盖：用铸铁或铸钢浇铸成型，它的作用是把转子固定在定子内腔中心，使转子能够在定子中均匀地旋转。

轴承盖：也是用铸铁或铸钢浇铸成型的，它的作用是固定转子，使转子不能轴向移动，另外起存放润滑油和保护轴承的作用。

接线盒：一般是用铸铁浇铸，其作用是保护和固定绕组的引出线端子。

吊环：一般是用铸钢制造，安装在机座的上端，用来起吊、搬、抬三相异步电动机。

（2）定子铁心　三相异步电动机定子铁心是电动机磁路的一部分，由0.35～0.5mm厚、表面涂有绝缘漆的薄硅钢片叠压而成，如图1-4-2所示。由于硅钢片较薄，而且片与片之间是绝缘的，所以减少了由于交变磁通通过而引起的铁心涡流损耗。铁心内圆有均匀分布的槽口，用来嵌放定子绕圈。

（3）定子绕组　定子绕组是三相异步电动机的电路部分，三相异步电动机有三相绕组，通入三相对称电流时，就会产生旋转磁场。三相绕组由三个彼此独立的绕组组成，且每个绕组又由若干线圈连接而成。每个绕组即为一相，每个绕组在空间相差120°。线圈由绝缘铜导线或绝缘铝导线绕制而成。中、小型三相异步电动机多采用圆漆包线，大、中型三相异步电动机的定子线圈则用较大截面的绝缘扁铜线或扁铝线绕制后，再按一定规律嵌入定子铁心槽内。定子三相绕组的六个出线端都引至接线盒上，首端分别标为U_1、V_1、W_1，末端分别标为U_2、V_2、W_2。这六个出线端在接线盒里的排列如图1-4-3所示，可以接成星形或三角形。

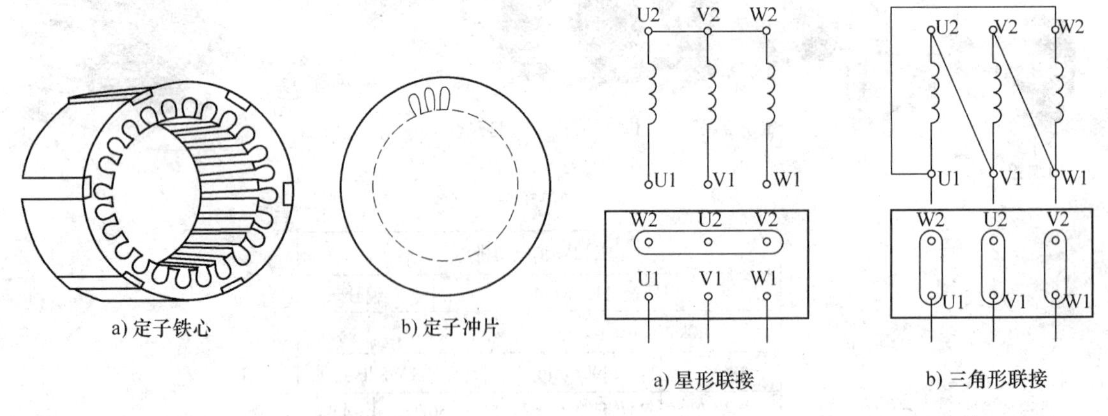

a) 定子铁心　b) 定子冲片

图1-4-2　定子铁心及冲片示意图

a) 星形联接　b) 三角形联接

图1-4-3　定子绕组的连接

2. 转子部分

（1）转子铁心　转子铁心是用0.5mm厚的硅钢片叠压而成的，套在转轴上，作用和定子铁心相同，一方面作为电动机磁路的一部分，一方面用来安放转子绕组。

（2）转子绕组　异步电动机的转子绕组分为绕线形与笼型两种，由此分为绕线转子异步电动机与笼型异步电动机。

1）绕线形绕组。与定子绕组一样它也是一个三相绕组，一般接成星形，三相引出线分别接到转轴上的三个与转轴绝缘的集电环上，通过电刷装置与外电路相连，这就有可能在转子电路中串接电阻或电动势以改善电动机的运行性能，如图1-4-4所示。

2）笼形绕组。在转子铁心的每一个槽中插入一根铜条，在铜条两端各用一个铜环（称为端环）把导条连接起来，称为铜排转子，如图1-4-5a所示。也可用铸铝的方法，把转子导条和端环风扇叶片用铝液一次浇铸而成，称为铸铝转子，如图1-4-5b所示。100kW以下的异步电动机一般采用铸铝转子。

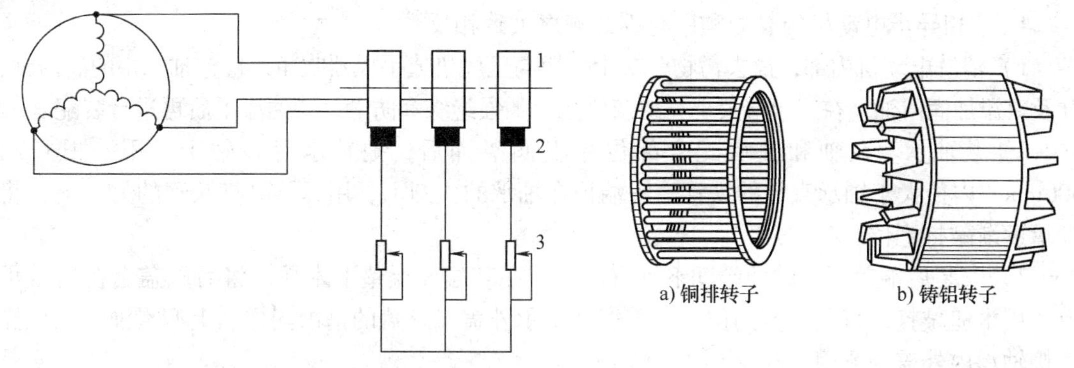

图1-4-4　绕线形转子与外加变阻器的连接
1—集电环　2—电刷　3—变阻器

图1-4-5　笼形转子绕组

3. 其他部分

其他部分包括风扇、风罩等。风扇用来通风冷却电动机。三相异步电动机的定子与转子之间的空气隙，一般仅为0.2～1.5mm。气隙太大，电动机运行时的功率因数降低；气隙太小，使装配困难，运行不可靠，高次谐波磁场增强，从而使附加损耗增加，起动性能变差。

（二）三相异步电动机的拆卸

1. 卸前准备

1）准备好工作所需的各种工具，断开电源，拆卸电动机与电源线，并对电源线头作好绝缘处理。

2）卸下联轴器、底脚螺母，将各种零部件放入小盒中，以免丢失。

2. 拆卸

1）拆卸前做好必要的记录和检查，并在线头、端盖等处做好标记，便于修复后的装配，避免装配时弄错。

2）拆卸联轴器或皮带轮。先在联轴器或皮带轮的轴伸端做好尺寸标记，同时拆去接线盒内的电源接线和接地线，卸下底脚螺母、弹簧垫圈和平垫片，取下联轴器或皮带轮上的定位螺钉或销子，装上拉具，拉具丝杠尖端对准电动机转轴中心，转动丝杠，慢慢将联轴器或皮带轮拉出。若拉不出，不可硬拉，在定位螺孔内注入煤油，几小时后再拉。注意：在拆卸过程中，不可以用锤子直接敲打联轴器或皮带轮，以防碎裂或使电动机轴变形。

3）拆卸轴承盖和端盖。卸下轴承盖螺栓，拆下轴承盖外盖；在端盖与机座接缝处的任一位置作好复位记号。卸下端盖螺栓，然后用锤子均匀向外敲打端盖四周（敲打时垫上的垫木），将端盖取下。小型电动机只拆风扇一侧的端盖，同时将另一侧的端盖螺栓拆下，将转子、端盖和风扇一起抽出。

4）抽出转子。将转子连同后端盖一起取出。抽出转子的过程中，应小心缓慢，特别要注意不可歪斜着往外抽，应始终沿着转子轴径的中心线向外移动，防止转子碰伤定子绕组。转子抽出后，当重心移到机外后需垫支架，并包好轴伸端，以免弄伤或碰坏。

5）拆卸轴承。一般使用拉具拆卸。选用大小合适的拉具，其丝杠中心对准电动机的转轴中心，开始拉力要小，将轴承慢慢拉出。如轴承良好，则不必拆卸，训练时可以不进行轴承拆卸。

（三）三相异步电动机的装配

1. 三相异步电动机的装配顺序与拆卸顺序大致相反

1）清洗电动机内部，擦去污物、灰尘，用高压风机或手风器吹净，检查轴承中的润滑油，并及时添加润滑油。在绕组端喷上一层灰磁漆以加强绝缘和防潮，待油漆干后再进行装配。

2）装轴承。在轴和轴承配合部位涂上润滑油后，把轴承套在轴上，用一根长约300mm、内径大于轴承直径的铁管，一端顶在轴承的内圈上，用锤子敲打铁管的另一端，将轴承逐渐敲打到位。

3）安装后端盖。将轴伸端朝下垂直放置，在其端面上垫上木板，将后端盖套在后轴承上，用木槌敲打，将其敲打到位。接着安装轴承外盖，外盖的槽内同样加上润滑油。用螺栓连接轴承内外盖并紧固。

4）安装转子。把转子对准定子孔中心，然后沿着定子圆周的中心线缓缓向定子里送，不得碰擦定子绕组。当端盖与机座合拢时，应将拆卸时所做的端盖与机座间的位置标记对齐，然后装上端盖螺栓并旋紧。

5）安装前端盖。将前端盖对准与机座的标记，用木槌均匀敲打端盖四周，不可单边着力，并拧紧端盖的紧固螺栓。拧紧前后端盖的紧固螺栓时，也要四边着力，要按对角线上下左右逐渐拧紧。然后再装前轴承外端盖，先在外轴承盖孔内插入一根螺栓，一手定住螺栓，另一手缓慢转动转轴，轴承内盖也随之转动，当手感觉到轴承内外盖螺孔对齐时，就可以将螺栓拧入内轴承盖的螺孔内，再装另两根螺栓。此三根螺栓也应逐步拧紧。

2. 三相异步电动机的接线和调试

1）调试前进一步检查电动机的装配质量。如各部分螺栓是否拧紧，引出线的标记是否正确，转子转动是否灵活，轴伸端径向有无偏摆的情况等。

2）用绝缘电阻表测量电动机绕组之间和绕组与地之间的绝缘电阻，电阻应符合技术要求。

3）根据电动机的铭牌技术数据（如电压、电流和接线方式等）进行接线，为了安全，一定要将电动机的接地线接好，接牢。

4）测量电动机的空载电流。空载时，测量三相空载电流是否平衡，同时观察电动机是否有杂声、振动及其他较大噪声，如果有应立即停车检修。

5）用转速表测量电动机转速，并与电动机的额定转速进行比较。

（四）三相异步电动机定子绕组的测定

三相异步电动机定子绕组的测定是为了防止定子绕组接线错误，定子绕组接线错误主要原因有工作疏忽或对绕线嵌线、接线不熟悉造成嵌线时将个别线圈嵌反，绕组连接时将首尾端接错等。通电后将造成电动机起动困难、转速低、振动大、响声大、三相电流严重不平衡，严重时将使绕组烧毁。

下面介绍定子绕组首尾接反的检查方法：灯泡法。

把任何两组绕组串联，串联的两相和另外一相分别接上交流电源和灯泡，如果灯泡发亮，说明串联的两相绕组是一相的首端和另一相的末端相连；如果灯泡不亮，可将其中一相的首末端对调，再进行试验，即可判断出绕组的首末端，如图 1-4-6 所示。

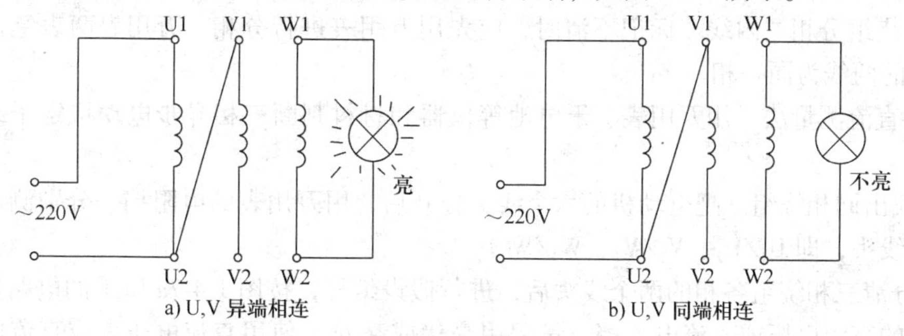

图 1-4-6　灯泡法判断绕组首尾端

四、任务实施

（一）任务要求

1. 三相异步电动机 Y-112M-4，铭牌参数为：4kW、380V、△接法、8. 8A、1440r/min，对其进行拆卸、装配。

2. 判断三相异步电动机头尾端并正确地接在电动机的接线盒端子上。

3. 测量空载电流：用钳型表测量电动机每相空载电流。

4. 测量电源电压：万用表测量电源电压。

5. 测量绝缘电阻：测量电动机相对地、相间绝缘电阻。

6. 综合评价：根据测量的参数对电动机进行状态评价。

（二）任务准备

1. 所需仪器仪表、工具与材料

本任务需用到三相笼型异步电动机、万用表、干电池、绝缘电阻表、常用电工工具、拉具、转速表和钳形电流表。

2. 领取仪器仪表、工具与材料

领取三相异步电动机、万用表等器材后，将对应的参数填写到表 1-4-1 中。

表 1-4-1　仪器仪表、工具与材料表

序　号	名　　称	型　　号	规格与主要参数	数　　量	备　　注
1	三相笼型异步电动机				
2	万用表				
3	转速表				
4	绝缘电阻表				
5	钳形电流表				

3. 检查领到的仪器仪表与工具

1）检查三相笼型异步电动机是否正常。

2）检查万用表、干电池等是否正常。

（三）任务实施步骤

1. 三相异步电动机的拆卸和装配

按照必备知识当中的三相异步电动机的拆卸及装配的步骤完成工作任务。

2. 三相异步电动机定子绕组的测定

（1）绕组分相　内线端标记不清时，应先用万用表进行分相：万用表两表笔任接两线端，相通的两线为同一相。

（2）直流测量法　用万用表、干电池等仪器和材料判断三相异步电动机定子绕组的首尾端。

1）找出同相绕组。把电动机的六个线头分开后，用万用表的电阻档，分别测出三个绕组的两个线头，即 U_1/U_2、V_1/V_2、W_1/W_2。

2）分清三相绕组各相的两个线头后，进行假设编号，按图 1-4-7a 所示的电路接线。使用万用表的直流电压或直流电流档，量程用毫伏或毫安（使用直流电压表或直流电流表亦可），万用表与其中的一相绕组串联，另一相绕组串联电池和开关。闭合开关，观察指针的偏转情况，若指针正偏，则电池正极的线头与万用表负极（黑表棒）所接的线头同为首端或尾端；若指针反偏，则电池正极的线头与万用笔正极（红表棒）所接的线头同为首端或尾端。再将电池和开关接另一相的两个线头，进行测试，就可正确判别各相的首尾端。

3）验证。使用万用表的直流电压或直流电流档，量程用毫伏或毫安（使用直流电压表或直流电流表亦可），把分开的三相异步电动机三个首端连在一起，三个尾端连在一起，其首端和尾端分别与万用表相连，如图 1-4-7b 所示，用手轻轻转动转子，表头指针不动则说明首尾端正确；否则错误，需要重新测试。注意：此方法要求电动机内有剩磁。

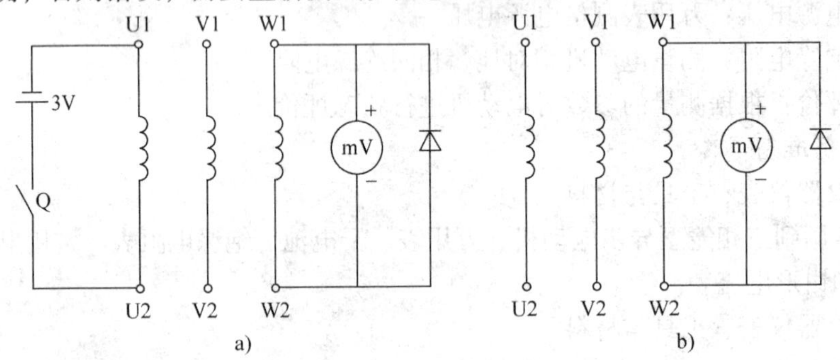

图 1-4-7　定子绕组的判别

（3）相绕组接错故障的检查方法　检查相绕组之间接错的方法主要是指南针法，其可以较为准确地查出故障，具体的判断过程如图 1-4-8 所示，将被测绕组两端通入 3～6V 直流电，手拿指南针沿定子内圈移动，若经过每一相绕组时，指南针南北极顺次交替变化，说明相绕组接线正确，否则相绕组接法有错误。同理，测试其他两相线组。若在一个相绕组中，有个别线圈

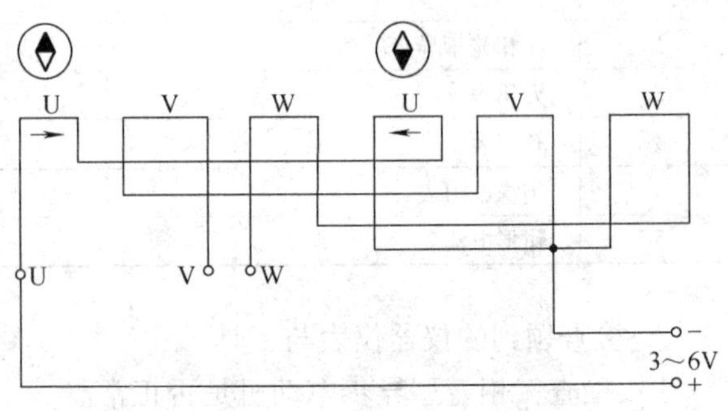

图 1-4-8　检查绕组内部连接故障

嵌反，指南针在本相绕组内的指向也是交替变化的。

3. 测量步骤

1）在电动机正常运行时，测量电动机的相关数据，将测量结果填入表1-4-2中，用来与后面故障状态的数据做比较。

表1-4-2　正常运行时的有关数据记录

<table>
<tr><td rowspan="3">铭牌额定值</td><td colspan="2">电压</td><td></td></tr>
<tr><td colspan="2">电流</td><td></td></tr>
<tr><td colspan="2">转速</td><td></td></tr>
<tr><td rowspan="8">实际测量</td><td colspan="2">三相电源电压</td><td></td></tr>
<tr><td colspan="2">三相绕组电阻</td><td></td></tr>
<tr><td rowspan="2">绝缘电阻</td><td>对地绝缘</td><td></td></tr>
<tr><td>相间绝缘</td><td></td></tr>
<tr><td rowspan="2">三相电流</td><td>空载</td><td></td></tr>
<tr><td>满载</td><td></td></tr>
<tr><td rowspan="2">转速</td><td>空载</td><td></td></tr>
<tr><td>满载</td><td></td></tr>
</table>

2）在人为预设部分典型故障的基础上，观察直观故障现象并用仪表检查，将记录的内容填入表1-4-3中。

表1-4-3　故障电动机有关情况及数据记录

<table>
<tr><th rowspan="2">预设故障位置</th><th rowspan="2">直观故障现象</th><th colspan="3">检 测 情 况</th><th rowspan="2">与正常值相比较</th></tr>
<tr><th>项　目</th><th>仪　表</th><th>数　据</th></tr>
<tr><td rowspan="3">开车前一相熔体断路</td><td rowspan="3"></td><td>空载电流</td><td>钳形表</td><td></td><td rowspan="3"></td></tr>
<tr><td>相绕组端电压</td><td>万用表</td><td></td></tr>
<tr><td>转速</td><td>转速表</td><td></td></tr>
<tr><td rowspan="3">运行中一相熔体断路</td><td rowspan="3"></td><td>空载电流</td><td>钳形表</td><td></td><td rowspan="3"></td></tr>
<tr><td>相绕组端电压</td><td>万用表</td><td></td></tr>
<tr><td>转速</td><td>转速表</td><td></td></tr>
<tr><td rowspan="3">将三角形误接为星形</td><td rowspan="3"></td><td>空载电流</td><td>钳形表</td><td></td><td rowspan="3"></td></tr>
<tr><td>相绕组端电压</td><td>万用表</td><td></td></tr>
<tr><td>转速</td><td>转速表</td><td></td></tr>
<tr><td rowspan="3">将星形误接成为三角形</td><td rowspan="3"></td><td>空载电流</td><td>钳形表</td><td></td><td rowspan="3"></td></tr>
<tr><td>相绕组端电压</td><td>万用表</td><td></td></tr>
<tr><td>转速</td><td>转速表</td><td></td></tr>
</table>

五、任务检查与评定

任务内容及配分	要　求	扣分标准		得分
三相异步电动机的拆卸（45 分）	拆卸前的准备	1. 考核前未将所需工具、仪器及材料准备好，扣 2 分 2. 拆除电动机电源电缆头及电动机外壳保护接地工艺不正确，电缆头没有保护措施，扣 3 分 3. 拉联轴器方法不正确扣 3 分		
	拆卸	1. 拆卸方法和步骤不正确，每次扣 5 分 2. 碰伤绕组，扣 6 分 3. 损坏零部件，每个扣 4 分 4. 装配标记不清楚，每处扣 2 分		
三相异步电动机参数测量（45 分）	接线	1. 接线不正确，扣 15 分 2. 接线不熟练，扣 5 分 3. 电动机外壳接地不好，扣 5 分		
	电气测量	1. 测量电动机绝缘电阻值不准确，扣 6 分 2. 不会测量电动机的电流、转速等，扣 6 分		
	试车	1. 空载电流测量不准确扣 3 分 2. 绕组端电压测量不准确扣 3 分 3. 转速测量不准确扣 3 分		
定额时间（10 分）	90min	训练不允许超时，每超 5min（不足 5min 以 5min 记）扣 5 分		
备注	除定额时间外，各项内容的最高扣分不得超过配分分数		成绩	

【相关知识】

（一）绝缘电阻表的使用与维护

绝缘电阻表又称摇表，习称兆欧表，其外形图如图 1-4-9 所示。绝缘电阻表是专门用来检查和测量电气设备或供电线路的绝缘电阻的专用仪表。

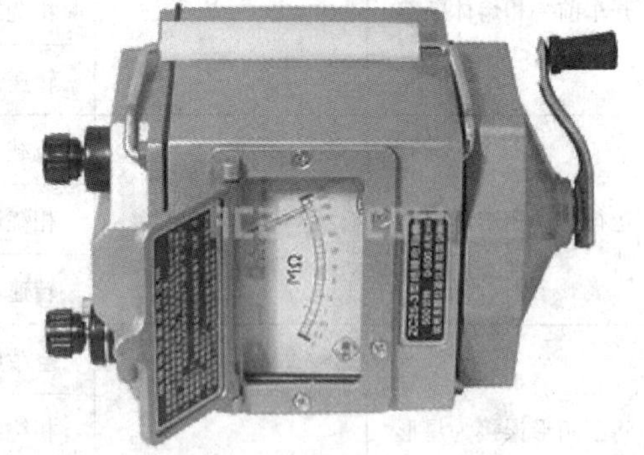

图 1-4-9　绝缘电阻表外形图

绝缘电阻表由测量机构、测量线路和高压电源组成。绝缘电阻表输出电压稳定，读数正确，噪声小，摇动轻，且装有防止测量电路泄漏电流的屏蔽装置和独立的接线柱。

绝缘电阻表常用的型号有 ZC-7、ZG-11、ZC-25 等，绝缘电阻表的选择主要是考虑它的输出电压和电阻测量范围。通常绝缘电阻表的额定电压等级有 9 种：50V、100V、250V、500V、1000V、2000V、2500V、5000V 和 10000V。一般额定电压在 1000V 以上的绝缘电阻表称为高压绝缘电阻表。

1. 绝缘电阻表的结构与工作原理

（1）结构　绝缘电阻表是一种简便常用的测量高电阻的直读式仪表，一般用来测量电路、电动机绕组、电缆线电气设备等的绝缘电阻。计量单位为兆欧，用MΩ符号表示。绝缘电阻表结构主要由磁电系比率表、手摇直流发电机M、测量线路三部分组成。绝缘电阻表有三个接线端钮，分别标有L（线路）、E（接地）和G（屏蔽）。

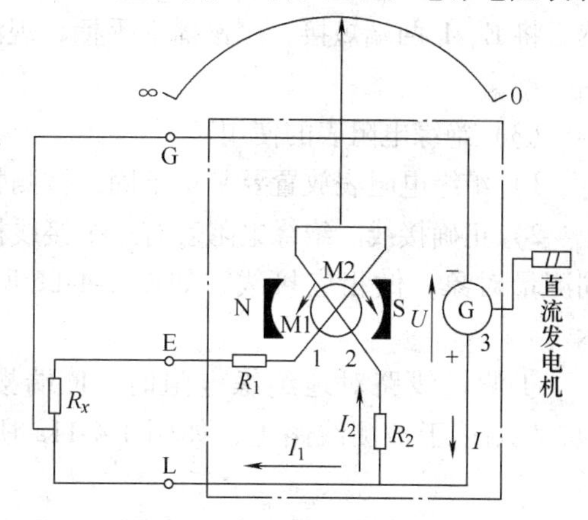

图1-4-10　绝缘电阻表原理图

（2）工作原理　绝缘电阻表是采用磁电系比率表的测量机构。磁电系比率表由动圈（线圈）、永久磁铁、极掌、带缺口的圆柱形铁心和指针组成。绝缘电阻表的原理图如图1-4-10所示。磁电系比率表动圈有两个绕向相反且互成一定角度的线圈，且其空气隙中的磁感应强度是不均匀的。被测电阻接在L（线）和E（地）两个端子上，线圈1和电阻R_1、被测电阻R_x串联，线圈2和电阻R_2串联，然后互相并联起来接到手摇发电机F的电压U上。两个线圈同时有电流流过。两个线圈的电流分别是：

$$I_1 = U/(r_1 + R_1 + R_x) \qquad I_2 = U/(r_2 + R_2)$$

两式相除得：$I_1/I_2 = (r_1 + R_1 + R_x)/(r_2 + R_2)$

式中r_1和r_2分别是线圈1和线圈2的电阻。

r_1、r_2、R_1、R_2均为定值，仅被测电阻R_x为变量，所以改变R_x会引起比值I_1/I_2的变化。由于线圈1与线圈2绕向相反，流入电流I_1和I_2在永久磁场的作用下，在两个线圈上分别产生两个方向相反的转矩M_1和M_2，由于气隙磁场不均匀，因此两个线圈产生的转矩M_1和M_2不仅与流过线圈的电流I_1、I_2有关，还与可动部分的偏转角α有关。当$M_1 \neq M_2$时，指针发生偏转，直到转动部分偏到两个转矩平衡的位置，即$M_1 = M_2$时，指针停止偏转。指针偏转的角度只决定于I_1和I_2的比值，由于两个线圈由同一电源供电，且电阻r_1、r_2、R_1、R_2都是常数，所以可动部分偏转角α只随被测电阻R_x而改变。因此电流的比值就决定于被测电阻R_x的大小，这时指针所指的刻度就是被测设备的绝缘电阻值。

1）当被测设备的绝缘电阻R_x为无穷大时，L与E两接线柱相当于开路，I_1为0，而I_2在气隙磁场中受电磁力产生力矩M_2，根据左手定则，M_2将使线圈2逆时针转动至最左端的欧姆“∞”位置。

2）当被测设备的绝缘电阻R_x为0时，L与E两接线柱相当于短路，I_1最大，α也最大，M_1将使线圈1顺时针转动至最右端的欧姆“0”位置。

2. 绝缘电阻表的使用方法

绝缘电阻表上有两个接线柱，一个是线路接线柱（L），另一个是接地柱（E），此外还有一个铜环，称保护环或屏蔽端（G）。

（1）正确选用绝缘电阻表　绝缘电阻表的额定电压应根据被测电气设备的额定电压来选择。

1）测量500V以下的设备，选用500V或1000V的绝缘电阻表。

2）额定电压在500V以上的设备，应选用1000V或2500V的绝缘电阻表。

3）对于绝缘子、母线等要选用2500V或3000V的绝缘电阻表。

（2）使用前检查绝缘电阻表是否完好　将绝缘电阻表水平且平稳放置，检查指针偏转情况：将E、L两端开路，以约120r/min的转速摇动手柄，观测指针是否指到“∞”处；然后将E、L两端短接，缓慢摇动手柄，观测指针是否指到“0”处，经检查完好后才能使用。

（3）绝缘电阻表的使用

1）绝缘电阻表放置要平稳牢固，被测物表面须擦干净，以保证测量正确。

2）正确接线。绝缘电阻表有三个接线柱：线路（L）、接地（E）、屏蔽（G）。根据不同测量对象，做相应接线，如图1-4-11所示。

①测量线路对地绝缘电阻时，E端接地，L端接于被测线路上，如图1-4-11a所示。

②测量电动机或设备绝缘电阻时，E端接电动机或设备外壳，L端接被测绕组的一端，如图1-4-11b所示。

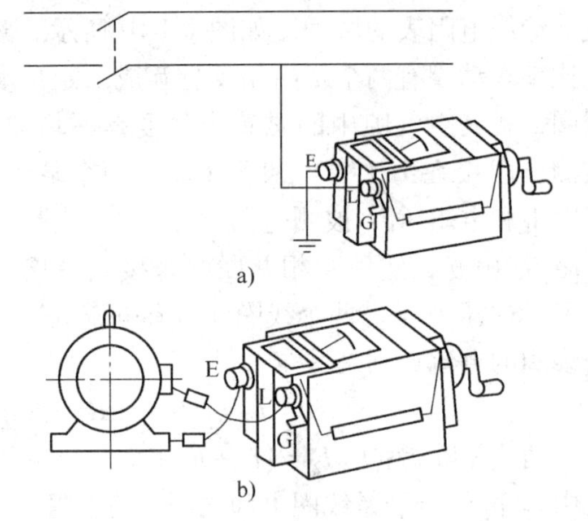

图1-4-11　绝缘电阻表接线

③测量电动机或变压器绕组间绝缘电阻时先拆除绕组间的连接线，如图1-4-12所示，将E、L端分别接于被测的两相绕组上；测量电缆绝缘电阻时，E端接电缆外表皮（铅套）上，L端接线芯，G端接至芯线最外层绝缘层上。

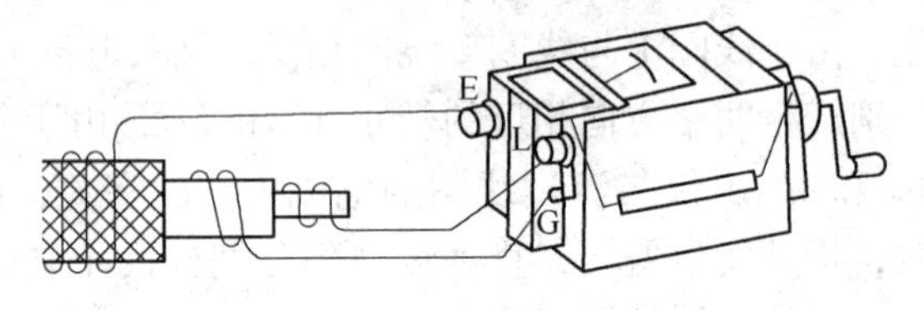

图1-4-12　测量绕组间绝缘电阻

3）由慢到快摇动手柄，直到转速达120r/min左右，保持手柄的转速均匀、稳定，一般转动1min，待指针稳定后读数。

4）测量完毕，待绝缘电阻表停止转动和被测物接地放电后方能拆除连接导线。

（4）注意事项　因绝缘电阻表本身工作时会产生高压电，为避免人身及设备事故必须重视以下几点：

1）不能在设备带电的情况下测量其绝缘电阻。测量前被测设备必须切断电源和负载，并进行放电；已用绝缘电阻表测量过的设备如要再次测量，也必须先接地放电。

2）绝缘电阻表测量时要远离大电流导体和外磁场。

3）与被测设备连接的导线应用绝缘电阻表专用测量线或选用绝缘强度高的两根单芯多股软线，两根导线切忌绞在一起，以免影响测量准确度。

4）测量过程中，如果指针指向“0”位，表示被测设备短路，应立即停止转动手柄。

5）被测设备中如有半导体器件，应先将其插件板拆去。

6）测量过程中不得触及设备的测量部分，以防触电。

7）测量完毕电容性设备的绝缘电阻后，应对设备充分放电。

（二）钳形电流表使用方法

1. 钳形电流表的结构

钳形电流表由电流互感器和电流表组成，如图1-4-13所示。互感器的铁心制成活动开口，且成钳形，活动部分与手柄6相连。当紧握手柄时电流互感器的铁心张开（如图1-4-13中点画线所示），可将被测载流导线4置于钳口中，该载流导线成为电流互感器的一次绕组线圈。关闭钳口，在电流互感器的铁心中就会有交变磁通通过，互感器的二次绕组5中产生感应电流。电流表接于二次绕组两端，它的指针所指示的电流与钳入的载流导线的工作电流成正比，可直接从刻度盘上读出被测电流值。

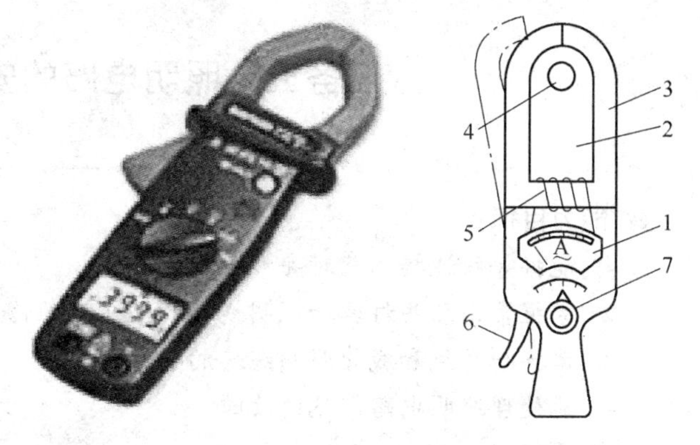

图1-4-13　钳形电流表结构

1—电流表　2—电流互感器　3—铁心　4—被测导线　5—二次绕组　6—手柄　7—量程选择旋钮

2. 钳形电流表的使用方法

（1）测量前的准备

1）检查仪表的钳口上是否有杂物或油污，待清理干净后再测量。

2）进行仪表的机械调零。

（2）用钳形电流表测量

1）估计被测电流的大小，将转换开关调至需要的测量档。如无法估计被测电流大小，先用最高量程档测量，然后根据测量情况调到合适的量程。

2）握紧钳柄，使钳口张开，放置被测导线。为减少误差，被测导线应置于钳形口的中央。

3）钳口要紧密接触，如遇有杂音时可检查钳口是否清洁，或重新开口一次，再闭合。

4）测量5A以下的小电流时，为提高测量精度，在条件允许的情况下，可将被测导线多绕几圈，再放入钳口进行测量。此时实际电流应是仪表读数除以放入钳口中的导线圈数。

5）测量完毕，将选择量程开关拨到最大量程档位上。

3. 注意事项

1）被测电路的电压不可超过钳形电流表的额定电压。钳形电流表不能测量高压电气设备。

2）不能在测量过程中转动转换开关换档。在换档前，应先将载流导线退出钳口。

【任务小结】

本任务通过对三相异步电动机的拆装、首尾端的判断、绝缘电阻的测量及空载电流和电压的测量等操作，使学生不仅掌握了绝缘电阻表、万用表、钳形电流表等仪器仪表的使用方法及注意事项，而且对三相异步电动机的结构及作用有了深刻的认识。

【习题及思考题】

1. 三相异步电动机由哪几部分组成？各部分的作用是什么？
2. 三相异步电动机的首尾端如何判别？
3. 简述如何使用绝缘电阻表测量绝缘电阻。

4. 简述如何利用钳形电流表测量电路中的电流。

任务五　照明电路的安装与维修

能力目标：

1. 能按导线连接工艺对导线进行连接。
2. 掌握常用照明灯具和照明线路的施工及维修的方法。
3. 掌握护套线和线管照明线路的安装。
4. 能处理照明电路常见的故障。

知识目标：

1. 了解导线的连接工艺。
2. 了解常用照明电器的安装工艺。
3. 了解常用的照明灯具和照明电路的施工及维修。

一、任务引入

在现实生活场所和工作场所中，有大量的照明电路需要安装与检修，这些工作是需要依照安装标准规程来完成的，照明电路的安装与维修是维修电工必备的重要基本技能。

二、任务分析

通过本任务的学习（操练），了解照明电路工作原理及结构，能正确使用电工工具仪表进行照明电路照明装置的安装，初步掌握照明线路的故障分析与排除技能，本任务是对照明线路进行安装、检修和维护。

三、必备知识

（一）导线连接工艺

导线连接不规范、不可靠会引起导线发热、线路压降过大，甚至会因发生短路而引起火灾。因此，杜绝线路隐患、保障线路畅通与导线的连接工艺和质量有非常密切的关系。

导线的连接主要包括铜芯导线、铝芯导线的连接以及线头与接线桩的连接等。

1. 铜芯导线的连接

当导线不够长或分接支路时，就要将导线与导线连接，常用导线的线芯有单股、7 股和 19 股多种，连接方法随芯线的股数不同而定。

（1）单股铜芯导线　单股铜芯导线一般采用直接连接的方法，先把两线端 X 形相交，如图 1-5-1a 所示；互相绞合 2 ~ 3 圈，如图 1-5-1b 所示；然后扳直两

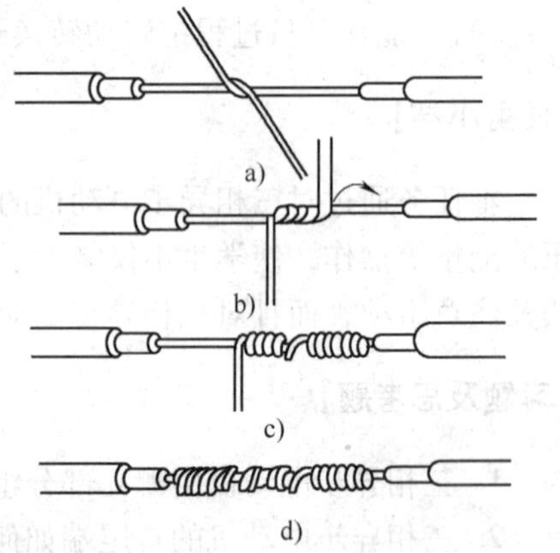

图 1-5-1　单股铜芯导线直接连接

线端，将每根线端在线芯上紧贴并绕6圈左右，如图1-5-1c、d所示。然后把多余的线端剪去，并钳平切口毛刺。

若单股铜芯导线要做T字分支连接，则连接时要把支线芯的线头与干线芯十字相交，使支线芯的线根部留出3～5mm。较小截面芯线按图1-5-2所示的方法，环绕成结状，再把支线的线头抽直，然后紧密地并缠6～8圈，剪去多余芯线，钳平切口毛刺；较大截面的芯线绕成结状后不易平服，可在十字相交后直接并缠8圈，但要注意牢固可靠。

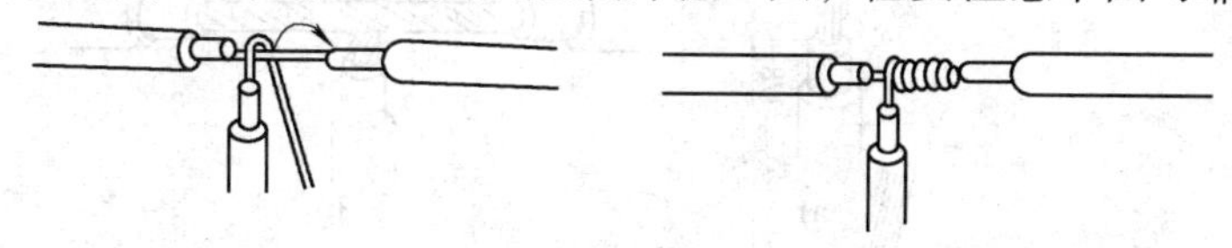

图1-5-2　单股铜芯导线T字分支连接

（2）7股铜芯导线　7股铜芯导线也可采用直接连接的方法，连接步骤如下：

1）先将剖去绝缘层的芯线头拉直，接着把芯线头全长的1/3根部进一步绞紧，然后把余下的2/3根部的芯线头按如图1-5-3a所示方法，分散成伞骨状，并将每股芯线拉直。

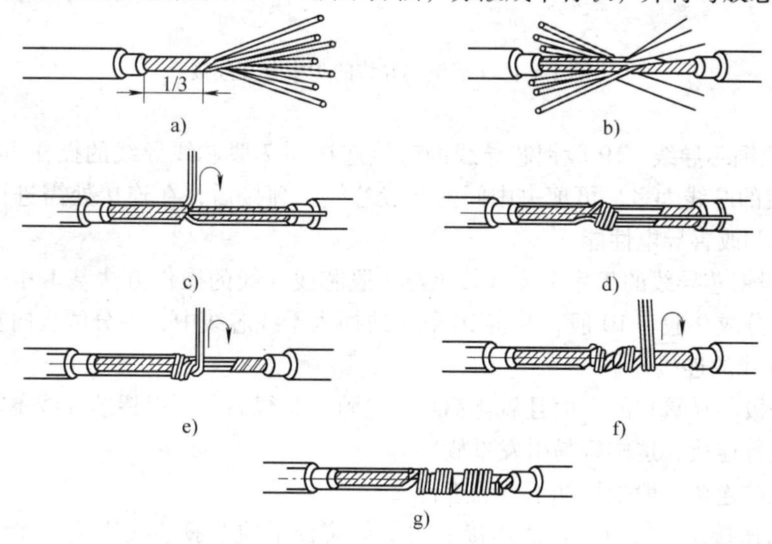

图1-5-3　7股铜芯导线的直接连接

2）把两导线的伞骨状线头隔股对叉，如图1-5-3b所示，然后捏平两端每股芯线。

3）先把一端的7股芯线按2、2、3股分成三组，接着把第一组股芯线扳起，垂直于芯线，如图1-5-3c所示，然后按顺时针方向紧贴并缠两圈，再扳成与芯线平行的直角，如图1-5-3d所示。

4）按照上一步骤相同的方法继续紧缠第二和第三组芯线。但是在绕后一组芯线时，应把扳起的芯线紧贴在前一组芯线已弯成直角的根部，如图1-5-3e、f所示。第三组芯线应紧缠三圈，如图1-5-3g所示。每组多余的芯线端应剪去，并钳平切口毛刺。导线的另一端连接方法相同。

另外7股铜芯导线的T字分支连接时，应先把分支芯线线头的1/8根部进一步绞紧，再把7/8处部分的7股芯线分成两组，如图1-5-4a所示；接着把干线芯线用螺钉旋具撬分两组，把支线四股芯线的一组插入干线的两组芯线中间，如图 1-5-4b 所示；然后把三股芯线的一组往干线一边按顺时针紧缠 3 ~4 圈，钳平切口，如图 1-5-4c 所示；另一组四股芯线则按逆时针缠绕 4 ~5 圈，两端均剪去多余部分，如图 1-5-4d 所示。

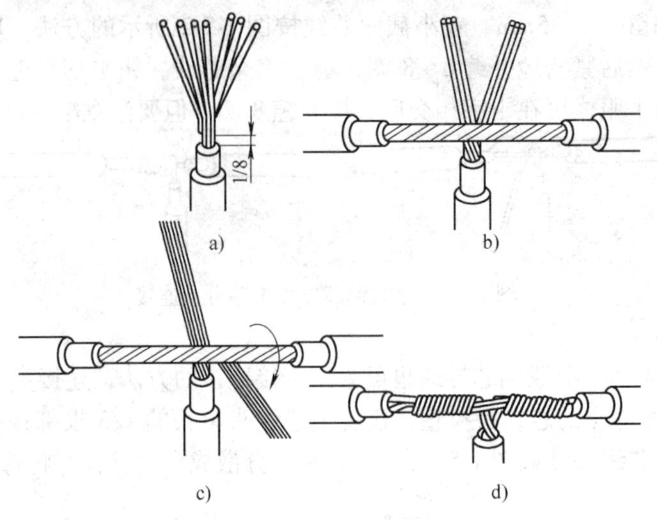

图 1-5-4　7 股铜芯导线的 T 字分支连接

（3）19 股铜芯导线　19 股铜芯导线的直接连接与 7 股芯线导线的操作方法基本相同。19 股铜芯导线的芯线太多，可剪去中间的几股芯线，缠接后，在连接处需进行钎焊，以增强其机械强度和改善导电性能。

另外 19 股铜芯导线的 T 字分支连接也与 7 股芯线导线的操作方法基本相同。只是将支路导线的芯线分成 9 股和 10 股，并将 10 股芯线插入干线芯线中，各分两次向左右缠绕。

2. 铝芯导线的连接

因为铝是极容易氧化的，而且氧化铝膜的电阻率又很高，所以铝芯导线不能采用铜芯线的连接方法进行连接，这样容易引发事故。

铝芯导线的连接一般采用如下方法进行。

（1）螺钉压接法　螺钉压接法连接适用于负荷较小的单股芯线连接。在线路上可通过开关、灯头和瓷接头上的接线桩螺钉进行连接。连接前必须用钢丝钳刷除去芯线表面的氧化铝膜，并立即涂上凡士林锌膏粉或中性凡士林，然后方可进行螺丝压接。

当导线做直线连接时，为防止线头断裂，应先把每根铝导线在接近线端处卷上 2 ~3 圈，然后再进行压接。若是两个或两个以上线头同接在一个接线桩时，则先把几个线头拧接成一体后再压接，如图 1-5-5 所示。

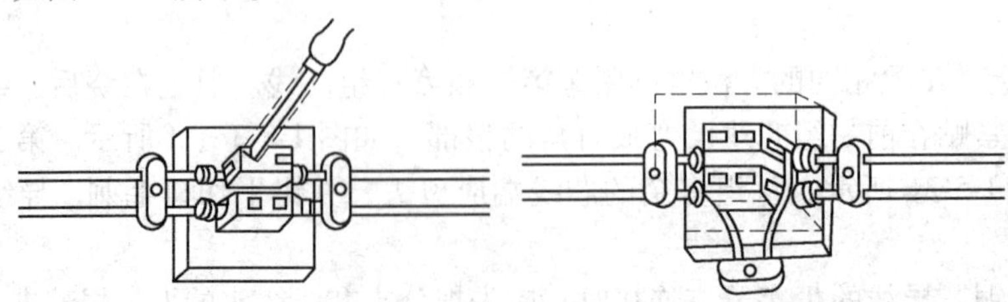

图 1-5-5　单股铝芯导线的螺钉压接法

（2）钳接管压接法　钳接管压接法连接一般用于户内外较大负荷的多根芯线的连接。压接方法是：选用适应于导线规格的钳接管（压接管），清除钳接管内孔和线头表面的氧化层，按图1-5-6所示方法把两线头插入钳接管，用压接钳进行压接。若是钢芯铝绞线，两线之间则应衬垫一条铝质垫片，钳接管的压坑数和压坑位置的尺寸是要参考标准进行的。

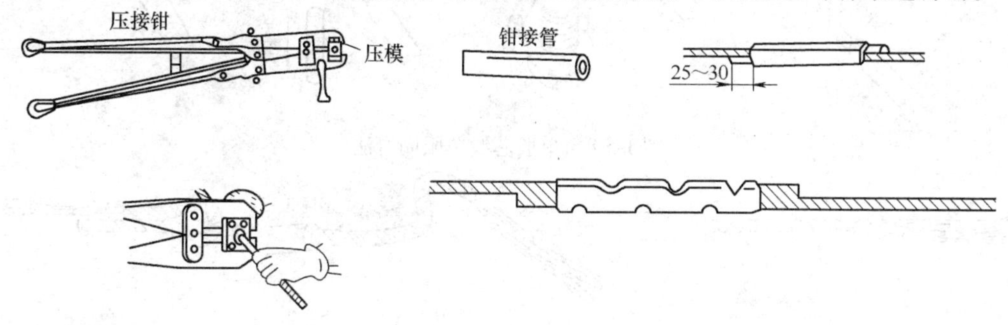

图1-5-6　钳接管压接法

3. 线头与接线桩的连接

在各种用电器或电气装置上，均有接线桩供连接导线用，常用的接线桩有孔式和螺钉平压式两种。

（1）线头与孔式接线桩　线头与孔式接线桩的连接方法如图1-5-7所示，在孔式接线桩上接线时，如果单股芯线与接线桩插线孔大小适宜，只要把芯线插入孔内，旋紧螺钉即可，如图1-5-7a所示。如果单股芯线较细，则要把芯线折成双根，再插入孔内，或选一根直径大小相宜的铝导线作绑扎线，在已绞紧的线头上紧密缠绕一层，线头和孔口合适后再进行压接，如图1-5-7b所示。如果是多根软芯线，必须先绞紧线芯，再插入孔内，切不可有细丝露在外面，以免发生短路事故。若线头过大，插不进孔口，可将线头散开，适量减去中间几股，绞紧线头后再进行压接，如图1-5-7c所示。

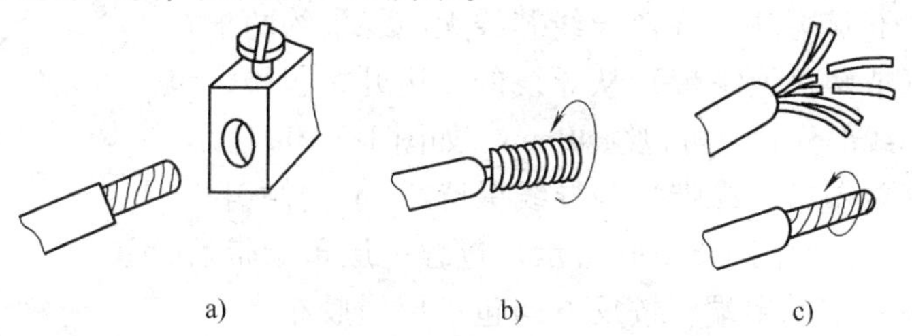

图1-5-7　线头与孔式接线桩的连接

（2）线头与螺钉平压式接线桩　在螺钉平压式接线桩上接线时，如果是较小截面的单股芯线，则必须把线头弯成羊眼圈，如图1-5-8所示，羊眼圈弯曲的方向应与螺钉拧紧的方向一致。多股芯线与螺钉平压式接线柱连接时，需要把芯线弯成压接圈，如图1-5-9所示。此外较大截面单股芯线与螺钉平压式接线桩连接时，线头需装上接线耳，再由接线耳与接线桩连接。

4. 导线绝缘层的恢复

导线连接时或导线的绝缘层破损后，导线是需恢复绝缘的，而且恢复后的绝缘强度不应低于原有的绝缘强度，因此绝缘材料的选择和包缠方法就至关重要了。

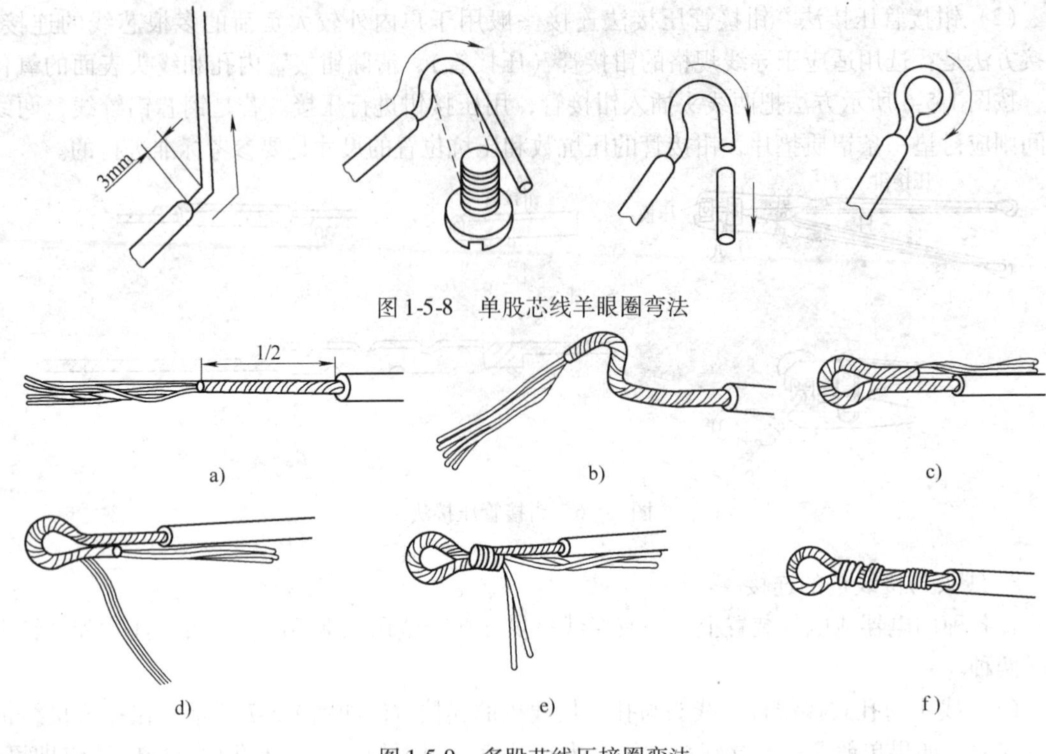

图 1-5-8　单股芯线羊眼圈弯法

图 1-5-9　多股芯线压接圈弯法

（1）绝缘材料的选择　在恢复导线绝缘中，常用的绝缘材料有：黑胶带、黄蜡带、塑料绝缘带和涤纶薄膜带等，它们的绝缘强度按上列顺序依次递增。为了包缠方便，一般选用 20mm 宽的绝缘带较适中。

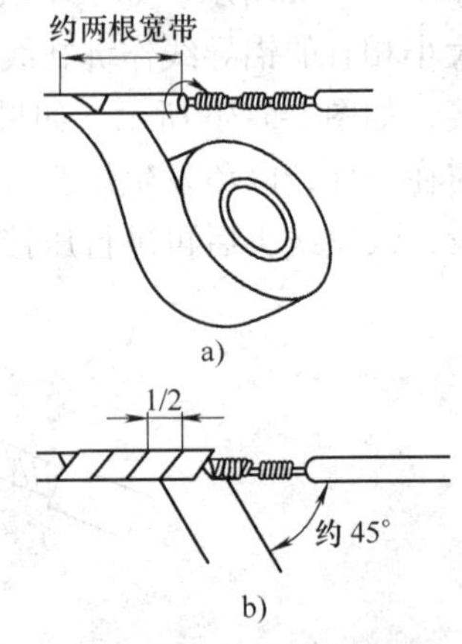

图 1-5-10　黄蜡带或塑料绝缘带的包缠

（2）绝缘带的包缠方法　在离导线芯线无绝缘层约两根宽带处，将黄蜡带（或塑料绝缘带）从导线的左边开始包缠，包缠到无绝缘层的芯线部分后，再包缠 40mm，如图 1-5-10a 所示。包缠时，黄蜡带（或塑料绝缘带）与导线保持约 45°的倾斜角，每圈压至带宽的 1/2，如图 1-5-10b 所示。包缠一层黄蜡带后，将黑胶布带接在黄蜡带的尾端，按反方向包一层黑胶布带，也要每圈压至带宽的 1/2，如图 1-5-11 所示。若采用塑料绝缘带进行包缠，按上述包缠方法来回包缠 3 ~ 4 层后，留出 10 ~ 15mm，再切断塑料绝缘带；将留出部分用火点燃，并趁势将燃烧软化段用拇指摁压，使其粘贴在塑料绝缘带上。

（3）包缠要求

1）用在 380V 线路上的导线恢复绝缘时，必须先包缠 1 ~ 2 层黄蜡带，然后再包缠一层黑胶布带。

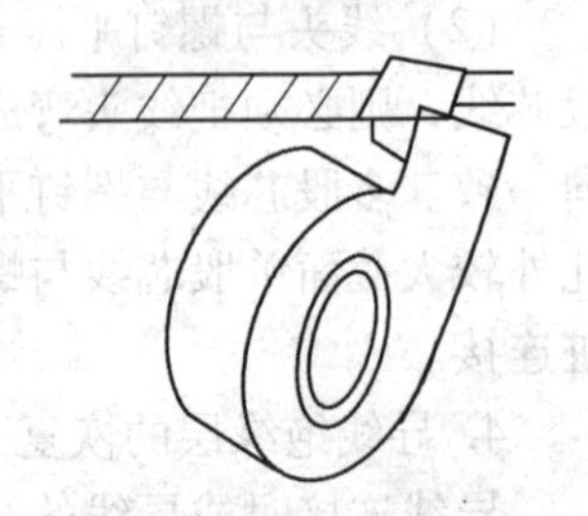

图 1-5-11　黑胶布带的包缠

2）用在 220V 线路上的导线恢复绝缘时，先包缠一层黄蜡带，然后再包缠一层黑胶布带，也可只包缠两层黑胶布带。

3）绝缘带包缠时，不能过于稀疏，更不能露出芯线，以免造成触电或短路事故。

4）绝缘带平时不可放在温度很高的地方，也不可浸染油类。

（二）电气照明

电气照明广泛应用于生产和生活领域中，但各种场合对照明有不同的要求，并随着生产和科学技术的发展而越来越高。电气照明的重要组成部分是电光源（即照明灯泡/管）和灯具。对电光源的要求是提高光效、延长寿命、改善光色、增加品种和减少附件；对灯具的要求是提高效率、配光合理，并能满足各种不同的环境和电光源的配套需要，同时要采用新材料、新工艺，逐步实现灯具系列化、组装化、轻型化和标准化。总之，要求提高照明质量、节约用电、减少购置和维护费用。

1. 照明的分类

按照明方式，可分为：

（1）一般照明　在整个场所或场所的某部分，照度要求基本均匀的照明，称为一般照明。对于工作位置密度大、光线无方向要求或在工艺上不适应设置局部照明的场所，宜采用一般照明。

（2）局部照明　只限于工作部位或移动的照明。若照明地点要求高，而且对光线有方向要求时，宜采用局部照明。如机床上的工作灯，便是一种局部照明。

（3）混合照明　为一般照明和局部照明共同组成的照明。对于在工作部位有较高的照度要求，而在其他部位要求一般的场所，宜采用混合照明。如普通的冷加工车间一般都采用混合照明。

按照明种类，可分为：

（1）正常照明　正常工作环境所使用的室内外照明。

（2）事故照明　正常照明因故熄灭的情况下，供继续从事工作或安全通行的照明，称为事故照明。它一般布置在容易引起事故的场合及主要通道和出入口。

（3）值班照明　在非生产时间内供值班人员使用的照明。在非三班制连续生产的重要车间和仓库等处，通常设有值班照明。

（4）警卫照明　在警卫地区周界附近设置的照明。

（5）障碍照明　在高层建筑物上或修理路段上，作为障碍标志用的照明。

2. 常用照明灯具

灯具的作用是固定光源、控制光线。把光源的光能分配到需要的方向，使光线更集中，以提高照度；防止眩光及保护光源不受外力、潮湿及有害气体的影响。灯具的结构应便于制造、安装及维护，外形要美观，价格要低廉。常用照明灯具有：

（1）白炽灯　白炽灯属固体电光源，根据热辐射原理利用电能将灯丝加热到白炽温度（为2500～2700°C），从而发出可见光。白炽灯虽然光色偏黄，但实际显色性较理想，而且它的光是从灯丝上发出的，单位面积发光效率高，当交流电周期变化过零时，由于热惯性作用，灯丝温度相应变化不大，对灯泡发光影响极小，其闪烁现象也不易察觉，所以适宜选用于写字、看书等局部照明和室内工作照明。白炽灯的发光效率较低，寿命也较短，一般只有1000h左右。当电压升高10%时，其发光效率提高17%，而寿命则缩短到原来的28%；反之，如果电压降低20%，其发光效率降低37%，但寿命却增加一倍，故灯泡的供电电压以接近额定值为宜。

（2）卤钨灯　卤钨灯的工作原理与普通白炽灯基本相同，也是利用电流通过钨丝将其加热到炽热状态而产生辐射，不同之处在于卤钨灯泡内除了充入惰性气体外，还充有少量的卤族元素，如氟、溴、碘等，在满足一定温度的条件下，灯泡内能够建立起卤钨再生循环，防止钨沉积在玻壳上，使灯泡在整个寿命期间均能保持良好的透明。根据加入的卤族元素的不同，便产生了不同种类的卤钨灯，如碘钨灯、溴钨灯等。

卤钨灯的接线与白炽灯相同，无须点燃附件，但在安装时，应注意下列事宜：

1）电源电压的变化对灯管寿命影响很大，当电压超过额定值的5%时，寿命将缩短50%，故电源电压的波动一般不宜超过±2.5%。

2）卤钨灯工作时需水平安装，倾角不得超过±40°，否则将严重影响灯管的寿命。

3）卤钨灯不允许采用任何人工冷却措施，以保证在高温下的卤钨循环。在正常工作时，灯管壁有近600℃的高温，所以不能与易燃物接近，安装时一定要加灯罩。使用前要用酒精擦去灯管外壁的油污，避免在高温下形成污点而降低透明度。

4）卤钨灯的灯脚引入线应采用耐高温的导线，电源线与灯线的连接需用良好的瓷接头，灯座与灯脚之间需接触良好。

5）卤钨灯耐震性较差，不应使用在震动性强的场所，也不能作为移动光源使用。

（3）荧光灯　荧光灯是一种低气压汞蒸气放电光源，因具有结构简单、光色好、发光效率高、寿命长等优点而广泛应用于车间及办公室。图1-5-12是荧光灯的两种接线图，图1-5-12a为荧光灯典型接线图，图1-5-12b为带有副线圈整流器的接线图。图1-5-12a的工作原理如下：开关SA接通的一瞬间，电路中电流没有通路，线路压降全部加在辉光启动器V的两端，辉光启动器产生辉光放电，其产生的热量使辉光启动器中的双金属片变形弯曲而与静触片接触形成通路，这时有较大的电流通过镇流器L与灯丝。灯丝被加热而发射出电子，并使汞蒸发。在辉光启动器电极接通后，辉光放电消失，电极温度迅速下降，使双金属片因温度下降而恢复到原来状态。在双金属片脱离接触的一瞬间，电路呈开路状态，镇流器两端产生一个在数值上比线路电压高的电压脉冲，使灯管E点亮，灯管点亮后，灯管两端的电压仅100V左右，因达不到辉光启动器放电电压而使辉光启动器停止工作。镇流器L则与灯管串联，起限制灯管工作电流的作用。并联于荧光灯电源上的电容器C，主要是为了改善功率因数。

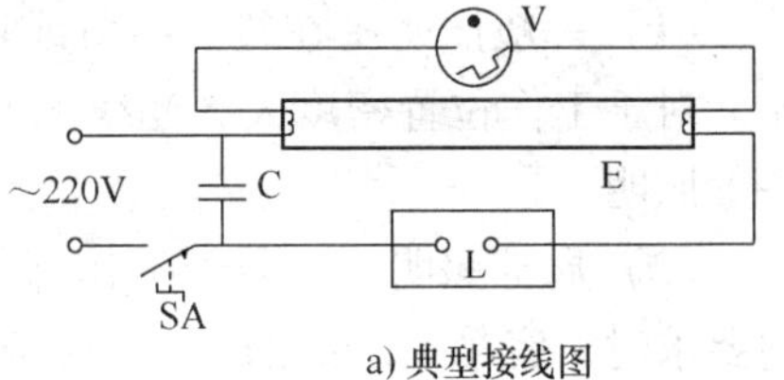

a) 典型接线图

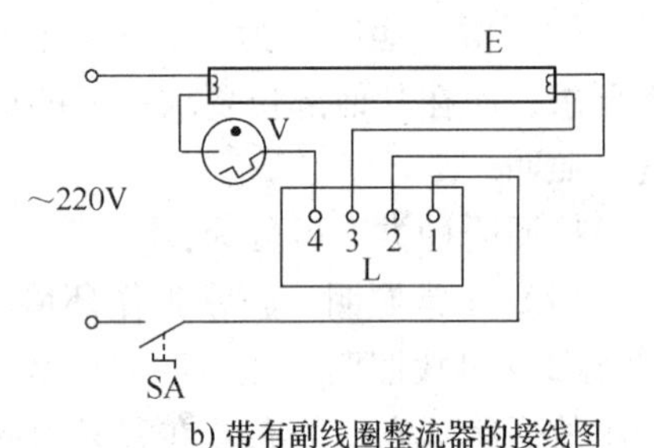

b) 带有副线圈整流器的接线图

图1-5-12　荧光灯接线图

（4）高压汞灯　高压汞灯（高压水银灯）的发光效率高、亮度大。高压汞灯的工作原理如图1-5-13所示。

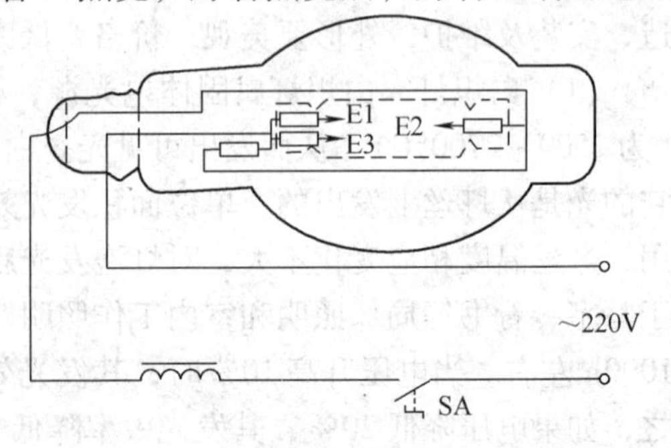

图1-5-13　高压汞灯工作原理图

当图1-5-13中开关SA接通后，电压加在引燃电极E1和相邻的主电极（下电极）E3之间，同时也加在E2（上电极）和主电极E3之间；由于引燃电极E1和相邻的主电极E3靠得较近，电压加上后即产生辉光放电，使放电的温度上升，接着在上电极E2、主电极E3之间便产生弧光放电，使放电管内水银汽化而产生紫外线，紫外线激发玻璃外壳内壁上的荧光粉，发出近似日光的光线，灯管开始稳定工作。此时，由于引燃电极E1上串联着一个很大的电阻*R*，当E2、E3电极间产生弧光放电时，E1和E3电极间电压不足以产生辉光放电，因此引燃电极E1就停止工作。灯泡工作时，放电管内水银蒸气的压力很高，故称这种灯为高压汞灯。图中*R*的作用是限制灯点燃初始阶段的辉光放电电流。镇流器L的作用是限制工作电流。高压汞灯需点燃8~10min才能正常放光。

高压汞灯在安装时应注意下列事项：

1）镇流器L的规格必须与高压汞灯功率一致，镇流器宜安装在灯具附近，并应装在人体触及不到的位置，在镇流器接线桩上应覆盖保护物。镇流器装在室外应有防雨措施。

2）高压汞灯要垂直安装，当水平安装时，其亮度要减少7%且容易自灭。

3）高压汞灯的电源电压应尽量保持稳定，当电压降低5%时，灯泡也容易自灭，且再起动点燃时间较长。因此，高压汞灯不直接用在电压波动较大的线路上，也不能用于有迅速点亮要求的场所。

4）高压汞灯的外玻璃壳破碎后虽仍能发光，但其产生的大量紫外线对人体有害，因而需立即更换。

（5）高压钠灯　高压钠灯是一种发光效率高、用电省、透雾能力强的电光源，适用于街道、机场、车站、码头港口、体育馆等场用。其主要由灯丝（热电阻）、双金属片热继电器、放电管、玻璃外壳等组成，其电气原理图如图1-5-14所示。

当高压钠灯接入电源后，电流经过镇流器、热电阻、双金属片热继电器常闭触点而形成通路。此时放电管内无电流。过一会儿，热电阻发热，使双金属片热继电器断开，在断开瞬间，镇流器线圈产生的自感电动势和电源电压合在一起加到放电管两端，使管内氙气电离放电，温度升高，继而使汞变为蒸气而放电，当管内温度进一步升高时，使钠也变为蒸气状态，钠开始放电而放射出较强的光。高压钠灯在工作时，双金属片热继电器处在受热状态，所以是断开的，电流只通过放电管。

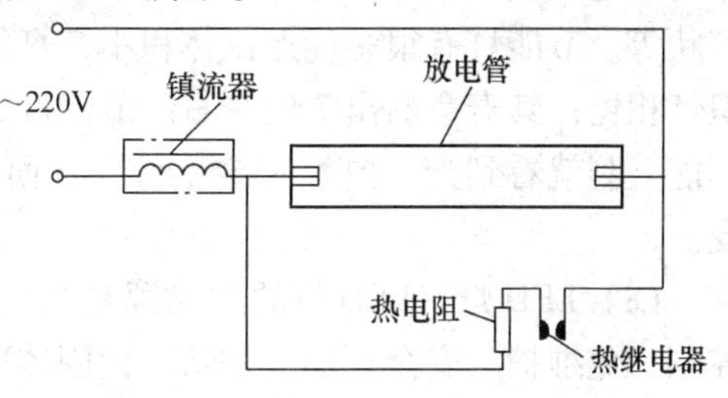

图1-5-14　高压钠灯电气原理图

高压钠灯使用时应注意：

1）高压钠灯必须配用镇流器，否则会使灯泡立即损坏。

2）灯泡熄灭后，须冷却一段时间，待管内汞气压降低后，方能再起动。

3）电源电压变化不宜超过±5%，高压钠灯的管压、功率及光通量随电源电压的变化所引起的变化，比其他气体放电灯大，当电源电压上升时，容易引起灯的自熄；电源电压降低时，光通减少，光色变差。

4）配套的灯具需特殊设计，由于玻璃外壳温度很高，因此必须具有良好的散热条件。此外，高压钠灯的放电管是半透明的，灯具反射光不宜通过放电管。否则，放电管因吸热而温度升高，将影响其寿命，且易自熄。

5）灯泡破碎后要及时妥善处理，防止汞害。

（6）金属卤化物灯　常用的金属卤化物灯有钠铊铟金属卤化物灯及镝金属卤化物灯。它们是在高压汞灯的基础上为改善光色而发展起来的一种新型电光源，它具有光色好、发光效率高、寿命长等特点，是一种接近日常光色的节能新光源。其基本原理是在高压汞灯内添加某些金属卤化物，靠金属卤化物的循环作用，不断向电弧提供相应的金属蒸气，金属原子在电弧中受激辐射该金属的特性光谱线，选择适当的金属卤化物并控制它们的比例，就可构成各种不同光金属卤化物灯。金属卤化物灯通常都需附加镇流器起动，其工作特性也基本上和高压汞灯。但功率在 1kW 以上的钠铊铟灯需设专门的触发电路，而镝灯的额定电压常为 380V。它接线均要根据说明书的要求进行。

金属卤化物灯在安装时需注意下列事项：

1）线路电压与额定值的偏差不宜超过 ±5%，电源电压的降低不仅会影响发光效率、管压等，而且会造成光色的变化，在电源电压变化较大时，灯的熄灭现象也比高压汞灯严重。

2）无外玻璃壳的金属卤化物灯也和汞灯一样，产生的紫外线辐射和过高的炫光将危害人体，因此，灯具应加玻璃罩，若无玻璃罩时，悬挂高度不宜低于 14m。

3）管形镝灯根据使用时置放方向的要求有三种结构形式：水平点亮；垂直点亮，灯头在上；垂直点亮，灯头在下。安装时必须认清方向标记，正确使用。垂直点亮的灯，若水平安装，会有灯管爆裂的危险，而灯头方向调错，则光色将会偏绿。

（7）节能灯　大概在 1970 年左右，节能灯诞生在荷兰的飞利浦公司。在当时，这对于飞利浦公司来说，是一项重大的突破。节能灯上部是灯头，底部是灯管结构。这种灯的接口和白炽灯的接口很像，可以直接安装在白炽灯的灯座上。节能灯的灯管有螺旋管状和 U 形管状等。节能灯有很多优点：体积小，灯的结构很紧凑；发光率相对较高，十分省电。跟白炽灯相比，其寿命高出 7 倍左右。节能灯的不足之处就是启动起来比较慢，当你打开它时，不能立刻就看到光，要等一会。另一方面就是，在节能灯下看东西，东西的颜色看起来会变。

（8）LED 灯　LED 灯的发光源是高亮度发光二极管，其光效高，耗电少，寿命长，易控制，免维护，安全环保，是新一代固体冷光源，比管形节能灯省电，亮度高，投光远，投光性能好，使用电压范围宽，光源通过微电脑内置控制器，可实现七种色彩变化，光色柔和、艳丽、丰富多彩，适用家庭、商场和宾馆等场所长时间照明。与白炽灯管或低压荧光灯管相比，LED 的稳定性和长寿命是明显优势：白炽灯的连续工作时间很少超过 1000h，采用电子驱动器的荧光灯管的连续工作时间可超过 8000h，但 LED 无故障工作达 50000h。

3. 灯具的附件

灯具的附件包括灯座、灯罩、开关、插座及吊线盒等。

（1）灯座　灯座有插口和螺口两大类。100W 以上的灯泡多为螺口灯座，因为螺口灯座接触要比插口灯座好，能通过较大的电流。按其安装方式又可分为平灯座、悬吊式灯座和管子灯座等。按其外壳材料又分为胶木、瓷质及金属三种灯座，一般 100W 以下的灯泡采用胶木灯座，而 100W 以上的多采用瓷质灯座。

（2）灯罩　灯罩形式较多，按材质可分为玻璃罩、搪瓷薄片罩、铝罩等，按反射、透射和散射作用又可分为直接式、间接式和半间接式等三种。

（3）开关　开关的作用是接通和断开电路。按其安装条件可分为明装式和暗装式两种，明装式开关有扳把开关、拉线开关和转换开关，暗装式开关为扳把式。按其构造可分为单联开关、双联开关和三联开关。开关的规格一般以额定电流和定额电压来表示。

（4）插座　插座的作用是供移动式灯具或其他移动式电器设备接通电路。插座按其结构可分为双孔、三孔和四孔，照明线路常用的为双孔、三孔，按其安装方式可分为明装式和暗装式。插座的规格一般也以额定电流和额定电压来表示。

（5）吊线盒　吊线盒俗称“先令”，用来悬挂吊灯并起接线盒的作用。它有塑料和瓷质两种，一般能悬挂重量不超过2.5kg的灯具。

（三）照明电路的施工及维修

1. 照明电路的施工

（1）室内照明电路的组成　照明电路一般由电源、导线、开关和负载（照明灯）组成。电源由低压照明配电箱提供，电源常用Yyn三相变压器供电，每一根相线和中性线之间都构成一个单相电源，在负载分配时要尽量做到三相负载对称；电源与照明灯之间用导线连接。选择导线时，要注意它的允许载流量，一般以允许电流密度作为选择的依据：明敷线路铝导线可取4.5A/mm²，铜导线可取6A/mm²，软电线可取5A/mm²。开关用来控制电流的通断。负载即照明灯，它能将电能变为光能。

按开关种类不同，控制方式可分为下列三种形式：

1）一只单联开关控制一盏灯，其线路如图1-5-15所示。接线时，开关应接在相线（火线）上，这样在开关切断后，灯头不会带电，从而保证了使用和维修的安全。

2）两只双联开关在两个地方控制一盏灯，其线路如图1-5-16所示。这种形式通常用于楼梯或走廊上，在楼上楼下或走廊的两端均可控制线路的接通和断开。

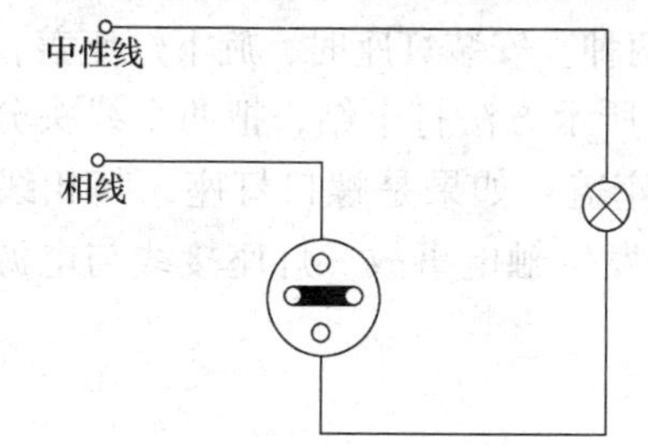

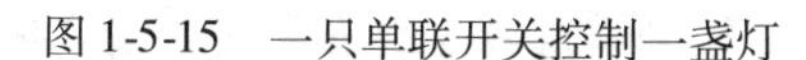

图1-5-15　一只单联开关控制一盏灯

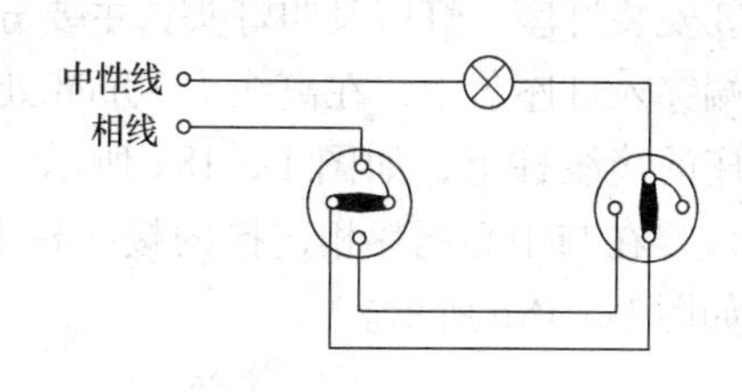

图1-5-16　两只双联开关控制一盏灯

3）两只双联开关和一只三联开关在三个地方控制一盏灯，这种形式也常用于楼梯或走廊上。

此外，36V以下的局部照明一般采用降压变压器供电。安装时变压器的一次侧、二次侧的照明器具要安装得平齐竖直，品种规格要整齐统一，形色协调。

（2）白炽灯的安装　白炽灯的安装通常有悬吊式、壁式和吸顶式，而悬吊式又分为软线吊灯、链条吊灯及钢管吊灯。这里重点介绍软线吊灯的安装，对其他形式的安装仅做一般介绍。

1）吊灯的安装。

①安装圆木。圆木的规格大小应按吊线盒或灯具的法兰盘选取。如果吊灯装在天花板上，则圆木应固定。

如果天花板是混凝土结构，则应预埋木砖或打洞埋设铁丝榫，然后用木螺钉固定圆木；

如果吊灯装在木梁上或木结构的天花板上，则可用木螺钉直接将圆木拧紧。在安装圆木时，应先用电钻将圆木的出线孔钻好，并锯好进线槽，然后将电线从圆木出线孔穿出，在电线穿越圆木时，应套上软质塑料管加以保护，再将圆木固定好。

②安装吊线盒。先将圆木上的电线从吊线盒底座孔中穿出，用木螺钉把吊线盒底座紧固在圆木上，如图 1-5-17a 所示。然后将电线的两个线头剥去 20mm 左右的绝缘层，分别旋紧在吊线盒的接线柱上，如图 1-5-17b 所示。最后按灯的安装高度（离地面 2. 5m），取一段软电线作为吊线盒和灯头的连接线，上端接吊线盒的接线柱，下端接灯头，在离电线上端约 50mm 处打一个结，如图 1-5-17c 所示，使结正好卡在吊线盒盖的线孔里，以便承受灯具重量。将电线下端从吊线盒盖孔中穿过，旋上吊线盒盖即可。

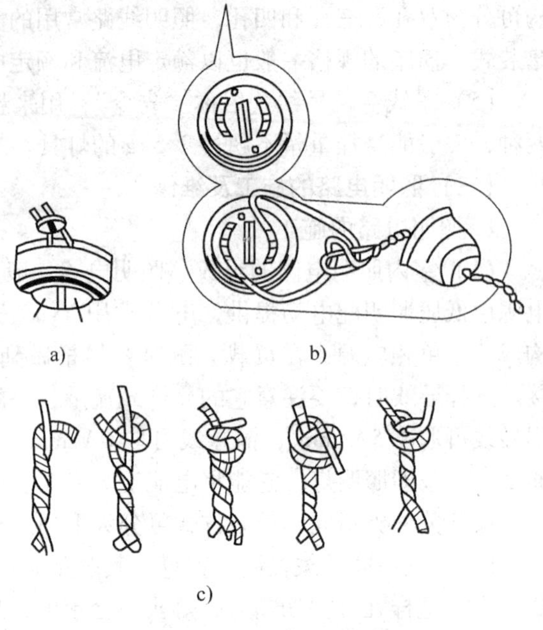

图 1-5-17　吊线盒的安装

如果使用的是瓷吊线盒，软电线上端先打结，两根线头分别穿过瓷吊线盒两棱上的小孔固定，再与两根电源线直接相接，然后分别穿入吊线盒底座平面上的两个小孔里。其他操作步骤不变。

③安装灯座。灯座又叫灯头，主要分插口和螺口两种。安装灯座时，旋下灯座盖，将软线下端穿入灯座盖中，在离线头 30mm 处按图 1-5-17c 所示方法打个结，把两个线头分别接到灯座的接线柱上，如图 1-5-18a 所示，然后旋上灯座盖。如果是螺口灯座，其相线（火线）应接在与中心铜片相连接的接线柱上，否则容易发生触电事故。灯座接线与电源线连接，如图 1-5-18b 所示。

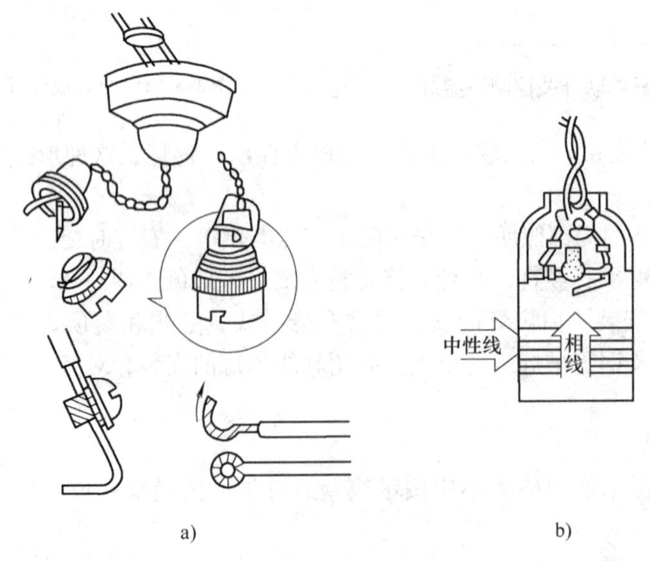

图 1-5-18　灯座接线

④安装开关。开关主要有拉线开关和扳把开关两种。控制白炽灯的开关，应串接在通往灯座的相线上，也就是相线通过开关才进入灯座。一般拉线开关的安装高度距地面2.5m，扳把开关距地面的高度为1.4m。安装扳把开关时，开关方向要一致，一般向上为“合”，向下为“断”。

安装拉线开关或扳把开关的步骤与工艺和安装吊线盒大致相同。首先在准备安装开关的地方打孔，预埋木砖或打洞埋设铁丝榫（也可用膨胀螺栓），安装好已穿上两根线头的圆木，然后在圆木上安装开关底座，最后将相线线头、灯座与开关的连接线线头分别接在底座的两个接线柱上，旋上开关盖即可。

上述介绍的是软线吊灯的安装工艺，若灯具的重量较大（超过2.5kg），就需要采用链条吊灯或钢管吊灯。安装时，钢管或吊链的一端固定在灯罩口上，另一端固定在天花板的挂钩上。木结构的天花板，挂钩可用旋入法旋入天花板内加以固定；混凝土结构的天花板，挂钩应用水泥埋设固定。

2）吸顶灯的安装。吸顶灯安装时，一般直接将圆木固定在天花板的木砖上。在固定前，还需将灯具的底座与圆木之间铺垫石棉板或石棉布。圆木可采用塑料材料，它与塑料接线盒、灯头吊线盒配套使用，其安装方法如图1-5-19所示。

3）壁灯的安装。壁灯可以装在墙壁上，也可装在柱子上。当装在砖墙上时，一般应预埋木砖（禁止用木楔代替木砖），也可在墙上预埋金属构件。如果壁灯装在柱子上，则可以在柱子上预埋金属构件或用包箍将金属构件固定在柱子上，然后再将壁灯固定在金属构件上，如图1-5-20所示。

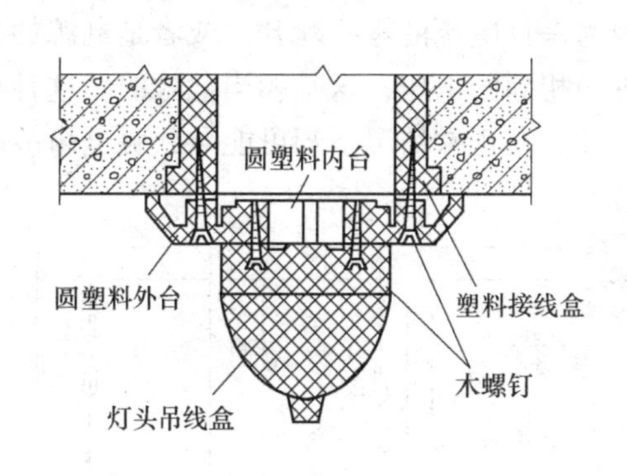

图1-5-19　塑料吊线盒的安装

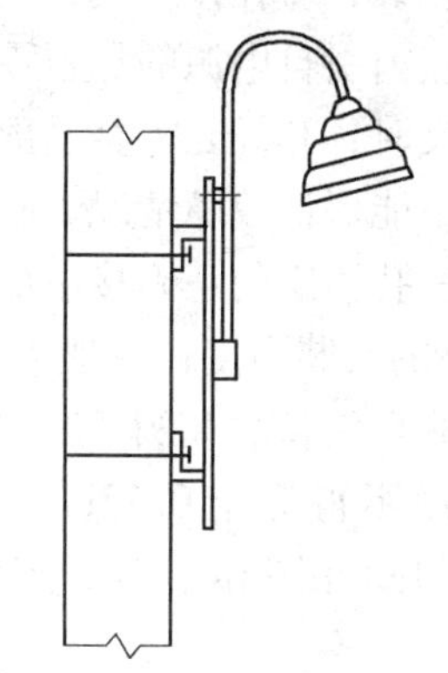

图1-5-20　壁灯在柱子上的安装示意图

（3）荧光灯的安装　荧光灯的安装一般有吸顶式和悬吊式两种。

1）安装步骤与工艺要求。

①安装前的检查。检查灯管、镇流器、辉光启动器等有无损坏，镇流器和辉光启动器是否和灯管的功率相配合（镇流器和灯管的功率必须一致）。

②安装镇流器。悬吊式安装时，应将镇流器用螺钉固定在金属灯架的中间位置；吸顶式安装时，不能将镇流器放在灯架上，以免散热困难，且灯架与天花板之间应留15mm的间隙，以利于通风（可将镇流器放置在灯架外其他位置）。

③安装辉光启动器底座及灯座。将辉光启动器底座固定在灯架的一端，两个灯座（普通灯座和弹簧灯座）分别固定在灯架的两端，中间的距离要按所用灯管长度量好，使灯脚

刚好能插进灯。

④各配件位置固定后，单相三孔插座可按图 1-5-12 所示进行接线。接线完毕要对照电路图详细检查，以防错接或漏接。

⑤安装辉光启动器与灯管。把辉光启动器与灯管分别装妥，接上电源，其相线应经开关串联在镇流器上。

2）荧光灯安装注意事项。

①荧光灯管是长形细管，光通量在中间部分最高。安装时，应将灯管中部置于被照面的正上方，并使灯管与被照面保持平行，力求得到较高的照度。

②灯架不可直接装在由可燃性建筑材料构成的墙或平顶上；灯架下放到离地 1m 高时，电源线要套上绝缘管，灯架背部加防护盖，镇流器部位的盖罩上要钻孔通风。

③为了防止灯管掉下，应选用弹簧灯座或在灯管的两端加管卡，用尼龙线扎牢。

（4）插座的安装　插座是台灯、电扇、收录机、电视机、电冰箱等家用电器和其他用电设备的供电点，插座一般不用开关控制而直接接入电源，它始终是带电的。插座分双孔、三孔和四孔三种，照明线路常用的为双孔和三孔插座，其中三孔插座应选用扁孔结构，圆孔结构容易发生三孔互换而造成事故。

插座的安装工艺要点与注意事项如下：

1）双孔插座在双孔水平排列时，应面对插座相线接右孔，零线接左孔（左零右火）；双孔垂直排列时，相线接上孔，零线接下孔（下零上火）。三孔插座下方两孔用于接电源线，右孔接相线，左孔接零线，上面大孔接保护接地线。接线时，决不允许在插座内将保护接地孔与插座内引自电源的那根零线直接相连，因为一旦电源的零线断开，或者是电源的相线与零线接反时，其外壳等金属部分也将带有与电源相同的电压，这是相当危险的。这种错误接法非但不能保证故障情况下起到保护作用，相反，在正常情况下却可能导致触电事故的发生。单相三孔插座的正确接法如图 1-5-21a 所示。

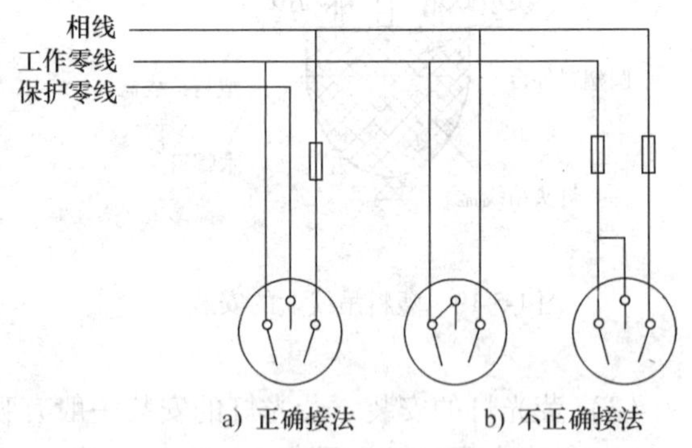

图 1-5-21　单相三孔插座接线法

2）插座的安装高度，一般应与地面保持 1.4m 的垂直距离，特殊需要时可以低装，离地高度不得低于 0.15m，且应采用安全插座。但幼儿园和小学等儿童集中的地方禁止低装。

3）在同一块木台上安装多个插座时，每个插座相应位置和插孔相位必须相同，接地孔的接地必须正规，相同电压和相同相数的插座，应选用统一的结构形式，不同电压或不同相数的插座，应选用有明显区别的结构形式，并标明电压。

（5）交流电路电能的测量　测量交流电路电能一般采用电能表。电能表（又称电度表）是用来对用电设备进行电能测量的仪表，它有单相电能表和三相电能表两大类，单相电能表通常作为家庭用电计量，型号为 DD，有 2A、3A、5A、10A 及 5（20）A、10（40）A 等几种容量规格，5（20）A 括号中的 20 表示最大电流为 20A，可根据家庭实际负载选用。三相电能表则用于三相负载。

1）电能表的安装。

①单相电能表的安装。常用单相电能表的接线盒内有四个接线端，自左向右按“①”“②”“③”“④”编号。接线方法为“①”“③”接进线，“②”“④”接出线，如图1-5-22所示。有些电能表的接线方法特殊，具体接线时应以电能表所附接线图为依据。

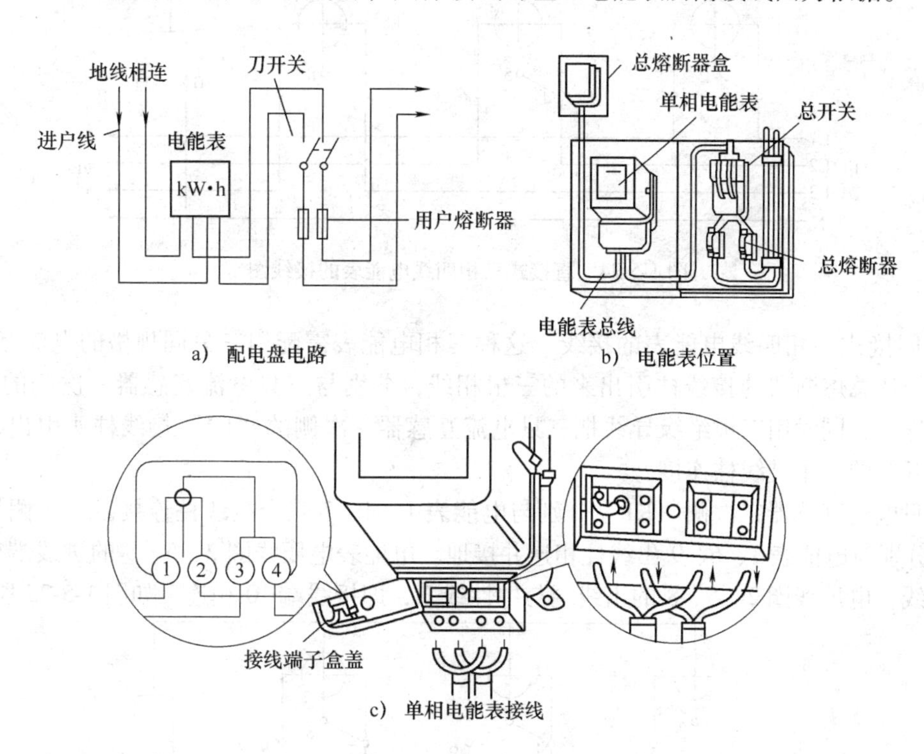

图1-5-22　配电盘及电能表接线

单相电能表一般应装在配电盘的左边或上方，而开关应装在右边或下方。电能表上、下进线孔的距离与其他电器距离大约为80mm，与其他仪表左右距离大约为60mm。安装时应注意，电能表与地面必须垂直，否则将会影响电能表计数的准确性。

②三相电能表的的安装。三相电能表的安装分为直接式和间接式两种，直接式一般用于电流较小的电路上，间接式用于电流较大的电路上，三相电能表必须与电流互感器连接后方可使用。

a. 直接式三相三线电能表的接线。这种电能表共有8个接线柱，其中1、4、6是电源相线进线柱；3、5、8是电源相线出线柱；2、7两个接线柱可空着，如图1-5-23所示。

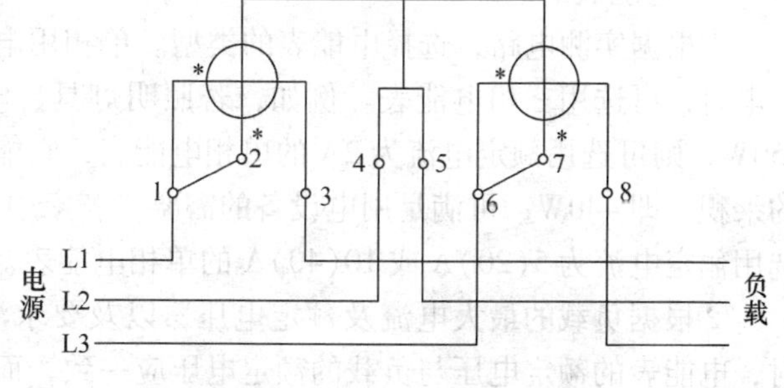

图1-5-23　三相三线电能表的接线

b. 直接式三相四线电能表的接线。这种电能表共有11个接线柱，从左到右按1、2、3、4、5、6、7、8、9、10、11编号，其中1、4、7是电源相线进线柱，用来连接从总熔断器的接线柱引出来的三根相线；3、6、9 是电源相线出线柱，分别去接总开关的三个出线柱；10、11 是电源中性线的进线柱和出线柱；2、5、8 三个接线柱可空着，如图 1-5-24 所示，其连接片不可拆卸。

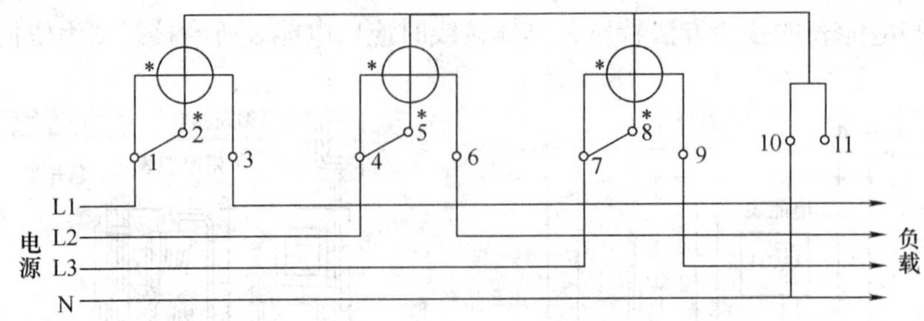

图 1-5-24　直接式三相四线电能表的接线图

c. 间接式三相四线电能表的接线　这种三相电能表需配用三只同规格的电流互感器，接线时把从总熔断器的接线柱引出来的三根相线，分别与三只电流互感器一次侧的“L1”接线柱连接，同时用三根绝缘导线把三只电流互感器一次侧的“L2”接线柱头引出，分别去与总开关的三个进线柱连接。

三只电流互感器二次侧“K1”分别与电能表 1、4、7 三个接线柱连接，二次侧另一端“K2”分别与电能表 3、6、9 出线柱相连并接地。电能表电压线圈 2、5、8 的进线端分别接三根相线，电压线圈 2、5、8 的出线端与中性线 N，即接线端 10 相连，如图 1-5-25 所示。

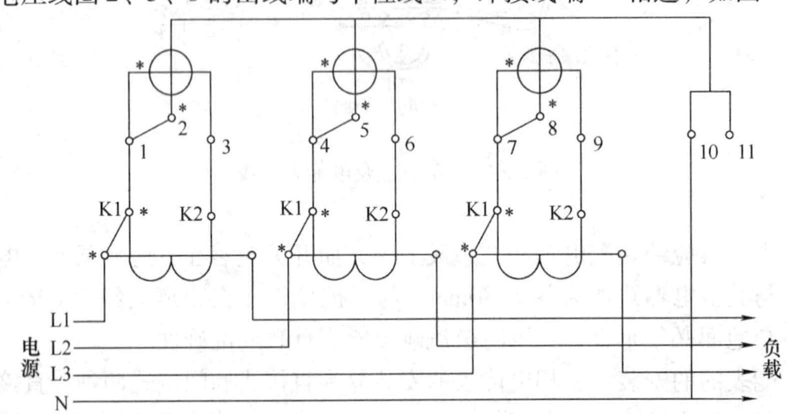

图 1-5-25　间接式三相四线电能表的接线图

2）电能表的选择。

①根据实测电路，选择电能表的类型。单相用电（如照明电路）选用单相电能表；三相用电时，可选用三相电能表。例如，若照明灯具、电视机、电冰箱等电器设备的总功率为 350W，则可选用额定电流为 2A 的单相电能表，它能提供的供电功率为额定电流与额定电压的乘积，即 440W，可满足用电设备的需要；若家中装有耗电量较大的空调或电热器具，应选用额定电流为 5(20)A 或 10(40)A 的单相电能表。

②根据负载的最大电流及额定电压，以及要求测量的准确度选择电能表的型号。选择时，电能表的额定电压与负载的额定电压应一致，而电能表额定电流应不小于负载的最大电流。

③当没有负载时，电能表的铝转盘应静止不动，当电能表电流线路中无电流而电压线路上有额定电压时，其铝转盘转动应不超过潜动允许值，即在规定时间内潜动不应超过一整圈。

2. 照明电路的维修

（1）白炽灯的常见故障及维修

①灯泡不亮。可能是灯泡钨丝烧断，灯头（座）、开关接触不良，或者是线路中有短路现象。

处理方法：灯泡损坏更换灯泡。接触不良应拧紧松动的螺栓或更换灯头或开关。如果是线路断路，则应检查并找出线路断开处（包括熔丝），接通线路。

②合上开关即烧断熔丝。多数属线路发生短路，应检查灯头接线，取下螺口灯泡检查灯头内中心铜片与外螺纹是否短路；灯头接线是否松脱；检查线路有无绝缘损坏；估算是否熔丝容量过小。

处理办法：处理好灯头上的短路点。若线路老化，根据情况处理绝缘或更换新线。如果是负载过重，则减轻负载或加大熔断器容量。

③灯泡忽亮忽暗（熄灭）。检查开关、灯头、熔断器等处的接线是否松动；用万用表检查电源电压是否波动过大。

处理办法：拧紧松动的接头；电压波动不需处理。

④灯泡发出强烈白光或灯光暗淡，灯泡工作电压与电源电压不相符。

处理办法：更换与电源电压相符的灯泡。

（2）荧光灯的常见故障及检修

①荧光灯不发光。可能是接触不良、辉光启动器损坏、荧光灯灯丝已断、镇流器开路等引起的。

处理办法：属接触不良时，可转动灯管，压紧灯管与灯座之间的接触，转动辉光启动器使线路接触良好。如属辉光启动器损坏，可取下辉光启动器用一根导线的两金属头同时接触辉光启动器座的两簧片，取开后荧光灯应发亮，此现象属辉光启动器损坏，应更换辉光启动器。若是荧光灯管灯丝断路或镇流器断路，可用万用表检查通断情况，根据检查情况进行更换。

②灯管两端发光，不能正常工作。是由辉光启动器损坏、电压过低、灯管陈旧或气温过低等原因引起的。

处理办法：更换辉光启动器，更换陈旧的灯管。如果是电压过低则不需处理，待电压正常后荧光灯可正常工作。气温过低时，可加保护罩提高温度。

③灯光闪烁。新灯管是由质量不好引起的，旧灯管是由灯管陈旧引起的。

处理办法：更换灯管。

④灯管亮度降低。由灯管陈旧（灯管发黄或两端发黑）、电压偏低等引起的。

处理办法：更换灯管。电压偏低则不需处理。

⑤灯管发光后在管内旋转或灯管内两端出现黑斑。在管内旋转是某些新灯管出现的暂时现象，灯管内两端出现黑斑是管内水银凝结造成的。

处理办法：旋转使用几次即可消失，黑斑起动后可以蒸发消除。

⑥噪声大。是由镇流器质量较差，硅钢片振动造成的。

处理办法：夹紧铁心或更换镇流器。

⑦镇流器过热、冒烟。可能的原因是镇流器内部线圈匝间短路或散热不好。

处理办法：更换镇流器。

⑧拉开荧光灯开关，灯管闪亮后立即熄灭。可能是新安装的荧光灯线路错误。

处理办法：检查灯管，若灯管灯丝烧断，应继续检查线路，重新连接，更换新灯管再接通电源。

3）高压水银荧光灯常见故障及检修。

①高压水银灯不能起辉。原因有电源电压过低、镇流器选配不当、接头接触不良、灯泡损坏等。

处理办法：电压过低不需处理。镇流器选配不当则选用合适的镇流器。接触不良则应处理各连接处。灯泡损坏时应更换灯泡。

②只亮灯芯。原因是灯泡玻璃漏气或破碎。

处理办法：更换灯泡。

③忽亮忽熄或亮后突然熄灭。可能是灯泡接触不良或电压波动造成的。亮后忽然熄灭，一般是由于电压下降、线路断线和灯泡损坏等原因所致。

处理办法：电压原因不需处理。其他故障则应处理接触不良之处。灯泡损坏需更换灯泡。

四、任务实施

（一）任务要求

室内照明电路的原理图如图 1-5-26 所示。现有一栋宿舍楼，需对楼房每间房屋进行电路安装，各房间已有进户线到室内，采用线槽布线。要求每间房子里装有一个电能表、一个插座、一盏荧光灯和一盏壁灯，（壁灯用两地开关控制）。

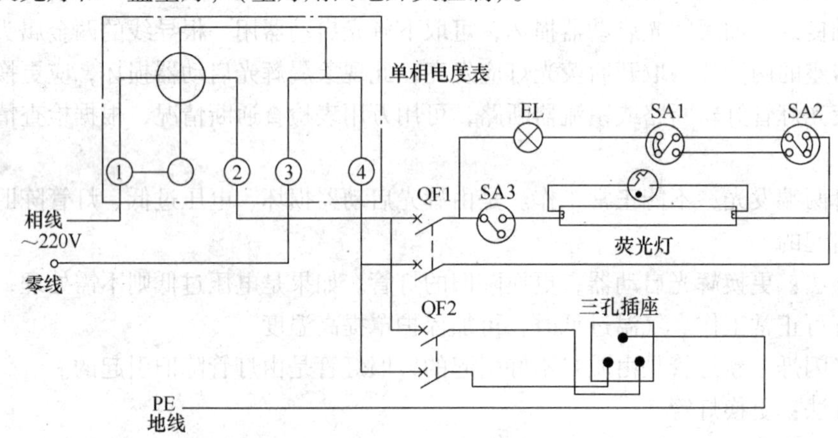

图 1-5-26　室内照明电路的原理图

（二）任务准备

1. 所需仪器仪表、工具与材料

本任务需用到万用表、绝缘电阻表、剥线钳、尖嘴钳、一字螺钉旋具、十字螺钉旋具、导线及低压电器等。

2. 领取仪器仪表、工具与材料

领取万用表等器材后，将对应的参数填写到表1-5-1中。

表1-5-1　仪器仪表、工具与材料

序　号	名　称	型号与规格	单　位	数　量	备　注
1	单相电能表				
2	断路器				
3	漏电保护式断路器				
4	双联双控开关及单联开关				
5	螺口灯座及白炽灯泡				
6	荧光灯具及灯管				
7	单相三孔式板式插座及明装盒				
8	木制开关板				
9	线槽板				
10	端子排				
11	电工工具				

（三）任务实施步骤

元器件安装固定前，应先根据位置图（如图1-5-27所示），将各元器件在接线板上进行安排布置，摆放整齐，并进行划线、钻孔，然后逐个安装固定。元器件固定的方法有：对角固定、四角固定、螺钉固定、螺栓固定等。固定时要用手压住元器件，防止其跑位。

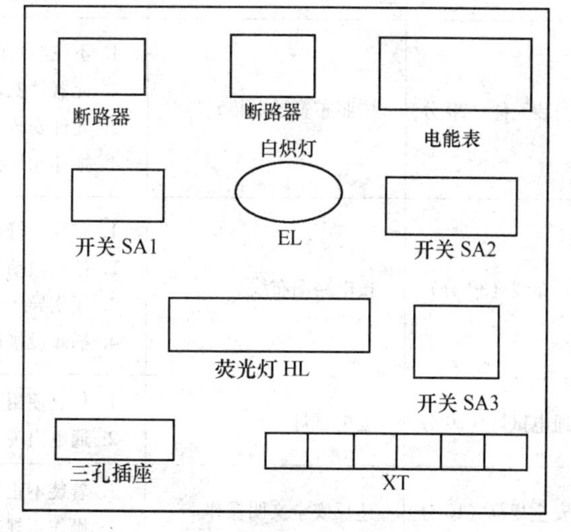

图1-5-27　室内照明电路的位置图

1. 安装断路器

将断路器安装在控制板的左上方，两个断路器之间要间隔5～10cm的距离。

2. 安装电能表

根据布置图用木螺钉将电能表固定在安装板上。

3. 安装端子排

将接线端子排用木螺钉安装固定在接线板下方。

4. 安装熔断器至开关SA1、SA2和SA3的导线

将两根导线顶端剥去2cm绝缘层→弯圈→将导线弯直角Z形→接入熔断器两上接线座上。

5. 开关SA1、SA2和SA3面板接线

将来自于熔断器的相线接在中间接线座上，再用两根导线接在另两个接线座上。

6. 固定开关SA1、SA2面板

将接好线的开关SA1、SA2面板安装固定在开关接线盒上。

7. 安装两开关盒之间的导线

将来自于开关SA1的两根相线和一根零线引至开关SA2的接线盒中。

8. 固定荧光灯底座

将接好线的开关SA3面板安装固定在开关接线盒上，并接入荧光灯及辉光启动器。

9. 目测检查

根据电路图或接线图从电源开始检查线路有无漏接、错接。

10. 万用表检查

用万用表电阻档检查电路有无开路、短路情况。装上灯泡，万用表两表棒搭接断路器两出线端，按下任一开关指针应指向“0”，再按一下开关指针应指向“∞”。

11. 接通电源

将单相电源接入接线端子排对应的接线座，装上灯泡，合上断路器QF1，按下开关SA1，灯亮，再按下开关SA2，灯灭；按下开关SA2，灯亮，再按开关SA1，灯灭。按下开关SA3，荧光灯灯亮。

五、任务检查与评定

任务内容及配分	要　求	扣分标准		得分
元件检查（10分）	电器元件是否漏检或错检	1. 元器件漏检一处扣2分 2. 元器件错检一处扣5分		
安装元件（20分）	按照布置图安装元件	1. 不按布置图安装一处扣2分 2. 元器件安装不牢固一处扣2分 3. 元件安装不整齐、不合理、不美观扣5分 4. 损坏元件扣10分		
布线（30分）	按电路图布线	1. 布线不符合要求扣5分 2. 接点松动、露铜过长、导线压接方向错误每处扣2分 3. 损伤导线绝缘或线芯每根扣2分 4. 插座没接地，开关未与相线相连，每处扣5分		
通电试灯（20分）	通电试灯	1. 仪表使用不正确扣2分，损坏仪表扣10分 2. 通电出现一次错误扣5分		
安全规范（10分）	违反安全文明操作	1. 着装不正确扣2分 2. 操作不规范安全扣20~50分		
定额时间（10分）	90min	训练不允许超时，每超5min（不足5min以5min记）扣5分		
备注	除定额时间外，各项内容的最高扣分不得超过配分数		成绩	

【相关知识】

（一）动力线路基本知识

1. 动力线路的使用环境分类

动力线路中最常用的设备有电动机、电焊机、电炉、电烘箱以及电动工具等，主要由用电设备、供电线路、控制系统和保护装置组成。动力线路广泛应用于工矿企业、车间与工厂中，但不同的使用环境对动力线路有不同的要求，并随着环境保护的要求在不断地提高。

动为线路的使用环境分六类：

（1）干燥　指相对湿度经常在85%以下的环境。

（2）潮湿　指相对湿度经常高于85%的环境。

（3）户外　包括建筑周围的廊下、亭台、檐下和雨雪可能飘淋到的环境。

（4）有可燃物质　指一般可燃物料的生产、加工或储存的环境。

（5）有腐蚀物质　指具有酸碱等腐蚀性物料的生产、加工或储存的环境。

（6）有易燃、易爆炸物质　指有高度易燃、易爆炸危险物质的及一般易燃或可能产生爆炸危险的工矿企业、车间、工场及仓库。

2. 动力线路的技术要求

1）使用不同电价的用电设备，其线路应分开安装，如动力线路与照明线路、电热线路；使用相同电价的用电设备，允许安装在同一线路上，如小型单相电动机和小容量单相电炉允许与照明线路共用。安装线路时，还应考虑到检修和事故照明的需要。

2）不同电压和不同电价的线路应有明显区别，安装在同一块配电板上时，应用文字注明，便于维修。

3）低压网络中，严禁利用大地作为中性线，即禁止采用三相一地、两线一地和一线一地制线路。

4）布线应采用绝缘电线，其绝缘电阻有如下规定：相线对大地或对中性线之间应不小于0.22MΩ；相线对相线之间应不小于0.38MΩ；在潮湿、具有腐蚀性气体或水蒸气的场所，导线的绝缘电阻允许适当降低一些。

5）线路上安装熔断器的部位，一般规定设在导线截面减小的线段或线路的分支处。

（二）低压配电箱

1. 低压配电箱的分类

低压配电箱分为照明配电箱和动力配电箱两类，按其制造方式又分为自制配电箱和成套配电箱两类。

自制配电箱有明式和暗式两种。配电箱由盘面和箱体两大部分组成，盘面的制作以整齐、美观、安全及便于检修为原则，箱体的尺寸主要取决于盘面的尺寸。由于盘面的方案较多，故箱体的大小也多种多样。

成套配电箱是制造厂按一定的配电系统方案进行生产的，用户只能根据制造厂提供的方案进行选用。成套配电箱的品种较多，应用较广。如用户有特殊要求时，可向制造厂提出非标准设计方案。

2. 低压配电箱的安装工艺

这种配电箱可以直接安装在墙上，也可以安装在支架上。

（1）安装在墙上的技术要求与工艺要点

1）安装高度除施工图上有特殊要求外，暗装时底口距地面为1.4m，明装时为1.2m，但无论明装还是暗装，电能表板均为1.8m。

2）安装配电箱、板所需木砖、金具等均需在土建砌墙时预埋入墙内。

3）在240mm厚的墙内暗装配电箱时，其后壁需用10mm厚的石棉板及铅丝直径为2mm、孔洞为10mm的铅丝网钉牢，再用1:2水泥砂浆涂好，以防开裂。另外，为了施工及检修方便，也可在配电箱后开门，以螺钉在墙上固定。为了美观应涂以与粉墙颜色相同的调和漆。

4）配电箱外壁与墙有接触的部分均涂防护油，箱体内壁及盘面均涂灰色油漆两次。箱门油漆的颜色，除施工图中有特殊要求外，一般均与工程中门窗的颜色相同。铁制配电箱均需先涂红丹漆后再涂油漆。

5）配电箱上装有计量仪表、互感器时，二次导线的使用截面积应不小于 $1.5mm^2$。

6）配电箱后面的布线需排列整齐、绑扎成束，并用卡钉紧固在盘板上。盘后引出及引入的导线，其长度应留出适当的余量，以利于检修。

7）为了加强盘后布线的绝缘性和便于维修时辨认，导线均需按相位颜色套上软塑料管，L1 相用黄色、L2 相用绿色、L3 相用红色和零线用黑色。

8）导线穿过盘面时，木盘需用瓷管头，铁盘需装橡皮护圈。工作零线穿过木盘时可不加瓷管头，只套以塑料管。

9）配电箱上的刀开关、熔断器等设备，上端接电源，下端接负载。横装的插入式熔断器的接线，应面对配电箱的左侧接电源，右侧接负荷。

10）末端配电箱的零线系统应重复接地，重复接地应加在引入线处。

11）零母线在配电箱上不得串接。零线端子板上分支路的排列需与相应的熔断器对应，面对配电箱从左到右编排 1、2、3、…。

12）安装配电箱时，用水平尺放在箱顶部，测量和调整箱体的水平。然后在箱顶上放一个木棒，沿箱面挂一线锤，测量配电箱上、下端与吊线距离，调整配电箱呈垂直状态。

（2）安装在支架上的技术要求与工艺要点　如果配电箱安装在支架上，应预先将支架装妥在墙上。配电箱装在支架上的技术要求与工艺要点和装在墙上的相同。

（三）动力线路的故障和检修

1. 动力线路的日常维护和保养

专职人员必须经常检查以下各项内容：

1）是否有盲目增加用电装置或擅自拆卸用电设备、开关和保护装置等现象。

2）是否有擅自更换熔体的现象，是否有经常烧断熔体或保护装置不断动作的现象。

3）各种电器设备、用电器具和开关保护装置结构是否完整，外壳是否破损，运行是否正常，控制是否失灵，以及是否存过热现象等。

4）接地点各处是否完整，接点是否松动或脱落，接地线是否发热、断裂或脱落。

5）线路的各支持点是否松动或脱落，导线绝缘层是否破损，修复绝缘层的地方是否完整，导线或接点是否过热，接点是否松动等。同时，应经常在干线和主要支线上，用钳形电流表测量电流量，检查三相电流是否平衡，是否存在过电流现象。

6）线路内的所有电气装置和设备，是否有受潮和过热现象。

7）在正常用电情况下，是否存在耗电量明显增加及建筑物和设备外壳带电现象。

2. 运行检查

通常用钳形电流表来检查用电设备每相的耗电情况，从而判断运行是否正常。

3. 定期维修

定期维修应包括定期检查的项目，如每隔半年或一年测量一次线路和设备的绝缘电阻，每隔一年测量一次接地电阻等。

定期维修的主要内容有如下几项：

1）更换和调整线路的导线。

2）增加或更新用电设备和装置。

3）拆换部分或全部线路和设备。

4）更换接地线或接地装置。

5）更换或调整线路走向。

6）对部分或整个线路重新接线，酌情更换部分或全部支持点。

7）调整布线形式或用电设备的布局。

8）更换或合并进户点。

【任务小结】

本任务要求实现白炽灯两地控制电路的安装、荧光灯电路的安装、电度表的正确接线及安装等，要完成这些任务，首先应正确绘制复合照明线路控制电路图，做到按图施工、按图安装、按图接线，并要熟悉其控制电路的主要元器件，了解其组成、作用。

【习题及思考题】

1. 是非题（正确：✓，错误：×）

1）降低白炽灯的额定工作电压，发光效率将大大降低，而寿命却大大提高。（　）

2）高压汞灯的电压降低5%时，灯泡就可能自灭，再行点亮时需间隔一段时间。（　）

3）工厂中常用的荧光灯、高压汞灯、金属卤化物灯都是属于气体放电光源。（　）

4）同样瓦数的荧光灯和白炽灯，荧光灯比白炽灯省电。（　）

5）高压汞灯的外玻璃壳破碎后虽仍能发光，但大量的紫外线对人体有害。（　）

2. 简答题

1）导线连接主要有哪几种？

2）试述配电箱安装要求。

项目二 三相异步电动机电路的安装与调试

任务一　送料小车的电气控制电路的安装与调试

能力目标：

1. 能正确识别、选用、安装、使用行程开关。
2. 能正确识读相关电气原理图、安装图。
3. 能正确安装与检修送料小车自动往返控制电路。

知识目标：

1. 掌握位置控制电路的构成和工作原理。
2. 能分析相关控制电路的电气原理及掌握电气控制电路中的保护措施。
3. 熟悉行程开关的功能、基本结构、工作原理及型号含义，掌握它的图形符号和文字符号。

一、任务引入

运输小车是工业运料的主要设备之一，随着经济的不断发展，运料小车的应用也不断扩大到各个领域，广泛应用于自动生产线、冶金、有色金属、煤矿、港口和码头等行业。例如，在石料场生产线上，各工序之间的石料常用有轨小车来转运。图 2-1-1 所示是某一石料场的一台送料小车的工作示意图，该图控制电路要求采用行程控制，按下起动按钮小车向终点驶去，到达终点后，停留 5s 卸料，再往返始点结束。

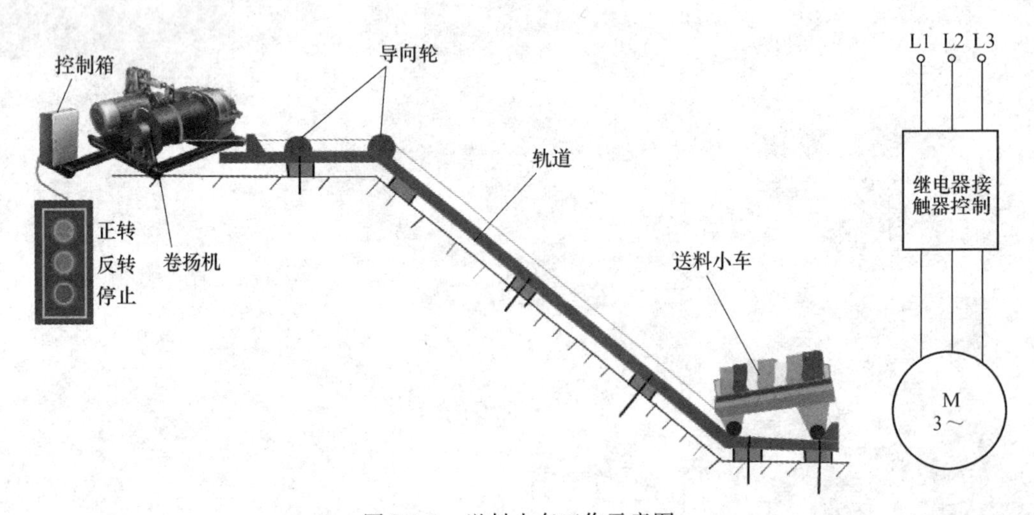

图 2-1-1　送料小车工作示意图

二、任务分析

在图2-1-2中，小车运行路线的两头终点处安装的电器SQ1和SQ2称为行程开关。SQ1和SQ2的常闭触点分别串接在正转控制电路和反转控制电路中。当安装在小车前后的挡铁1和挡铁2撞击行程开关的滚轮时，行程开关的常闭触点分断，切断控制电路，使行车自动停止。

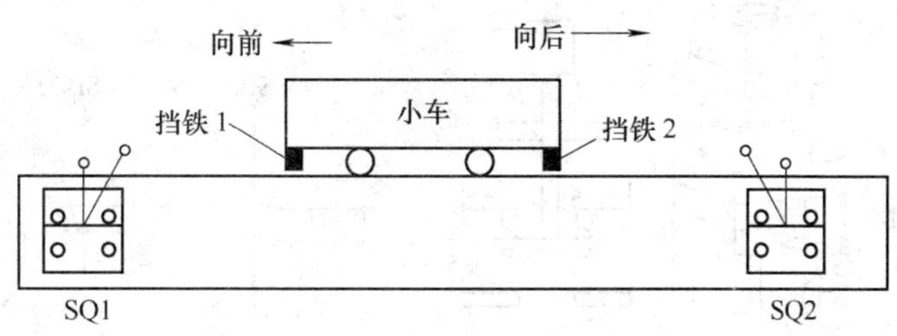

图2-1-2　小车运行示意图

可见，位置控制就是利用生产机械运动部件上的挡铁与行程开关的碰撞，使行程开关的触点动作，来接通或断开电路，以实现对生产机械运动部件的位置或行程的自动控制。

三、必备知识

低压电器种类很多，分类方法也很多。按操作方式低压电器可分为手动操作电器和自动切换电器。前者主要是用手直接操作来进行切换；后者是依靠本身参数的变化或外来信号的作用，自动完成接通或分断等动作。按用途低压电器可分为低压配电电器和低压控制电器两大类。低压配电电器是指正常或事故状态下接通和断开用电设备和供电电网所用的电器；低压控制电器是指电动机完成生产机械要求的起动、调速、反转和停止所用的电器。

本任务涉及的低压电器有按钮、刀开关、行程开关、接触器、热继电器、熔断器和时间继电器等。

它们的作用如下：

1）按钮：控制电路的起动与停止。

2）刀开关：电源隔离开关。

3）行程开关：控制电动机自动往返运行或进行终端保护。

4）接触器：控制电动机正反向的起动与停止。

5）热继电器：对电动机进行过载保护。

6）熔断器：做主电路、控制电路的短路保护。

7）时间继电器：控制电路的时间延时。

（一）按钮、刀开关、行程开关

1. 按钮

按钮是一种用人力（一般为手指或手掌）操作，并具有储能（弹簧）复位的一种控制开关。按钮的触点允许通过的电流较小，一般不超过5A，因此一般情况下它不直接控制主电路，而是在控制电路中发出指令或信号去控制接触器、继电器等电器，再由它们去控制主电路的通断、功能转换或电气联锁。

（1）结构　按钮一般由按钮帽、复位弹簧、常开触点、常闭触点、接线柱等部分组成，按钮的外形、结构与符号如图 2-1-3 所示。图中按钮是一个复合按钮，工作时常开和常闭触点是联动的，当按钮被按下时，常闭触点先动作，常开触点随后动作；而松开按钮时，常开触点先动作，常闭触点再动作，也就是说两种触点在改变工作状态时，先后有个时间差，尽管这个时间差很短，但在分析线路控制过程时应特别注意。

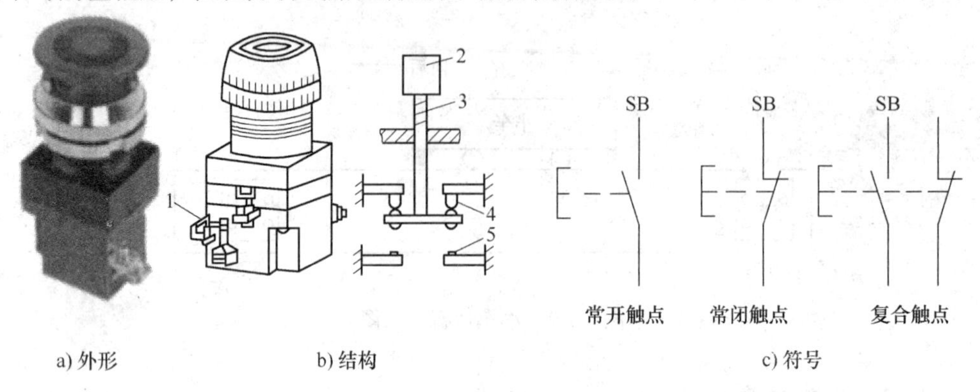

图 2-1-3　按钮的外形、结构与符号

1—接线柱　2—按钮帽　3—复位弹簧　4—常闭触点　5—常开触点

（2）型号

按钮型号含义说明如下：

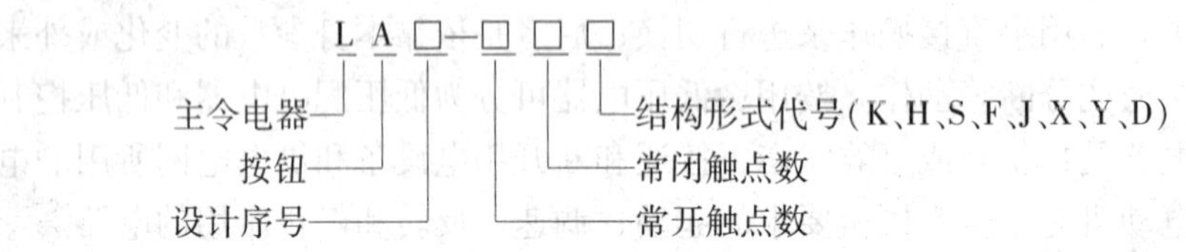

其中结构形式代号的含义为：K——开启式，适用于嵌装在操作面板上；H——保护式，带保护外壳，可防止内部零件受机械损伤或人偶然触及带电部分；S——防水式，具有密封外壳，可防止雨水侵入；F——防腐式，能防止腐蚀性气体进入；J——紧急式，作紧急切断电源用；X——旋钮式，用旋钮旋转进行操作，有通和断两个位置；Y——钥匙操作式，用钥匙插入进行操作，可防止误操作或供专人操作；D——光标按钮，按钮内装有信号灯，兼作信号指示。

按钮的结构型式有多种，为了便于操作人员识别，避免发生误操作，生产中用不同的颜色和形式来区分按钮的功能及作用。紧急式按钮装有红色突出在外的蘑菇形钮帽，以便紧急操作；旋钮式按钮用手旋转进行操作；指示灯式按钮在透明的按钮内装入信号灯，以用于信号指示；钥匙式按钮为使用安全起见，须用钥匙插入方可旋转操作。按钮的颜色有红、绿、黑、黄、白、蓝等多种，供不同场合选用。一般以红色表示停止按钮，绿色表示起动按钮，常用几款按钮如图 2-1-4 所示。

（3）按钮的选用　按钮选择的基本原则为：

1）根据使用场合和具体用途选择按钮的种类，如嵌装在操作面板上的按钮可选用开启式。

2）根据工作状态指示和工作情况要求，选择按钮或指示灯的颜色，如起动按钮可选用绿色、白色或黑色。

3）根据控制回路的需要选择按钮的数量，如单联钮、双联钮和三联钮等。

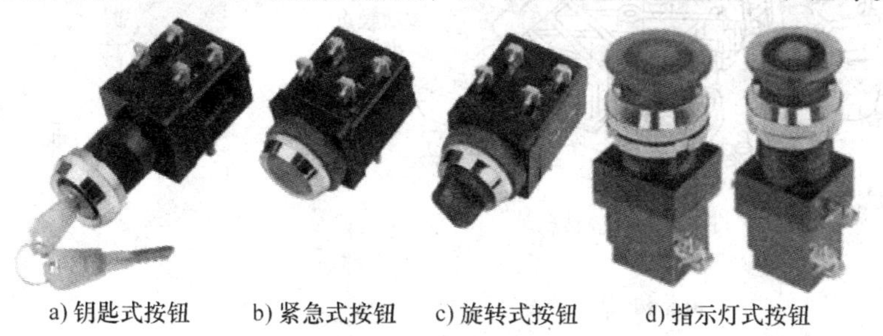

a) 钥匙式按钮　b) 紧急式按钮　c) 旋转式按钮　d) 指示灯式按钮

图 2-1-4　常用几款按钮

2. 刀开关

刀开关又称闸刀开关，是一种结构简单、应用广泛的手动电器。在低压电路中，用于不频繁接通和分断电路，或用来将电路与电源隔离。

图 2-1-5 所示为刀开关的典型结构。它由操作手柄、触刀、静插座和绝缘底板组成。推动手柄来实现触刀插入插座与脱离插座的控制，以达到接通电路和分断电路的要求。

刀开关的种类很多，按刀的极数可分为单极、双极和三极，其图形符号如图 2-1-6 所示。按刀的转换方向可分为单掷和双掷；按灭弧情况可分为带灭弧罩和不带灭弧罩；按接线方式可分为板前接线式和板后接线式。下面只介绍由刀开关和熔断器组合而成的负荷开关，负荷开关分为开启式负荷开关和封闭式负荷开关两种。

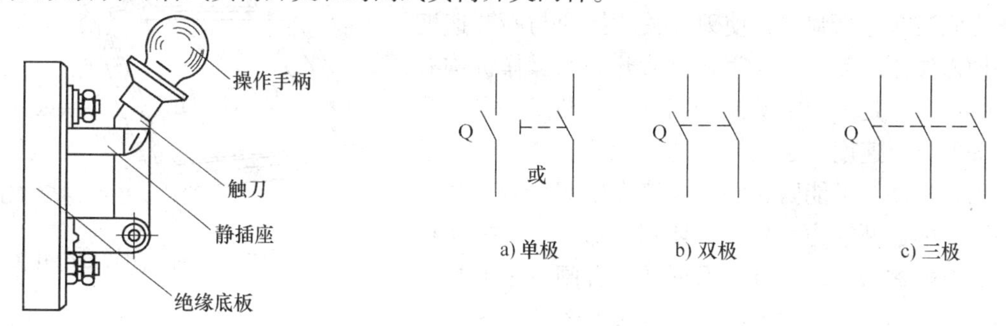

a) 单极　b) 双极　c) 三极

图 2-1-5　刀开关的典型结构　　图 2-1-6　刀开关的符号

（1）开启式负荷开关　开启式负荷开关又称为瓷底胶盖刀开关，简称闸刀开关。生产中常用的是 HK 系列开启式负荷开关，适用于照明和小容量电动机控制线路中，用于手动不频繁地接通和分断电路，并起短路保护作用。

HK 系列开启式负荷开关的结构及符号如图 2-1-7 所示。

其型号含义说明如下：

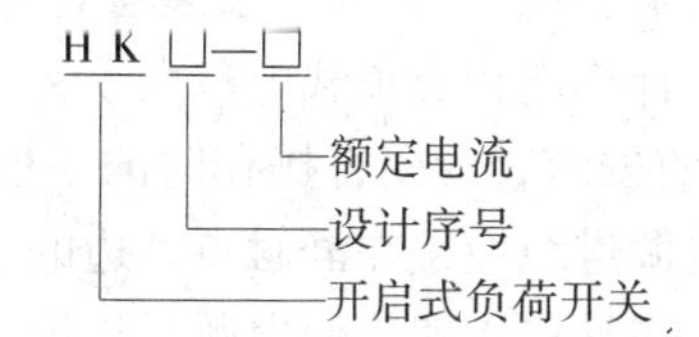

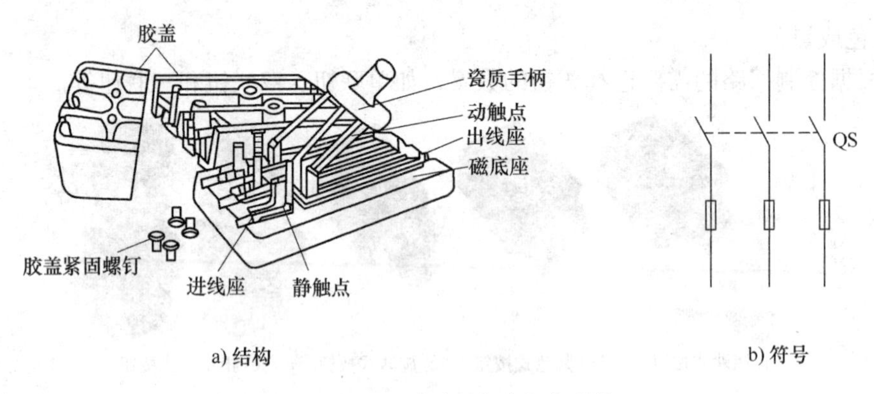

a) 结构　　　b) 符号

图 2-1-7　HK 系列开启式负荷开关

（2）封闭式负荷开关　封闭式负荷开关是在开启式负荷开关的基础上改进设计的一种开关，可用于手动不频繁地接通和断开带负载的电路以及作为线路末端的短路保护，也可用于控制 15kW 以下的交流电动机不频繁地直接起动和停止。

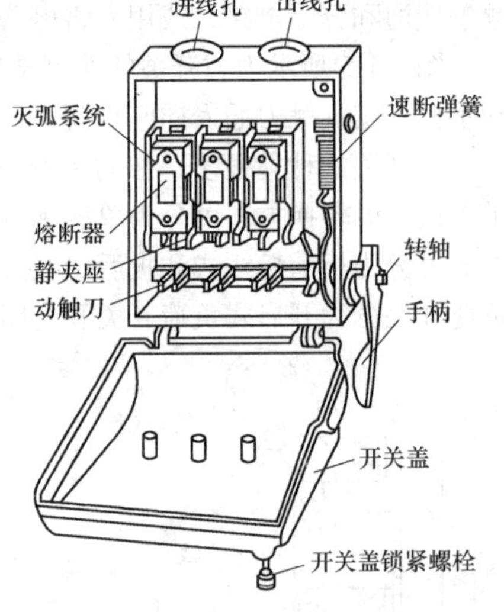

图 2-1-8　HH4 系列封闭式负荷开关

常用的封闭式负荷开关有 HH3、HH4 系列，其中 HH4 系列为全国统一设计产品，它的结构如图 2-1-8 所示。它主要由动触刀、灭弧系统、熔断器及手柄等几部分组成。三把闸刀固定在一根绝缘方轴上，由手柄完成分、合闸的操作。在操作机构中，手柄转轴与底座之间装有速断弹簧，使刀开关的接通与断开速度与手柄操作速度无关。封闭式负荷开关的操作机构有两个特点：一是采用了储能合闸方式，利用一根弹簧使开关的分合速度与手柄操作速度无关，这既改善开关的灭弧性能，又能防止触点停滞在中间位置，从而提高开关的通断能力，延长其使用寿命；二是操作机构上装有机械联锁，它可以保证开关合闸时不能打开防护铁盖，而当打开防护铁盖时，不能将开关合闸。

封闭式负荷开关在电路图中的符号与开启式负荷开关相同。

其型号含义说明如下：

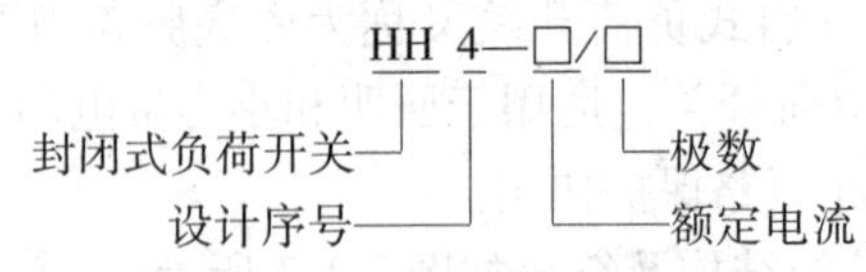

（3）刀开关的选用及安装注意事项

1）选用刀开关时首先应根据刀开关的用途和安装位置选择合适的型号和操作方式，然后根据控制对象的类型和大小，计算出相应负载电流大小，选择相应级额定电流的刀开关。

2）刀开关在安装时必须垂直安装，使闭合操作时的手柄操作方向为从下向上合，不允许平装或倒装，以防误合闸；电源进线应接在静触点一边的进线座，负载接在动触点一边的出线座；在分闸和合闸操作时，应动作迅速，使电弧尽快熄灭。

3. 行程开关

行程开关是用以反应工作机械的行程，发出命令以控制其运动方向和行程大小的开关，主要用于机床、自动生产线和其他机械的限位及程序控制。

（1）结构及工作原理　各系列行程开关的基本结构大体相同，都是由触点系统、操作机构和外壳组成。常见的有直动式和滚轮式。JLXK1 系列行程开关的外形如图 2-1-9 所示。

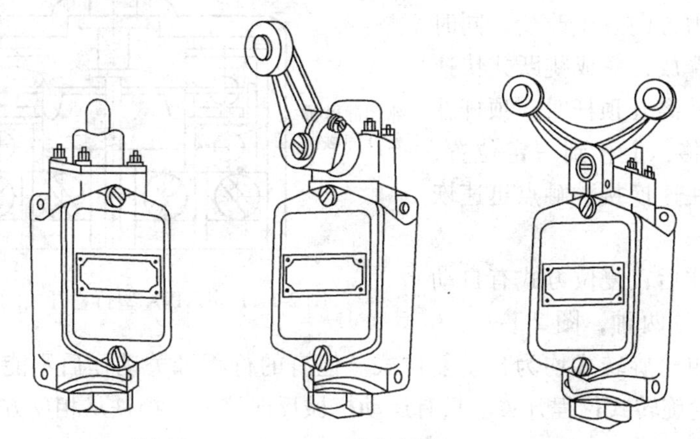

a) JLXK1-311 按钮式　b) JLXK1-111 单轮旋转式　c) JLXK1-211 双轮旋转式

图 2-1-9　JLXK1 系列行程开关

JLXK1 系列行程开关的结构、动作原理和符号如图 2-1-10 所示。当运动部件的挡铁碰压行程开关的滚轮时，杠杆连同转轴一起转动，使凸轮推动撞块，当撞块被压到一定位置时，推动微动开关快速动作，使其常闭触点断开，常开触点闭合。

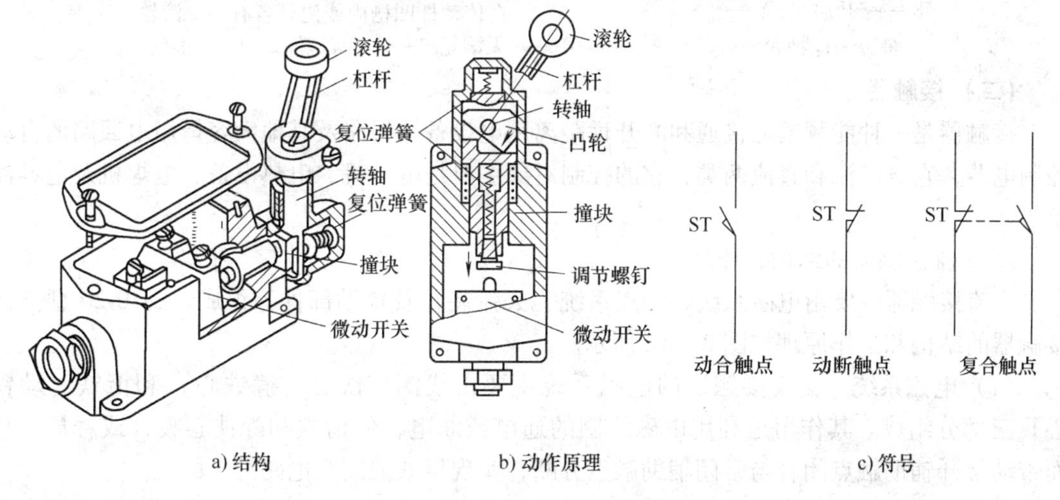

a) 结构　b) 动作原理　c) 符号

图 2-1-10　JLXK1-111 型行程开关的结构、动作原理和符号

行程开关的触点动作方式有蠕动型和瞬动型两种。蠕动型的触点结构与按钮相似，其特点是结构简单，价格便宜，触点的分合速度取决于生产机械挡铁的移动速度。当挡铁的移动速度小于 0. 47m/min 时，触点分合太慢，易产生电弧，灼烧触点，从而减少触点的使用寿命，也影响动作的可靠性及行程控制的位置精度。为克服这些缺点，行程开关一般都采用具

有快速换接动作机构的瞬动型触点。瞬动型行程开关的触点动作速度与挡铁的移动速度无关，性能显然优于蠕动型。

LX19K型行程开关即是瞬动型，其动作原理如图2-1-11所示。当运动部件的挡铁碰压顶杆时，顶杆向下移动，压缩弹簧使之储存一定的能量。当顶杆移动到一定位置时，弹簧的弹力方向发生改变，同时储存的能量得以释放，完成跳跃式快速换接动作。当挡铁离开顶杆时，顶杆在弹簧的作用下上移，上移到一定位置，接触板瞬时进行快速换接，触点迅速恢复到原状态。

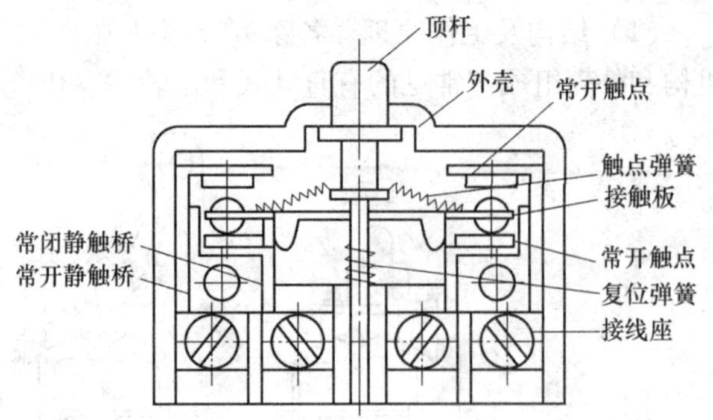

图2-1-11　LX19K型行程开关的动作原理

行程开关动作后，复位方式有自动复位和非自动复位两种，图2-1-9a、b所示的按钮式和单轮旋转式均为自动复位式。但有的行程开关动作后不能自动复位，如图2-1-9c所示的双轮旋转式行程开关。只有运动机械反向移动，挡铁从相反方向碰压另一滚轮时，触点才能复位。

（2）型号　常用的行程开关有LX19和JLXK1等系列，其型号及含义如下：

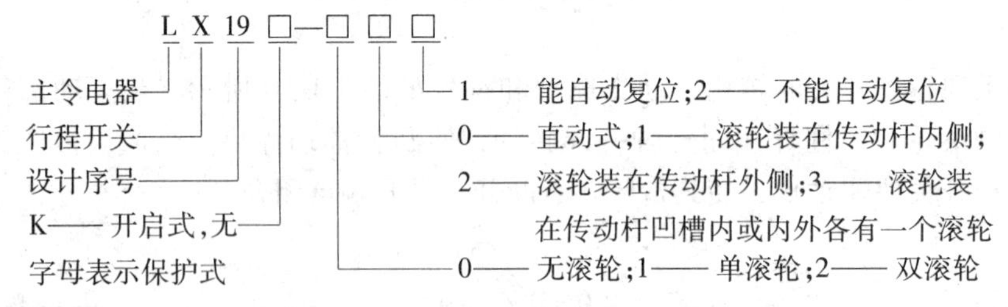

（二）接触器

接触器是一种能频繁地接通和断开远距离用电设备主回路及其他大容量用电回路的自动控制电器，它分交流和直流两类，它的控制对象主要是电动机、电热设备、电焊机及电容器组等。

1. 交流接触器的结构、原理

交流接触器主要由电磁系统、触点系统、灭弧装置及辅助部件等组成。CJ10-20型交流接触器的结构和工作原理如图2-1-12所示。

（1）电磁系统　交流接触器的电磁系统主要由线圈、铁心（静铁心）和衔铁（动铁心）三部分组成。其作用是利用电磁线圈的通电或断电，使衔铁和静铁心吸合或释放，从而带动常开辅助触点闭合与常闭辅助触点分断，实现接通或断开电路的目的。

交流接触器在运行过程中，线圈中通入的交流电在铁心中产生交变的磁通，因此铁心与衔铁间的吸力也是变化的。这会使衔铁产生振动，发出噪声。为消除这一现象，在交流接触器铁心和衔铁的两个不同端部各开一个槽，槽内嵌装一个用铜、康铜或镍铬合金材料制成的短路环，又称减振环或分磁环，如图2-1-13a所示。铁心装短路环后，当线圈通以交流电时，线圈电流产生磁通Φ_1，Φ_1一部分穿过短路环，在环中产生感生电流，进而会产生一个磁通Φ_2，由电磁感应定律知，Φ_1和Φ_2的相位不同，即Φ_1和Φ_2不同时为零，则由Φ_1和

Φ_2 产生的电磁吸力 F_1 和 F_2 不同时为零，如图 2-1-13b 所示。这就保证了铁心与衔铁在任何时刻都有吸力，衔铁将始终被吸住，振动和噪声会显著减小。

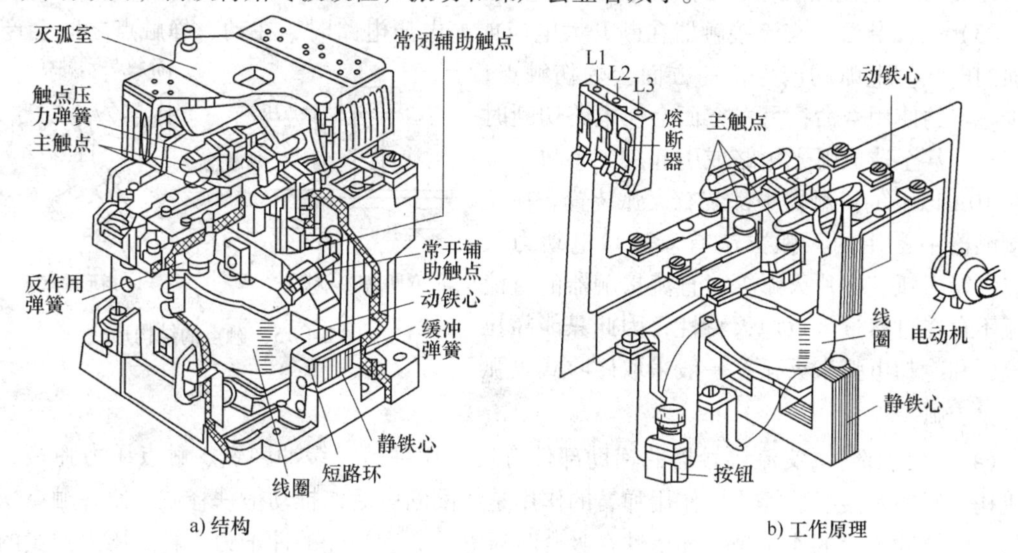

a) 结构　　b) 工作原理

图 2-1-12　CJ10-20 型交流接触器的结构和工作原理

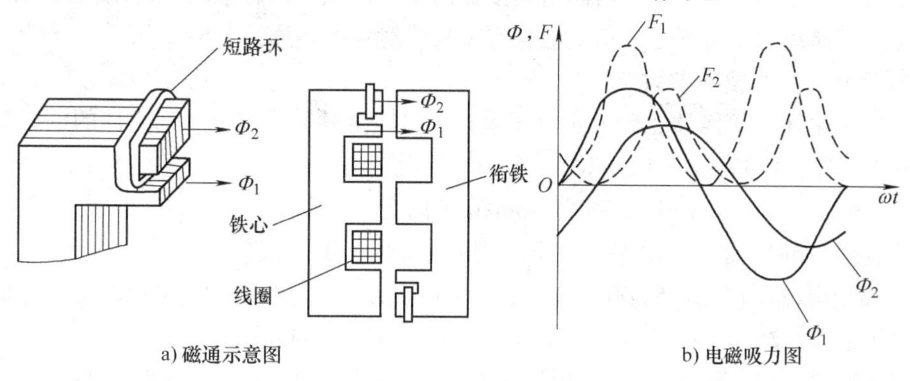

a) 磁通示意图　　b) 电磁吸力图

图 2-1-13　加短路环后的磁通示意图和电磁吸力图

（2）触点系统　触点系统包括主触点和辅助触点，主触点用以控制电流较大的主电路，一般由三对接触面较大的常开触点组成。辅助触点用于控制电流较小的控制电路，一般由两对常开和两对常闭触点组成。触点的常开和常闭是指电磁系统没有通电动作时触点的状态，因此常闭触点和常开触点有时又分别被称为动断触点和动合触点。工作时常开和常闭触点是联动的，当线圈通电时，常闭触点先断开，常开触点随后闭合，而线圈断电时，常开触点先恢复断开，随后常闭触点恢复闭合，也就是说两种触点在改变工作状态时，有个先后时间差，尽管这个时间差很短，但在分析线路控制过程时应特别注意。

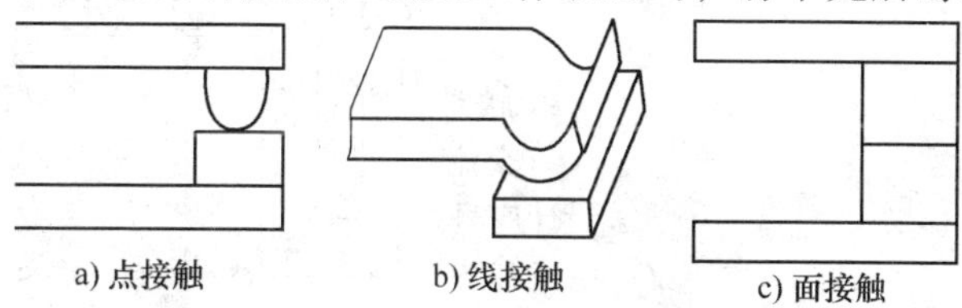
a) 点接触　　b) 线接触　　c) 面接触

图 2-1-14　触点的三种接触形式

触点按接触情况可分为点接触、线接触和面接触三种，分别如图 2-1-14a、b 和 c 所示；按触点的结构形式划分，有双断点桥式触点和指形触点两种，如图 2-1-15 所示。

CJ10 系列交流接触器的触点一般采用双断点桥式触点。

（3）灭弧装置　交流接触器在断开大电流或高电压电路时，在动、静触点之间会产生很强的电弧。电弧的产生，一方面会灼伤触点，减少触点的使用寿命；另一方面会使电路切断时间延长，甚至造成弧光短路或引起火灾事故。容量在 10A 以上的接触器中都装有灭弧装置。在交流接触器中常用的灭弧方法有双断口电动力灭弧、纵缝灭弧、栅片灭弧等；直流接触器的直流电弧不存在自然过零点熄灭特性，因此只能靠拉长电弧和冷却电弧来灭弧，一般采取磁吹式灭弧装置来灭弧。

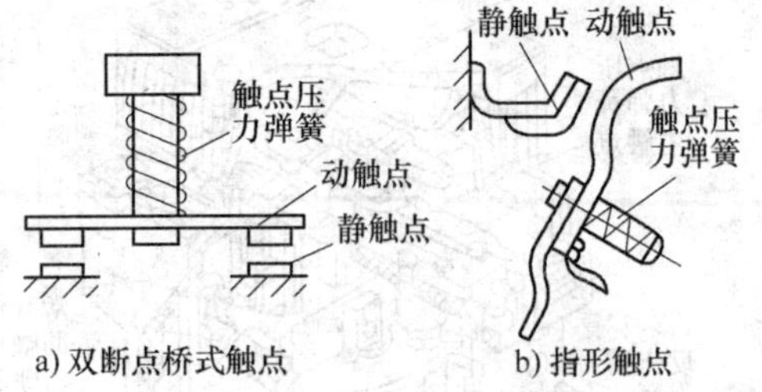

图 2-1-15　触点的结构形式

（4）辅助部件　交流接触器的辅助部件有反作用弹簧、缓冲弹簧、触点压力弹簧、传动机构、底座及接线柱等。反作用弹簧的作用是线圈断电后，推动衔铁释放，使各触点恢复原状态。缓冲弹簧的作用是缓冲衔铁在吸合时对静铁心和外壳的冲击力。触点压力弹簧的作用是增加动、静触点间的压力，从而增大接触面积，以减小接触电阻。传动机构的作用是在衔铁或反作用弹簧的作用下，带动动触点实现与静触点的接通或分断。

2. 接触器的主要技术参数

（1）额定电压　接触器铭牌额定电压是指主触点上的额定电压。通常用的电压等级为：

直流接触器：110V、220V、440V、660V 等档次。

交流接触器：127V、220V、380V、500V 等档次。

如某负载是 380V 的三相感应电动机，则应选 380V 的交流接触器。

（2）额定电流　接触器铭牌额定电流是指主触点的额定电流。通常用的电流等级为：

直流接触器：25A、40A、60A、100A、250A、400A、600A。

交流接触器：5A、10A、20A、40A、60A、100A、150A、250A、400A、600A。

（3）线圈的额定电压　通常用的电压等级为：

直流线圈：24V、48V、220V、440V。

交流线圈：36V、127V、220V、380V。

（4）动作值　指接触器的吸合电压与释放电压。一般规定接触器在额定电压 85% 以上时，应可靠吸合，释放电压不高于额定电压的 70%。

3. 接触器的型号及电路图中的符号

（1）接触器的型号　接触器型号含义如下：

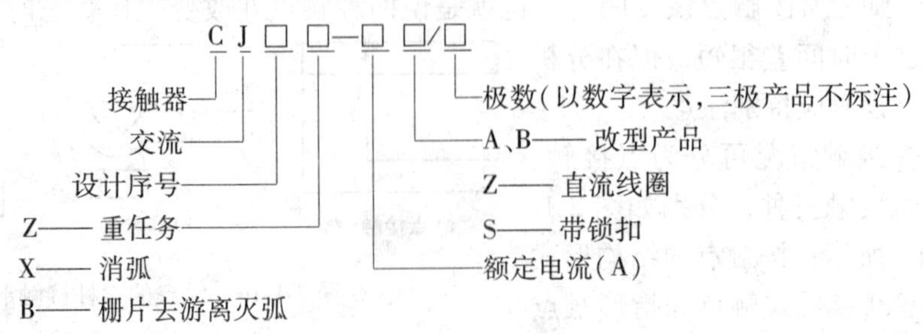

如：CJ12-250，该型号的意义为 CJ12 系列接触器，额定电流为 250A，主触点为三极。

（2）交流接触器的符号 交流接触器的符号如图 2-1-16 所示。

4. 接触器的选用

1）根据控制对象所用电源类型选择接触器类型，一般交流负载用交流接触器，直流负载用直流接触器，当直流负载容量较小时，也可选用交流接触器，但交流接触器的额定电流应适当选大一些。

2）所选接触器主触点的额定电压应大于或等于控制线路的额定电压。

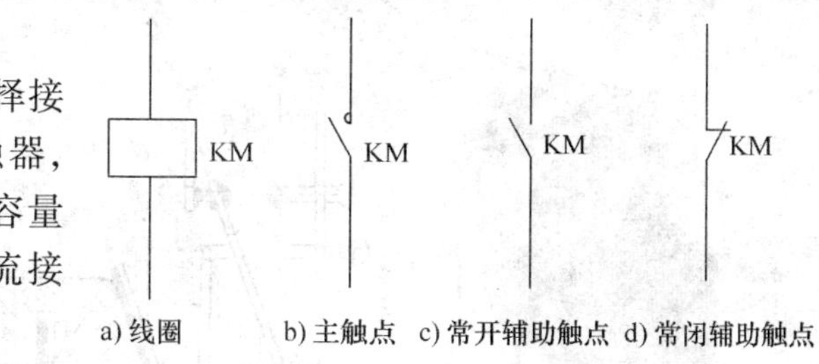

图 2-1-16 交流接触器的符号

3）应根据控制对象类型和使用场合，合理选择接触器主触点的额定电流。控制电阻性负载时，主触点的额定电流应等于负载的额定电流。控制电动机时，主触点的额定电流应大于或稍大于电动机的额定电流。当接触器使用在频繁起动、制动及正反转的场合时，应将主触点的额定电流降低一个等级使用。

4）选择接触器线圈的电压。当控制线路简单，使用电器较少时，应根据电源等级选用 380V 或 220V 的电压。当线路复杂时，从人身和设备安全角度考虑，可选择 36V 或 110V 的电压，此时需要增加相应变压器设备。

5）根据控制线路的要求，合理选择接触器的触点数量及类型。

（三）热继电器

热继电器是利用流过继电器的电流所产生的热效应而反时限动作的继电器。所谓反时限动作是指热继电器动作时间随电流的增大而减小的性能。热继电器主要用于电动机的过载、断相、三相电流不平衡运行的保护及其他电气设备发热状态的控制。

1. 热继电器分类和型号

热继电器的形式有多种，其中双金属片式热继电器应用最多。按极数划分热继电器可分为单极、两极和三极三种，其中三极的又包括带断相保护装置的和不带断相保护装置的；按复位方式分，有自动复位式（触点动作后能自动返回原来位置）和手动复位式。目前常用的有国产的 JR16、JR20、JRS1 等系列，以及国外的 T 系列和 3UA 等系列产品。

常用的 JRS1 系列和 JR20 系列热继电器的型号及含义说明如下：

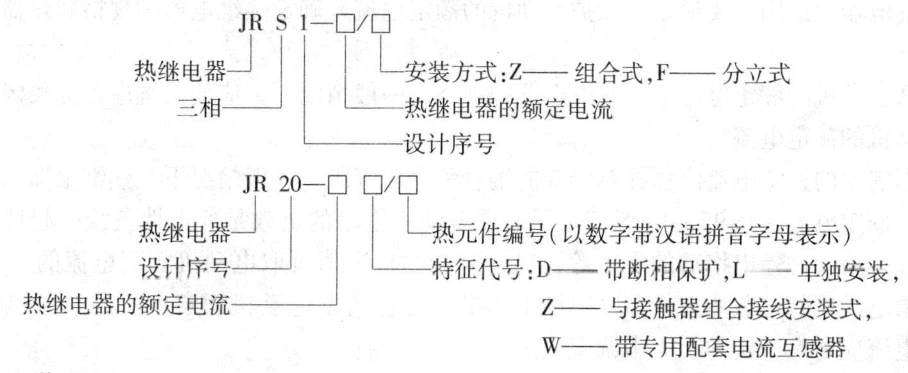

2. 工作原理

热继电器的结构主要由加热元件、动作机构和复位机构三大部分组成。动作系统常设有温度补偿装置，保证在一定的温度范围内，热继电器的动作特性基本不变。JRS1 系列热继电器外形、结构及符号如图 2-1-17 所示。

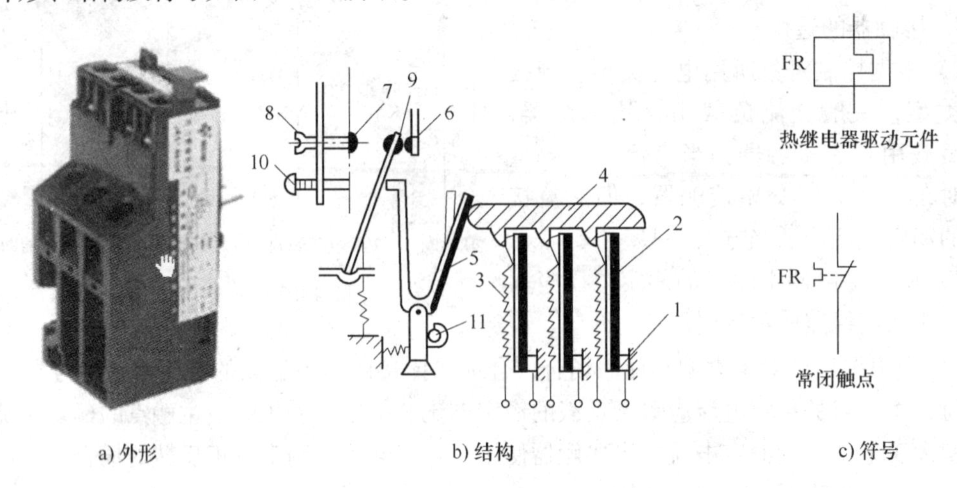

a) 外形　b) 结构　c) 符号

图 2-1-17　JRS1 系列热继电器外形、结构及符号

1—接线柱　2—主双金属片　3—加热元件　4—导板　5—补偿双金属片　6—常闭静触点　7—常开静触点　8—复位螺钉　9—动触点　10—复位按钮　11—调节旋钮

在图 2-1-17 中，主双金属片 2 与加热元件 3 串接在接触器负载（电动机电源端）的主回路中，当电动机过载时，主双金属片受热弯曲推动导板 4，并通过补偿双金属片 5 与推杆将触点 9 和 6（即串接在接触器线圈回路的热继电器常闭触点）分开，以切断电路保护电动机。调节旋钮 11 是一个偏心轮。改变它的半径即可改变补偿双金属片 5 与导板 4 的接触距离，因而达到调节整定动作电流值的目的。此外，靠调节复位螺钉 8 来改变常开静触点 7 的位置使热继电器能动作在自动复位或手动复位两种状态。调成手动复位时，在排除故障后要按下按钮 10 才能使动触点 9 恢复与静触点 6 相接触的位置。

热继电器的常闭触点常串入控制回路，常开触点可接入信号回路。

三相异步电动机的电源或绕组断相是导致电动机过热烧毁的主要原因之一，尤其是定子绕组采用△接法的电动机必须采用三相结构带断相保护装置的热继电器实行断相保护。

3. 热继电器的选用

热继电器的选用主要根据所保护电动机的额定电流来确定热继电器的规格和热器件的电流等级。

根据电动机的额定电流选择热继电器的规格，一般情况下，应使热继电器的额定电流稍大于电动机的额定电流。

根据需要的整定电流值选择热器件的编号和电流等级。一般情况下，热继电器的整定值为电动机额定电流的 0.95～1.05 倍。但如果电动机拖动的负载是冲击性负载、起动时间较长的负载、不允许停电拖动的设备等，热继电器的整定值可取电动机额定电流的 1.1～1.5 倍。如果电动机的过载能力较差，热继电器的整定值可取电动机额定电流的 0.6～0.8。同时整定电流应留有一定的上下限调整范围。

根据电动机定子绕组的连接方式选择热继电器的结构形式，丫联结的电动机选用普通三相结构的热继电器，△联结的电动机应选用三相带断相保护装置的热继电器。

对于频繁正反转和频繁起制动工作的电动机不宜采用热继电器来保护。

（四）熔断器

熔断器是在控制系统中主要用于短路保护的电器，使用时串联在被保护的电路中，当电路发生短路故障，通过熔断器的电流达到或超过某一规定值时，以其自身产生的热量使熔体熔断，从而自动分断电路，起到保护作用。

1. 熔断器的结构

熔断器主要由熔体（俗称熔丝）和安装熔体的熔管（或熔座）两部分组成。熔体由铅、锡、锌、银、铜及其合金制成，常做成丝状、片状或栅状。熔管是装熔体的外壳，由陶瓷、绝缘钢纸制成，在熔体熔断时兼有灭弧作用。熔断器的外形、图形符号和文字符号如图 2-1-18 所示。

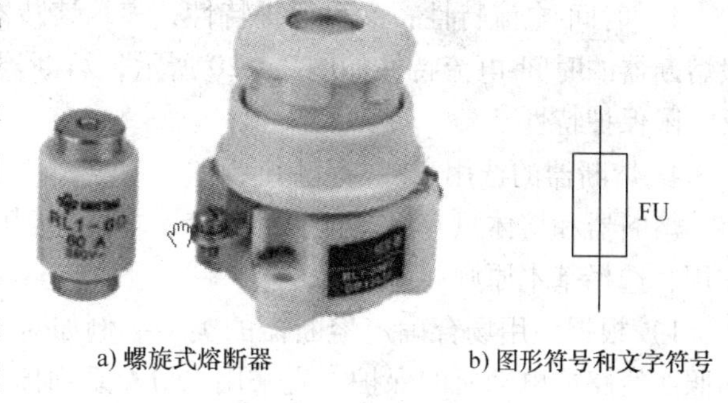

a) 螺旋式熔断器　　b) 图形符号和文字符号

图 2-1-18　熔断器的外形、图形符号和文字符号

2. 熔断器的种类与型号

熔断器按结构形式分为插入式、无填料封闭管式、有填料封闭管式、螺旋式、自复式等。其中有填料封闭管式熔断器又分为刀形触点熔断器、螺栓连接熔断器和圆筒形帽熔断器。

熔断器型号说明如下：

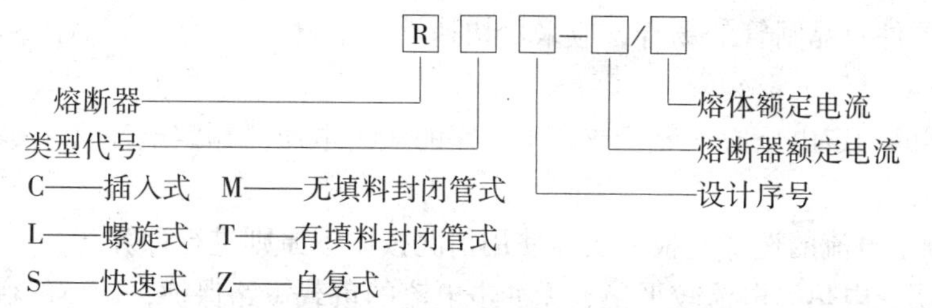

常用熔断器型号有：RL1、RT0、RT15、RT16（NT）、RT18 等，在选用时可根据使用场合酌情选择，常用熔断器如图 2-1-19 所示。

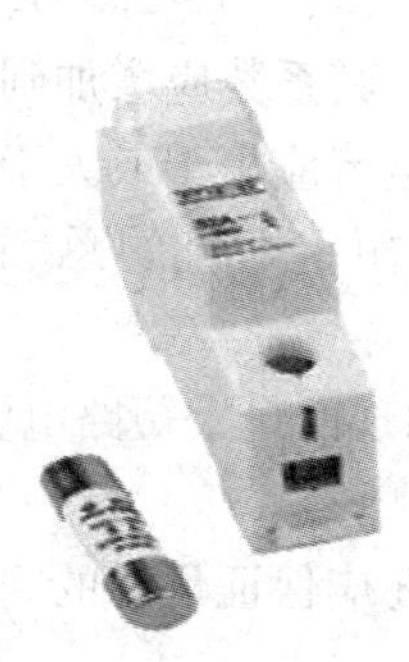

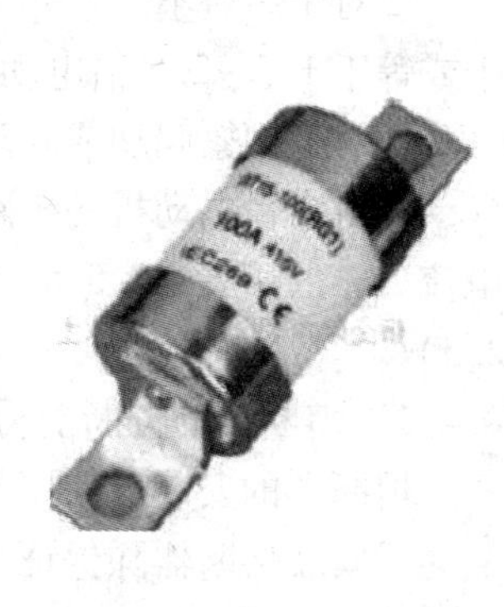

a) RTO系列有填料封闭管式熔断器　b) RT18圆筒形帽熔断器　c) RT16(NT)刀形触点熔断器　d) RT15型螺栓连接熔断器

图 2-1-19　常用熔断器

3. 熔断器的主要技术参数

1）额定电压：指能保证熔断器长期正常工作的电压。若熔断器的实际工作电压大于其

额定电压，要避免熔体熔断发生电弧不能熄灭的危险。

2）额定电流：指熔断器在长期稳定工作下，各部件温升不超过极限允许温升所能承载的电流值。它与熔体的额定电流是两个不同的概念。熔体的额定电流指在规定工作条件下，长时间通过熔体而熔体不熔断的最大电流值。通常一个额定电流等级的熔断器可以配用若干个额定电流等级的熔体，但熔体的额定电流不能大于熔断器的额定电流值。

3）分断能力：指熔断器在规定的使用条件下，能可靠分断的最大短路电流值，通常用极限分断电流值来表示。

4）时间-电流特性：又称保护特性，表示熔断器的熔断时间与流过熔体电流的关系。一般熔断器的时间-电流特性如图 2-1-20 所示，熔断器的熔断时间随着电流的增大而减少，即反时限保护特性。

4. 熔断器的选用安装与使用原则

熔断器和熔体只有经过正确的选择，才能起到应有的保护作用，选择基本原则如下：

1）根据使用场合确定熔断器的类型。例如对于容量较小的照明线路或电动机的保护，宜采用 RC1A 系列插入式熔断器或 RM10 系列无填料密闭管式熔断器；对于短路电流较大的电路或有易燃气体的场合，宜采用具有高分断能力的 RL 系列螺旋式熔断器或 RT（包括 NT）系列有填料封闭管式熔断器；对于保护硅整流器件及晶闸管的场合，应采用快速熔断器（RLS 或 RS 系列）。

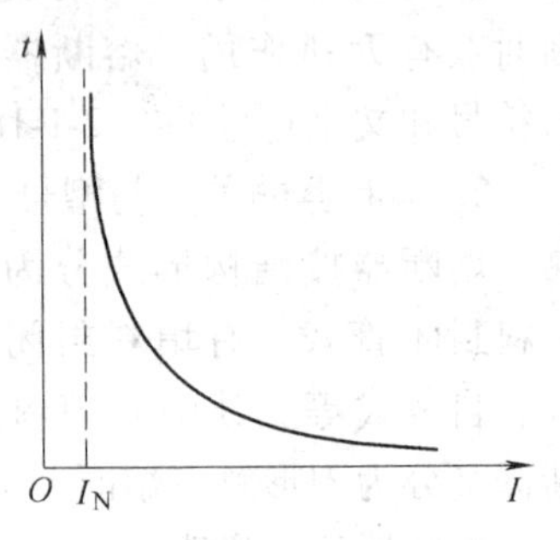

图 2-1-20　熔断器的时间-电流特性

2）熔断器的额定电压必须等于或高于线路的额定电压。额定电流必须等于或大于所装熔体的额定电流。

3）熔体额定电流的选择应根据实际使用情况按以下原则进行计算：

①对于照明、电热等电流较平稳、无冲击电流的负载短路保护，熔体的额定电流应等于或稍大于负载的额定电流。

②对于一台不经常起动且起动时间不长的电动机的短路保护，熔体的额定电流 I_{RN} 应大于或等于 1.5～2.5 倍电动机额定电流 I_N，即 $I_{RN} \geqslant (1.5 \sim 2.5) I_N$。

③对于频繁起动或起动时间较长的电动机，其系数应增加到 3～3.5 倍。

④对多台电动机的短路保护，熔体的额定电流应等于或大于其中最大容量电动机的额定电流 I_{Nmax} 的 1.5～2.5 倍，再加上其余电动机额定电流的总和 $\sum I_N$，即 $I_{RN} \geqslant I_{Nmax}(1.5 \sim 2.5) I_N + \sum I_N$。

4）熔断器的分断能力应大于电路中可能出现的最大短路电流。

熔断器的安装与使用的原则如下：

①安装熔断器除保证足够的电气距离外，还应保证足够的间距，以保证拆卸、更换熔体方便。

②安装前应检查熔断器的型号、额定电压、额定电流和额定分断能力等参数是否符合规定要求。

③安装熔体必须保证接触良好，不能有机械损伤。

④安装引线要有足够的截面积，而且必须拧紧接线螺钉，避免接触不良。

⑤插入式熔断器应垂直安装，螺旋式熔断器的电源线应接在瓷底座的下接线座上，负载线接在螺纹壳的上接线座上，这样在更换熔管时，旋出螺帽后螺纹壳上不带电，保证了操作者的安全。

⑥更换熔体或熔管时，必须切断电源，尤其不允许带负荷操作，以免发生电弧灼伤。

（五）时间继电器

自得到动作信号起至触点动作或输出电路产生跳跃式改变有一定的延时时间，该延时时间又符合其准确度要求的继电器称为时间继电器。它广泛用于需要按时间顺序进行控制的电气控制电路中。

常用的时间继电器主要有电磁式、电动式、空气阻尼式、晶体管式等。其中，电磁式时间继电器的结构简单，价格低廉，但体积和重量较大，延时较短，只能用于直流断电延时；电动式时间继电器的延时精度高，延时可调范围大（由几分钟到几小时），但结构复杂，价格贵。目前在电力拖动线路中应用较多的是空气阻尼式时间继电器。随着电子技术的发展，近年来晶体管式时间继电器的应用日益广泛。

空气阻尼式时间继电器又称气囊式时间继电器，是利用气囊中的空气通过小孔节流的原理来获得延时动作的。根据触点延时的特点，其可分为通电延时动作型和断电延时复位型两种。

1. JS7-A 系列空气阻尼式时间继电器的型号及含义

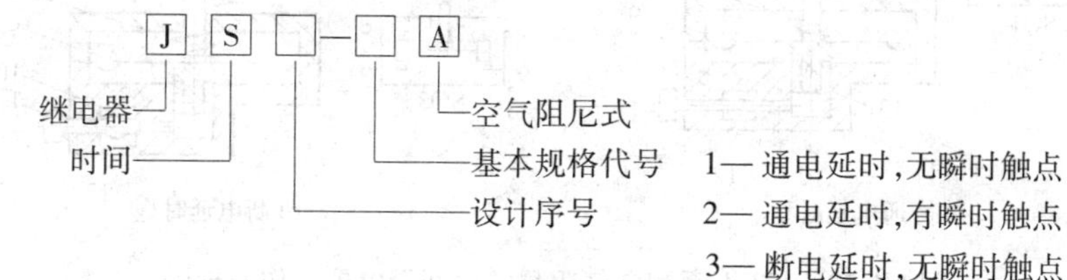

2. JS7-A 系列空气阻尼式时间继电器的结构

JS7-A 系列空气阻尼式时间继电器的外形和结构如图 2-1-21 所示，它主要由以下几部分组成。

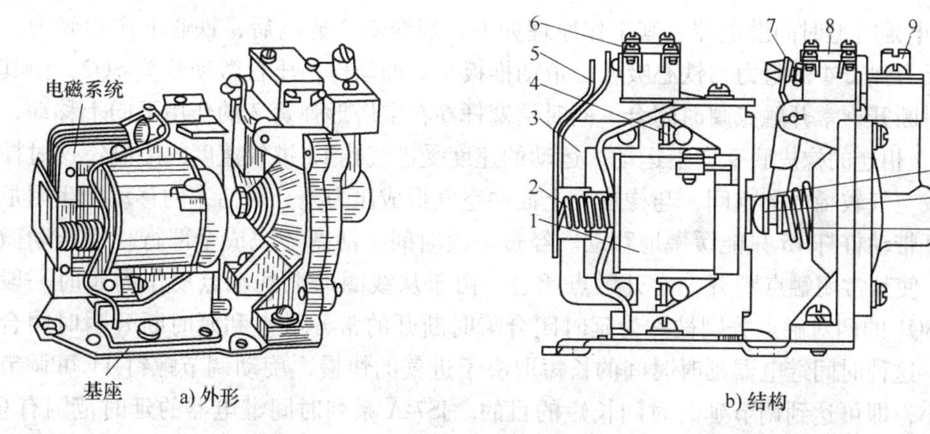

图 2-1-21　JS7-A 系列空气阻尼式时间继电器外形和结构

1—线圈　2—反力弹簧　3—衔铁　4—铁心　5—弹簧片　6—瞬时触点　7—杠杆　8—延时触点　9—调节螺钉　10—推杆　11—活塞杆　12—宝塔形弹簧

1）电磁系统，由线圈、铁心和衔铁组成。

2）触点系统，包括两对瞬时触点（一对常开、一对常闭）和两对延时触点（一对常开、一对常闭），瞬时触点和延时触点分别是两个微动开关的触点。

3）空气室，空气室为一空腔，由橡皮膜、活塞等组成。橡皮膜可随空气的增减而移动，顶部的调节螺钉可调节延时时间。

4）传动机构，由推杆、活塞杆、杠杆及各种类型的弹簧等组成。

5）基座，用金属板制成，用以固定电磁机构和气室。

3. JS7-A 系列空气阻尼式时间继电器的工作原理

JS7-A 系列空气阻尼式时间继电器的工作原理图如图 2-1-22 所示。其中图 2-1-22a 所示为通电延时型，图 2-1-22b 所示为断电延时型。

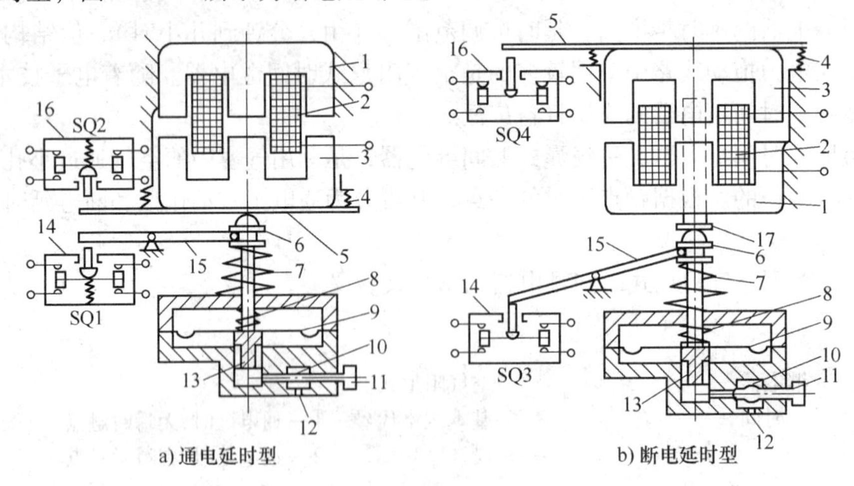

图 2-1-22　JS7-A 系列空气阻尼式时间继电器工作原理图

1—铁心　2—线圈　3—衔铁　4—反力弹簧　5—推板　6—活塞杆　7—宝塔形弹簧　8—弱弹簧　9—橡皮膜　10—螺纹　11—调节螺钉　12—进气孔　13—活塞　14、16—微动开关　15—杠杆　17—推杆

1）通电延时型时间继电器。其工作原理如下。当线圈 2 通电后，铁心 1 产生吸力，衔铁 3 克服反力弹簧 4 的阻力与铁心吸合，带动推板 5 立即动作，压合微动开关 SQ2，使其常闭触点瞬时断开，常开触点瞬时闭合。同时活塞杆 6 在宝塔形弹簧 7 的作用下向上移动，带动与活塞 13 相连的橡皮膜 9 向上运动，运动的速度受进气孔 12 进气速度的限制。这时橡皮膜下面形成空气较稀薄的空间，与橡皮膜上面的空气形成压力差，对活塞的移动产生阻尼作用。活塞杆带动杠杆 15 只能缓慢地移动。经过一段时间，活塞才完成全部行程而压动微动开关 SQ1，使其常闭触点断开，常开触点闭合。由于从线圈通电到触点动作需延时一段时间，因此 SQ1 的两对触点分别被称为延时闭合瞬时断开的常开触点和延时断开瞬时闭合的常闭触点。这种时间继电器延时时间的长短取决于进气的快慢，旋动调节螺钉 11 可调节进气孔的大小，即可达到调节延时时间长短的目的。JS7-A 系列时间继电器的延时范围有 0.4 ~60s 和 0.4 ~180s 两种。

当线圈 2 断电时，衔铁 3 在反力弹簧 4 的作用下，通过活塞杆 6 将活塞推向下端，这时橡皮膜 9 下方腔内的空气通过橡皮膜 9、弹簧 8 和活塞 13 局部所形成的单向阀迅速从橡皮膜上方的气室缝隙中排掉，使微动开关SQ1、SQ2的各对触点均瞬时复位。

2）断电延时型时间继电器。JS7-A系列断电延时型和通电延时型时间继电器的组成器件是通用的。如果将通电延时型时间继电器的电磁机构翻转180°安装即成为断电延时型时间继电器。

空气阻尼式时间继电器的优点是：延时范围较大（0.4～180s），且不受电压和频率波动的影响；可以做成通电和断电两种延时形式；结构简单、寿命长、价格低。其缺点是：延时误差大，难以精确地整定延时值，且延时值易受周围环境温度、尘埃等的影响。因此，对延时精度要求较高的场合不宜采用。时间继电器的符号如图2-1-23所示。

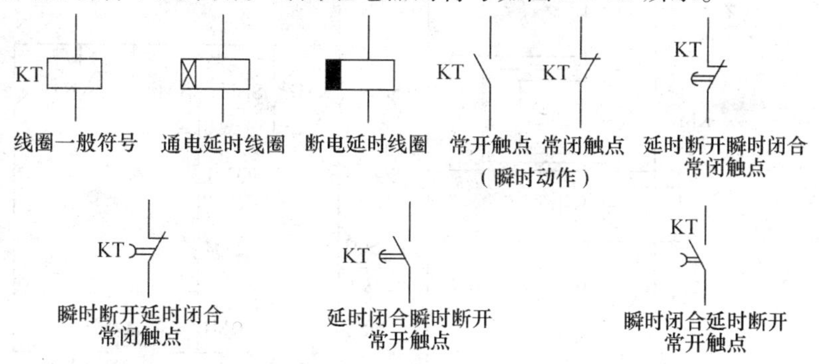

图2-1-23　时间继电器符号

4. 时间继电器的选用

1）根据系统的延时范围和精度选择时间继电器的类型和系列。在延时精度要求不高的场合，一般可选用价格较低的JS7-A系列空气阻尼式时间继电器，反之，对精度要求较高的场合，可选用晶体管式时间继电器。

2）根据控制线路的要求选择时间继电器的延时方式（通电延时或断电延时）。同时，还必须考虑线路对瞬时动作触点的要求。

3）根据控制线路电压选择时间继电器吸引线圈的电压。

5. 时间继电器的安装与使用

1）时间继电器应按说明书规定的方向安装。无论是通电延时型还是断电延时型，都必须使继电器在断电后，衔铁释放时的运动方向垂直向下，其倾斜度不得超过5°。

2）时间继电器的整定值，应预先在不通电时整定好，并在试车时校正。

3）时间继电器金属底板上的接地螺钉必须与接地线可靠连接。

4）通电延时型和断电延时型可在整定时间内自行调换。

5）使用时，应经常清除灰尘及油污，否则延时误差将更大。

四、任务实施

（一）任务要求

1. 控制要求

1）有终端限位、短路、过载等完善的保护。

2）根据图2-1-25元器件布置图，安装元器件，并完成图2-1-26接线图的连线。

3）按照任务实施步骤正确安装送料小车主电路、控制电路。

4）三相异步电动机 Y-112M-4 功率为 4kW，定额电压为 380V，接法为△联结，额定电流为 8.8A，转速为 1440r/min，按电机参数要求选择元器件，并列出元器件清单。

5）采用行线槽布线，接线端用冷压接头，接线端加编码套管，定额工时为 180min。

2. 工作原理图、元器件接线图及元器件布置图（如图 2-1-24 ~ 2-1-26 所示）

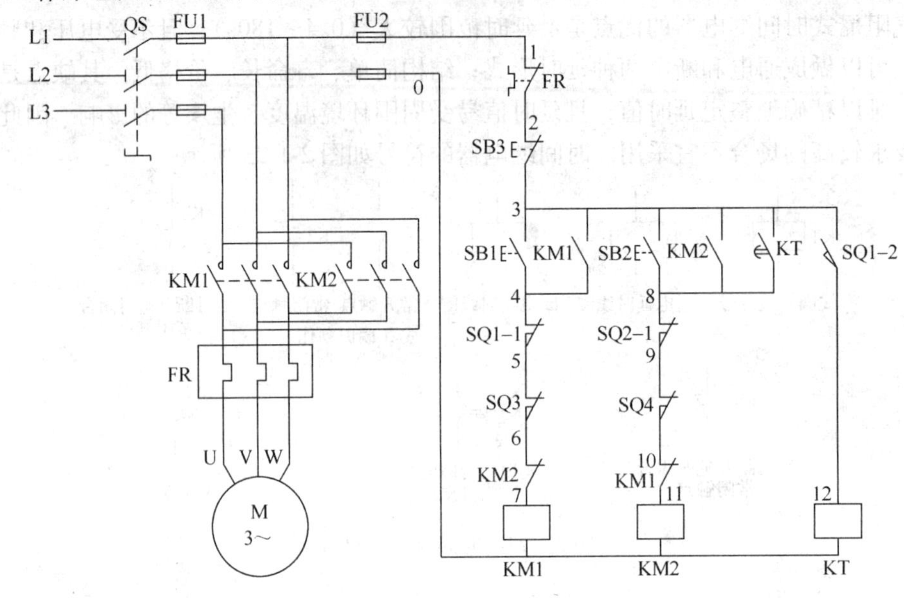

图 2-1-24　送料小车工作原理图

（二）任务控制要求分析

1. 本任务涉及的低压电器及其作用

本任务涉及的低压电器有组合开关、熔断器、按钮、交流接触器和热继电器。它们的作用如下：

1）组合开关 QS 为电源隔离开关。

2）熔断器 FU1、FU2 分别为主电路、控制电路的短路保护。

3）停止按钮 SB3 控制接触器 KM1、KM2 的线圈失电；起动按钮 SB1 控制接触器 KM1 的线圈得电；按钮 SB2 控制接触器 KM2 的线圈得电。

4）接触器 KM1、KM2 的主触点控制电动机 M 正反向的运行。

6）延时继电器 KT：延时闭合。

7）热继电器：对电动机进行过载保护。

8）SQ1 ~ SQ4 位置开关：控制电动机自动往返运行。

FU2	FU1	QS
KM1	KM2	KT
SQ1 SQ4	SQ2 SQ3	SB1 SB2 SB3
FR		
XT		

图 2-1-25　元器件布置图

2. 控制线路工作过程

为了使电动机的正反转控制与送料小车的左右运动相配合，在控制线路中设置了四个位置开关 SQ1、SQ2、SQ3 和 SQ4，并把它们安装在送料小车装料和卸料两个需限位的地方。其中 SQ1、SQ2 被用来自动换接电动机正反转控制电路，实现运料小车的自动往返行程控制；SQ3、SQ4 被用来作终端保护，以防止 SQ1、SQ2 失灵，运料小车越过限定位置而造成事故。当运料小车运动到所限位置时，小车压下位置开关，使其触点动作，自动换接电动机正反转控制电路，通过电动机正反转实现运料小车的自动往返运动。

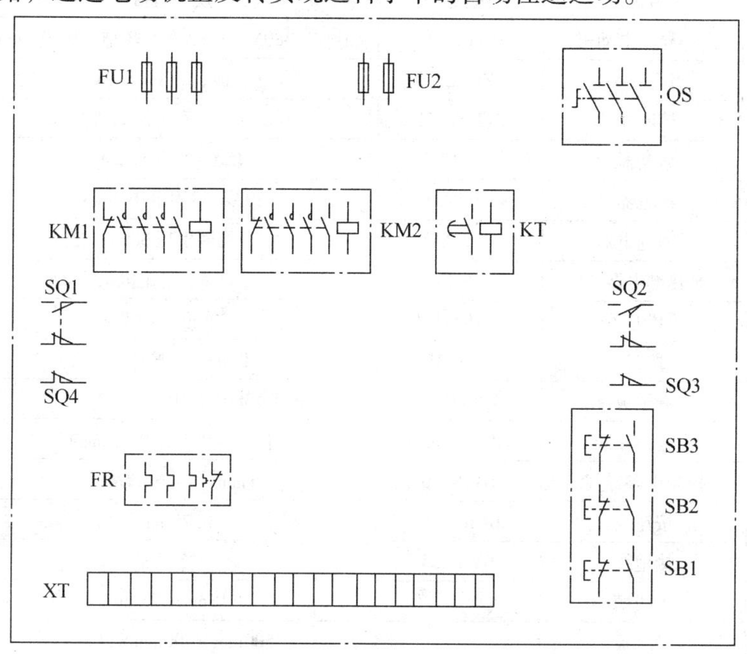

图 2-1-26　元器件接线图

线路的工作原理如下：先合上开关 QS。按下 SB1，KM1 线圈得电，KM1 自锁触点闭合自锁，KM1 主触点闭合，同时 KM1 联锁触点分断对 KM2 联锁，电动机 M 起动连续正转，运料小车向右运动，移至限定位置时，运料小车压下位置开关 SQ1，SQ1-1 常闭触点先分断，KM1 线圈失电，KM1 自锁触点分断解除自锁，KM1 主触点分断，KM1 联锁触点恢复闭合解除联锁，电动机 M 失电停转，运料小车停止右移，同时 SQ1-2 后闭合，使时间继电器 KT 线圈得电，运料小车开始卸料，KT 通电延时常开触点经过一段延时闭合，KM2 线圈得电，使 KM2 自锁触点闭合自锁，KM2 主触点闭合，同时 KM2 联锁触点分断对 KM1 的联锁，电动机 M 起动连续反转，运料小车左移（SQ1 触点复位），移至限定位置时，运料小车压下位置开关 SQ2，SQ2-1 分断，KM2 线圈失电，KM2 自锁触点分断解除自锁，KM2 主触点分断，KM2 联锁触点恢复闭合解除联锁，电动机 M 失电停转，运料小车停止，运料小车在出发点重新开始装料，装料完毕，重新按下 SB2 起动按钮小车继续自动运料。

本任务 SB1、SB2 分别作为正转起动按钮和反转起动按钮，若起动时运料小车在左端，则应按下 SB1 进行起动。

（三）任务准备

1. 工具、仪表及器材

（1）工具　测电笔、螺钉旋具、尖嘴钳、斜口钳、剥线钳和电工刀等。

（2）仪表　5050 型绝缘电阻表、T301—A 型钳形电流表、MF47 型万用表。

（3）器材　各种规格的紧固体、针形及叉形轧头、金属软管和编码套管等。

2. 元器件明细表（见表 2-1-1）

表 2-1-1　元器件明细表

代号	名称	型号	规　格	数量
M	三相异步电动机	Y112M-4	4kW、380V、8.8A、△联结、1440r/min	1
QS	组合开关	HZL0-25/3	三极、25A、380V	1
FU1	熔断器	RLL-60/25	60A、配熔体 25A	3
FU2	熔断器	RLL-15/2	15A、配熔体 2A	2
KM1、KM2	接触器	CJL0-20	20A、线圈电压 380V	2
KT	时间继电器	JS7-2A	线圈电压 380V	1
FR	热继电器	JRL6-20/3	三极、20A、整定电流 8.8A	1
SQ1 ~ SQ4	位置开关	JLXKL-111	单轮旋转式	4
SB1 ~ SB3	按钮	LAL0-3H	保护式、按钮数 3	1
XT	端子板	JDO-1020	380V、10A、20 节	1
	主电路导线	BVR-1.5	$1.5mm^2$（7 × 0.52mm）	若干
	控制电路导线	BVR-1.0	$1mm^2$（7 × 0.43mm）	若干
	按钮线	BVR-0.75	$0.75\ mm^2$	若干
	接地线	BVR-1.5	$1.5\ mm^2$	若干
	走线槽		18mm × 25mm	若干
	控制板		500mm × 400mm × 20mm	1

（四）任务实施步骤

1）完成图 2-1-26 接线图的连线。

2）按表 2-1-1 配齐所用元器件，并检验元器件质量。

3）在控制板上按图 2-1-25 安装走线槽和所有元器件，并贴上醒目的文字符号。安装走线槽时，应做到横平竖直、排列整齐匀称、安装牢固和便于走线等。

4）按图 2-1-24 所示的工作原理图进行板前线槽配线，并在导线端部套编码套管和冷压接线头。板前线槽配线的具体工艺要求是：

①布线时，严禁损伤线芯和导线绝缘。

②各元器件接线端子引出导线的走向，以元器件的水平中心线为界线。在水平中心线以上接线端子引出的导线，必须进入元器件上面的走线槽；在水平中心线以下接线端子引出的导线，必须进入元器件下面的走线槽。任何导线都不允许从水平方向进入走线槽内。

③各元器件接线端子上引出或引入的导线，除间距很小和器件机械强度很差允许直接架空敷设外，其他导线必须经过走线槽进行连接。

④进入走线槽内的导线要完全置于走线槽内，并应尽可能避免交叉，装线不要超过其容量的 70%，以便于能盖上线槽盖和以后的装配及维修。

⑤各元器件与走线槽之间的外露导线，应走线合理，并尽可能做到横平竖直，变换走向要垂直。同一个器件上位置一致的端子和同型号元器件中位置一致的端子上引出或引入的导

线，要敷设在同一平面上，并应做到高低一致或前后一致，不得交叉。

⑥所有接线端子、导线线头上都应套有与电路图上相应接点线号一致的编码套管，并按线号进行连接，连接必须牢靠，不得松动。

⑦在任何情况下，接线端子必须与导线截面积和材料性质相适应。当接线端子不适合连接软线或较小截面积的软线时，可以在导线端头穿上针形或叉形轧头并压紧。

⑧一般一个接线端子只能连接一根导线，如果采用专门设计的端子，可以连接两根或多根导线，但导线的连接方式，必须是公认的、在工艺上成熟的各种方式，如夹紧、压接、焊接、绕接等，并应严格按照连接工艺的工序要求进行。

5）根据电路图检验控制板内部布线的正确性。

6）安装电动机。

7）可靠连接电动机和各元器件金属外壳的保护接地线。

8）连接电源、电动机等控制板外部的导线。

9）自检。

①主电路接线检查。按电路图或接线图从电源端开始，逐段核对接线有无漏接、错接之处，检查导线接点是否符合要求，压接是否牢固，以免带负载运行时产生闪弧现象。

②控制电路接线检查。用万用表电阻档检查控制电路接线情况。

10）检查无误后通电试车。为保证人身安全，在通电试车时，要认真执行安全操作规程的有关规定，须经老师检查并现场监护。

接通三相电源 L1、L2、L3，合上电源开关 QS，用电笔检查熔断器出线端，氖管亮说明电源接通。分别按下 SB2→SB1 和 SB3→SB1，观察是否符合线路功能要求，观察电器动作是否灵活，有无卡阻及噪声过大现象，观察电动机运行是否正常。若有异常，立即停车检查。

五、任务检查与评定

任务内容及配分	要　求	扣分标准	得分
元器件的检查(15分)	电动机质量检查及元器件漏检或错检	每错一项扣2分	
	完整地填写元器件明细表		
线路敷设(25分)	按图接线，接线正确	不按要求接线扣25分	
	槽内外走线整齐、美观、不交叉	主电路、控制电路每接错一根分别扣4分、2分	
	导线连接牢靠，没有虚接，没有露铜过长或端子压绝缘层	每个接点露铜过长或端子压绝缘层扣1分	
	编码套管安装正确，醒目	安装错一处扣2分	
	电动机外壳安装接地线	没接扣10分	
线路检查(10分)	在断电的情况下会用万用表检查线路	没有检查扣10分	
	通电前测量线路的绝缘电阻		
保护的整定(10分)	正确整定热继电器的整定值	不会整定扣5分	
	正确地选配熔体	选错熔体扣5分	

（续）

任务内容及配分	要　求	扣分标准	得分
通电试车(20分)	试车一次成功	一次不成功扣20分	
安全文明操作(10分)	正确使用工具，执行安全操作规定	每违反一次规定扣10分	
定额时间(10分)	180min	每超过10min扣5分	
备注	每项最高扣分不超过该项的配分	成绩	

【相关知识】

（一）接触器控制的三相异步电动机正反转

（1）不带联锁的三相异步电动机的正反转　三相异步电动机的正反转运行需通过改变通入电动机定子绕组的三相电源相序，即把三相电源中的任意两相对调接线时，电动机就可以反转了。三相异步电动机正反转的电路原理图如图2-1-27所示，图中，PE英文全称为“Protecting Earthing”，中文名称为“保护导体”，PE线也就是我们通常所说的“地线”，我国规定PE线为绿-黄双色线。

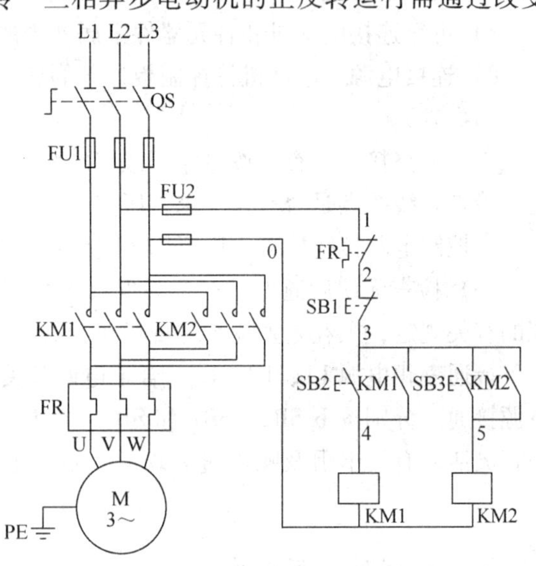

图2-1-27　三相异步电动机正反转的电路原理图

图2-1-27中KM1为正转接触器，KM2为反转接触器，它们分别由SB2和SB3控制。从主电路中可以看出，这两个接触器的主触点所接通电源的相序不同，KM1按U—V—W相序接线，KM2则按W—V—U相序接线。相应的控制线路有两条，分别控制两个接触器的线圈。

电路工作过程为：先合电源开关QS。

1）正转控制。

正转起动：按下SB2 → KM1线圈得电 → KM1主触点闭合 / 常开辅助触点KM1闭合 → 电动机正转

2）反转控制。

先停止：按下SB1 → KM1线圈得电 → KM1主触点断开 / 常开辅助触点KM1断开 → 电动机停止

再反转起动：按下SB3 → KM2线圈得电 → KM2主触点闭合 / 常开辅助触点KM2闭合 → 电动机反转

接触器控制正反转电路切换操作不便，必须保证在切换电动机运行方向之前要先按下停止按钮，然后再按下相应的起动按钮，否则将会发生主电源短路的故障，为克服这一不足，提高电路的安全性，需采用联锁控制。

（2）具有联锁控制的正反转电路　联锁控制就是在同一时间里两个接触器只允许一个工作的控制方式，也称为互锁控制。实现联锁控制的常用方法有接触器联锁、按钮联锁和复合联锁控制等。具有联锁控制的正反转电路原理图如图 2-1-28 所示，联锁控制的特点是将本身控制支路器件的常闭触点串联到对方的控制电路支路中。

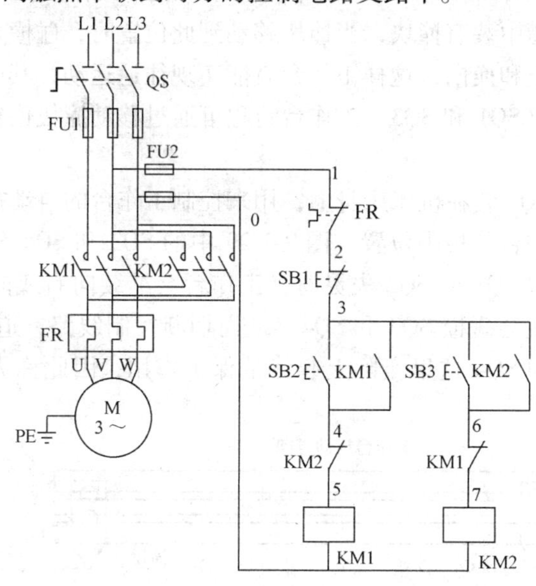

图 2-1-28　具有联锁控制的正反转电路原理图

电路的工作原理如下：首先合上开关 QS。

1）正转控制。

起动：按 SB1→KM1 线圈得电
- KM1 常闭触点打开→使 KM2 线圈无法得电（联锁）
- KM1 主触点闭合→电动机 M 通电起动正转
- KM1 常开触点闭合→自锁

停止：按 SB3→KM1 线圈失电
- KM1 常闭触点闭合→解除对 KM2 的联锁
- KM1 主触点打开→电动机 M 停止正转
- KM1 常开触点打开→解除自锁

2）反转控制。

起动：按 SB2→KM2 线圈得电
- KM2 常闭触点打开→使 KM1 线圈无法得电（联锁）
- KM2 主触点闭合→电动机 M 通电起动反转
- KM2 常开触点闭合→自锁

停止：按 SB3→KM2 线圈失电
- KM2 常闭触点闭合→解除对 KM1 的联锁
- KM2 主触点打开→电动机 M 停止反转
- KM2 常开触点打开→解除自锁

由此可见，通过 SB1、SB2 控制 KM1、KM2 动作，改变接入电动机的交流电的三相顺序，就改变了电动机的旋转方向。

（二）工作台自动往返

工农业生产中，有很多的机械设备都是需要往复运动的。例如：在铣床加工中，工作台的左右运动、前后和上下运动，这些运动都需要通过电气控制电路对电动机实现自动正反转控制来实现。

1. 限位控制线路

限位控制线路如图 2-1-29 所示。图中 SQ 为行程开关，又称限位开关，它装在预定的位置上，在工作台的梯形槽中装有撞块，当撞块移动到此位置时，碰撞行程开关，使其常闭触点断开，能使工作台停止和换向，这样工作台就能实现往返运动，其中撞块 1 只能碰撞 SQ2 和 SQ4，撞块 2 只能碰撞 SQ1 和 SQ3，工作台行程可通过移动撞块位置来调节，以适应加工不同的工件。

图 2-1-29 中 SQ1、SQ2 装在机床床身上，用来控制工作台的自动往返，SQ3 和 SQ4 用来做终端保护，即限制工作台的极限位置。图 2-1-29 中的 SQ3 和 SQ4 分别安装在向右或向左的某个极限位置上，如果 SQ1 或 SQ2 失灵时，工作台会继续向右或向左运动，当工作台运行到极限位置时，撞块就会碰撞 SQ3 和 SQ4，从而切断控制线路，迫使电动机 M 停转，工作台就停止移动，SQ3 和 SQ4 这里实际上起终端保护作用，因此称为终端保护开关，简称终端开关。

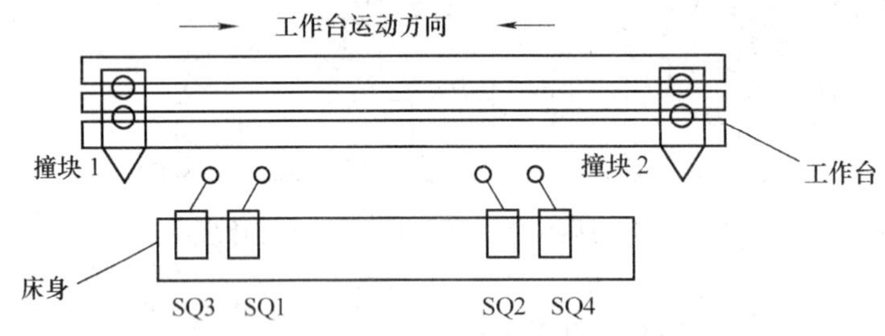

图 2-1-29 限位控制线路

2. 设计电路原理图

工作台自动往返电路原理图如图 2-1-30 所示。

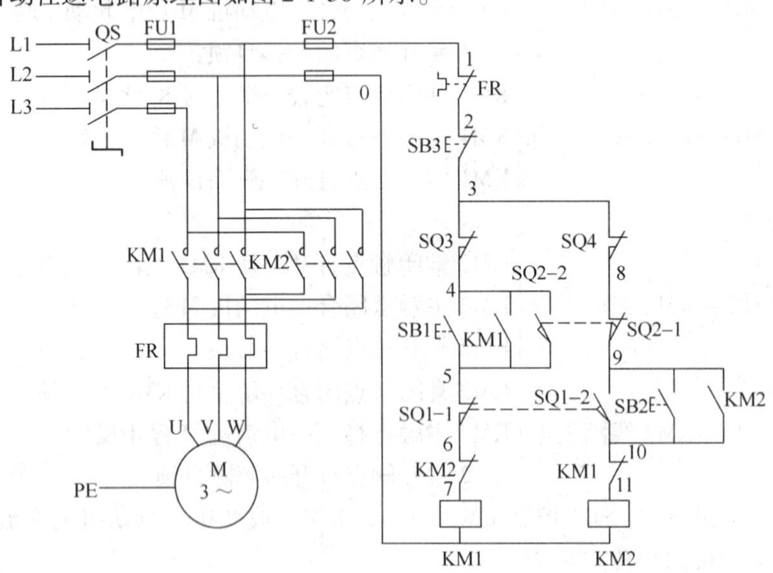

图 2-1-30 工作台自动往返电路原理图

3. 工作原理分析

线路工作原理如下：先合上开关 QS，按下 SB1，KM1 线圈得电，KM1 自锁触点闭合自锁，KM1 主触点闭合，同时 KM1 联锁触点分断对 KM2 联锁，电动机 M 起动连续正转，工作台向左运动，移至限定位置时，撞块 1 碰撞位置开关 SQ1，SQ1-1 常闭触点先分断，KM1 线圈失电，KM1 自锁触点分断解除自锁，KM1 主触点分断，KM1 联锁触点恢复闭合解除联锁，电动机 M 失电停转，工作台停止左移，同时 SQ1-2 后闭合，使 KM2 自锁触点闭合自锁，KM2 主触点闭合，同时 KM2 联锁触点分断对 KM1 联锁，电动机 M 起动连续反转，工作台右移（SQ1 触点复位），移至限定位置时，撞块 2 碰撞位置开关 SQ2，SQ2-1 先分断，KM2 线圈失电，KM2 自锁触点分断解除自锁，KM2 主触点分断，KM2 联锁触点恢复闭合解除联锁，电动机 M 失电停转，工作台停止左移，同时 SQ2-2 后闭合，使 KM1 自锁触点闭合自锁，KM1 主触点闭合，同时 KM1 联锁触点分断对 KM2 联锁。电动机 M 起动连续正转，工作台向左运动，以此循环动作使机床工作台实现自动往返动作。

（三）运料小车自动往返两边延时 5s 的控制电路

一台运料小车能自动往返于 A、B 两地，当小车运行到达行程的两端时，稍停留 5s，再自行返回。该控制电路的电气控制原理分析如下。

1）该电路的原理图如图 2-1-31 所示，它是在自动往返控制电路的基础上，增加了时间控制，故在电路中使用时间继电器 KT 来进行时间控制，因行程的两个终端停留的时间都是 5s，可以只用一个时间继电器来实现延时控制。

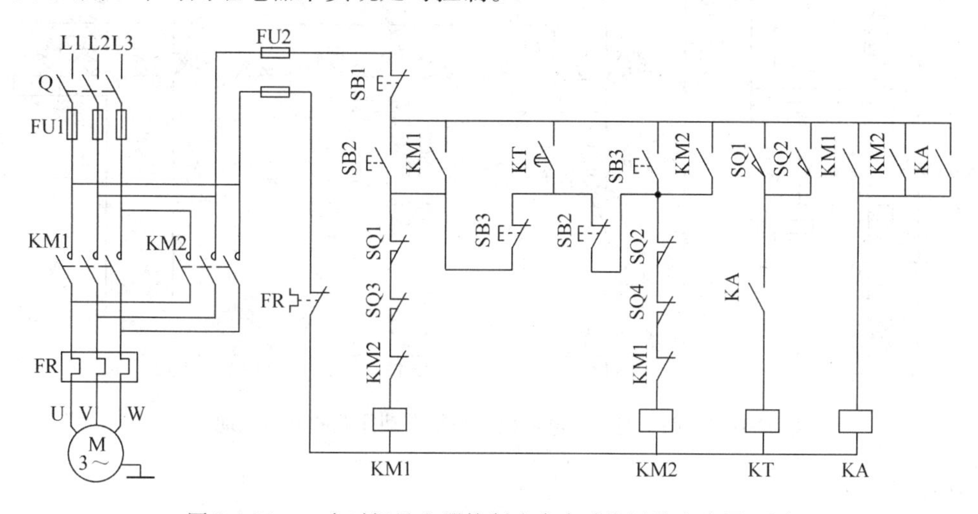

图 2-1-31　一个时间继电器控制小车自动往返的电路原理图

2）电路中用了一个中间继电器 KA，KA 在电路中起到失电压保护作用，如果没有中间继电器 KA，当送料小车运行到 A 或 B 点时，小车会压合行程开关 SQ1 或 SQ2，若电路突然停电后，当电路再次送电时，送料小车会因行程开关 SQ1 或 SQ2 被压，常开触点闭合，接触器 KM1 或 KM2 线圈得电，电动机会自行起动而造成事故。

3）SB1、SB2 是起动按钮，它们的常闭触点在线路中起互锁作用，因为时间继电器的延时常开触点只有一对，在电动机正反转时，两条控制支路都要共用延时常开触点 KT，所以用 SB1、SB2 常闭触点进行互锁保护，防止在起动时两个接触器同时得电而造成主电路短路事故。

4）SQ1、SQ2 在电路中经常被小车碰压，是工作行程开关，SQ3、SQ4 是小车在两终点的限位保护开关，防止 SQ1、SQ2 失灵后，小车会冲出预定的轨迹而出事故。

电路工作原理：合上电源开关 Q，按下起动按钮 SB2，接触器 KM1 得电，电动机正转，小车由 A 地出发驶向 B 地，同时 KM1 的辅助常开触点闭合，中间继电器 KA 得电并自锁，KA 的常开触点闭合。当小车到达 B 地时，碰压行程开关 SQ1，SQ1 常闭触点断开，KM1 失电，电动机停转，小车停止前进。SQ1 常开触点闭合，时间继电器 KT 得电开始计时，5s 后，时间继电器延时常开触点闭合，接触器 KM2 得电（KM1 因 SQ1 仍被压，其常闭点是断开的而不能得电），电动机反转，小车后退向 A 地驶去，SQ1 复位，时间断电器 KT 失电，延时常开触点复位断开。当小车回到 A 地碰压行程开关 SQ2 时，SQ2 常闭触点断开，KM2 失电，电动机停转，小车停止后退。SQ2 常开触点闭合，5s 后，时间继电器延时常开触点闭合，接触器 KM1 得电（KM2 因 SQ2 仍被压，其常闭点是断开的而不能得电），电动机又正转，小车又开始前进，SQ2 复位，时间继电器 KT 失电，延时常开触点复位断开，如此往复循环。

当然，如果自动往返小车在两终端停留的时间不相同时，就需要用两个时间继电器来控制。其电路原理图如图 2-1-32 所示。

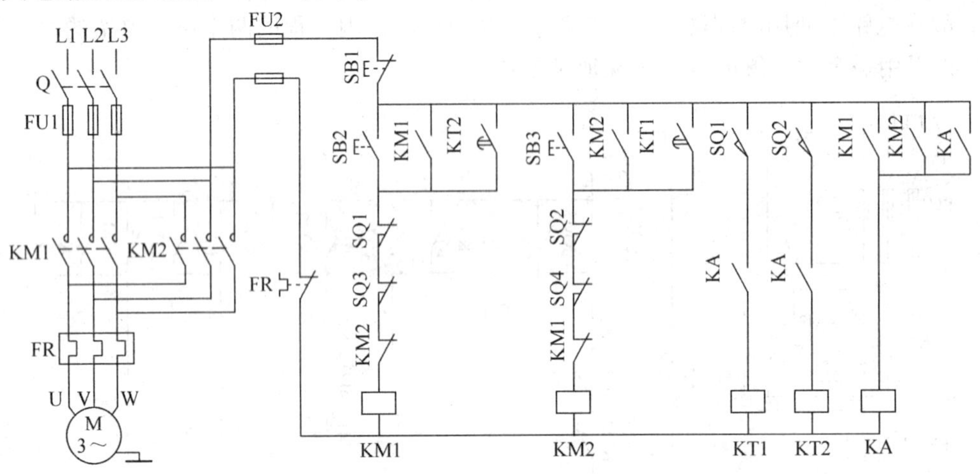

图 2-1-32 两个时间继电器控制小车自动往返的电路原理图

【任务小结】

本任务主要介绍了送料小车自动往返的基本控制环节。通过该任务引出了常用的低压电器控制器件：按钮、开关、接触器、热继电器、熔断器和时间继电器等，并介绍了这些低压电器的结构、工作原理、常用型号、符号及低压电器的选择；同时根据任务设计的需求，介绍了工作台自动往返、正反转控制电路等，这些电路是在实际当中经过验证的电路。

该任务为中级维修电工应会单元，其要求能根据提出的电气控制要求正确绘出电路图，按所设计的电路图，提出主要材料清单，熟练完成继电器-接触式基本控制电路的安装与调试。

【习题及思考题】

1. 电路中 FU、KM、KT、FR 和 SB 分别是什么元器件的文字符号？
2. 什么是互锁（联锁）？什么是自锁？试举例说明各自的作用。
3. 低压电器的电磁机构由哪几部分组成？

4. 熔断器有哪几种类型？试举例写出各种熔断器的型号。它在电路的作用是什么？
5. 熔断器主要参数有哪些？熔断器的额定电流与熔体的额定电流是不是一回事？
6. 熔断器与热继电器用于保护交流三相异步电动机时，能不能互相取代？为什么？
7. 交流接触器主要由哪几部分组成？并简述其工作原理。
8. 试说明热继电器的工作原理和优缺点。
9. 试设计一个控制一台电动机的电路，要求：①可正反转；②正反向点动，两处起停控制；③具有短路和过载保护。

任务二　三相异步电动机Y-△减压起动的控制电路的安装与调试

能力目标：

1. 学会正确安装定子绕组串接电阻减压起动控制电路。
2. 学会正确安装与检修Y-△减压起动控制线路。

知识目标：

1. 掌握定子绕组串接电阻减压起动控制电路的工作原理。
2. 掌握Y-△减压起动控制电路工作原理。

一、任务引入

各种控制线路在起动时加在电动机定子绕组上的电压都为电动机的额定电压，属于全压起动，也叫直接起动。直接起动的优点是电气设备少，线路简单，维修量较小。但直接起动时的起动电流较大，一般为额定电流的4～7倍，所以在电源变压器容量不够大而电动机功率较大的情况下，直接起动将导致电源变压器输出电压下降，不仅减小电动机本身的起动转矩，而且会影响同一供电线路中其他电气设备的正常工作。因此，较大容量的电动机起动时需要采用减压起动。

二、任务分析

减压起动是指利用起动设备将电压适当降低后，加到电动机的定子绕组上进行起动，待电动机起动运转后，再使其电压恢复到额定电压正常运转。由于电流随电压的降低而减小，所以减压起动能够达到减小起动电流的目的。由于电动机转矩与电压的二次方成正比，所以减压起动也将导致电动机的起动转矩大为降低。因此，减压起动需要在空载或轻载下起动。

常见的减压起动方法有以下几种：定子绕组串接电阻减压起动、自耦变压器减压起动、Y-△减压起动等。

三、必备知识

（一）Y-△减压起动控制电路

我们知道，定子绕组接成Y时，由于电动机每相绕组额定电压只为△联结的$1/\sqrt{3}$，电流和电磁转矩为△联结的1/3。因此，对于△联结运行的电动机，在电动机起动时，先将定子绕组联结成Y，实现了减压起动，减小了起动电流，当起动即将完成时再换联结成△，各相绕组承受额定电压工作，电动机进入正常运行，故这种减压起动方法称为Y-△减压起动。

图2-2-1为Y-△减压起动控制电路，图中主电路由三组接触器主触点分别将电动机的定子绕组联结成△和Y，即KM1、KM3主触点闭合时，绕组联结成Y，KM1、KM2主触点闭合时，接为△，两种接线方式的切换要在很短的时间内完成，在控制电路中采用时间继电器实现定时自动切换。

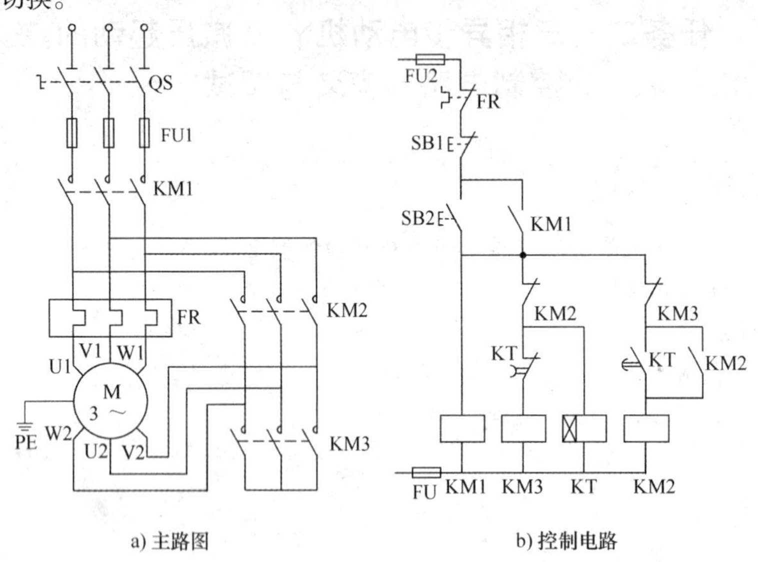

a) 主路图　　b) 控制电路

图2-2-1　为Y-△减压起动控制电路

控制线路工作过程如下：合上QS。

1. Y减压起动△运行

→KM2线圈通电吸合 { KM2 自锁触点闭合；KM2 主触点闭合；KM1 主触点已闭合；KM2 联锁触点断开 } 定子绕组联结成△，电动机全压运行

2. 停止

按下SB1→控制电路断电→KM1、KM2、KM3线圈断电释放→电动机M断电停车。

用Y-△减压起动时，由于起动转矩降低很多，只适用于轻载或空载下起动的设备上。此法最大的优点是所需设备较少，价格低，因而获得较广泛的采用。由于此法只能用于正常运行时为三角形联结的电动机上，因此我国生产的 J02 系列、Y 系列、Y2 系列三相笼型异步电动机，凡功率在 4kW 及以上者，正常运行时都采用三角形联结。

（二）定子绕组串接电阻减压起动控制电路

图 2-2-2 是定子绕组串接电阻减压起动控制电路，电动机起动时在三相定子电路中串接电阻，使电动机定子绕组电压降低，起动后再将电阻短路，电动机仍然在正常电压下运行，这种起动方式由于不受电动机接线形式的限制，设备简单，因而在中小型机床中也有应用，机床中也常用这种串接电阻的方法限制点动调整时的起动电流。

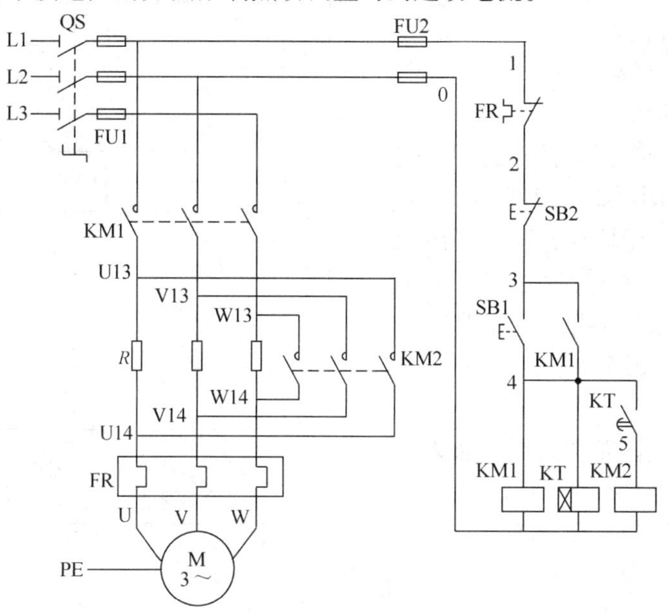

图 2-2-2　定子绕组串接电阻减压起动控制电路

线路的工作原理如下：

按下 SB1 ┤
- KM1 线圈得电→ ┤ KM1 自锁触点闭合自锁→电动机 M 串接电阻 *R* 减压起动；KM1 主触点闭合
- KT 线圈得电 —(至转速上升一定值时，KT 延时结束)→ KT 常开触点闭合→ KM2 线圈得电→KM2 主触点闭合→*R* 被短接→电动机 M 全压运转

若要停止，按下 SB2 即可。

由以上分析可见，当电动机 M 全压正常运转时，接触器 KM1 和 KM2、时间继电器 KT 的线圈均需长时间通电，从而使能耗增加，电器寿命缩短。为此，可以对图 2-2-2 所示控制电路进行改进，KM2 的三对主触点不直接并接在起动电阻 *R* 两端，而是把接触器 KM1 的主触点也并接进去，这样接触器 KM1 和时间继电器 KT 只用于短时间的减压起动，待电动机全压运转后就全部从线路中切除，从而延长了接触器 KM1 和时间继电器 KT 的使用寿命，节省了电能，提高了电路的可靠性（读者可自行设计控制电路）。

定子绕组串接电阻减压起动电路中的起动电阻一般采用由电阻丝绕制的板式电阻或铸铁电阻，电阻功率大，能够通过较大电流，但功耗较大，为了降低能耗可采用电抗器代替电阻。

四、任务实施

（一）任务要求

1. 控制要求

有一台皮带运输机，由一台电动机拖动，电动机功率为7.5kW，额定电压为380V，采用△联结，额定转速为1440r/min，按如下控制要求完成其控制电路的设计与安装。

1）系统起动平稳且起动电流应较小，以减小对电网的冲击。

2）有短路、过载、失电压和欠电压保护。

3）根据图2-2-3元器件布置图，安装元器件，并完成图2-2-4接线图的连线，按电动机参数选择元器件，同时列出元器件清单。

4）采用行线槽布线，接线端用冷压接头，接线端加编码套管，定额工时为180min。

2. 元器件布置图及接线图（如图2-2-3和图2-2-4所示）

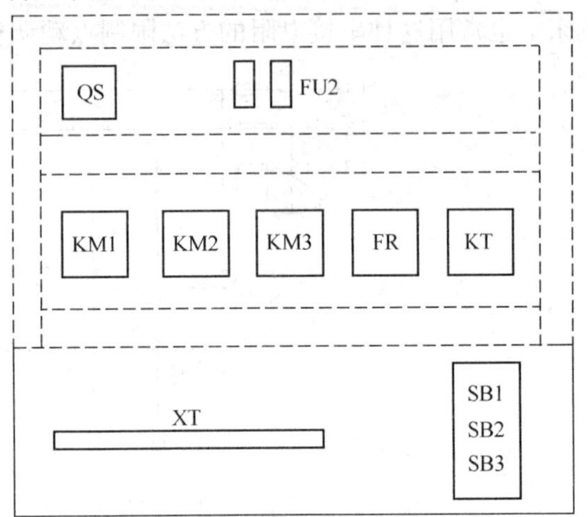

图2-2-3 元器件布置图

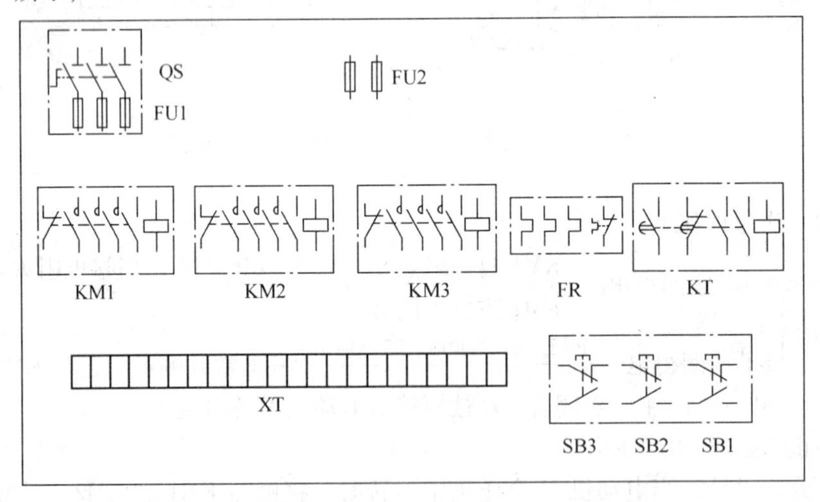

图2-2-4 元器件接线图

（二）任务控制要求分析

1. 起动方案的确定

生产机械所用电动机功率为7.5kW，采用△联结，因此在综合考虑性价比的情况下，选用Y-△减压起动方法实现平稳起动。起动时间由时间继电器设定。

2. 电路保护的设置

根据控制要求，过载保护采用热继电器实现，短路保护采用熔断器实现，因采用接触器控制，所以具有欠电压和失电压保护功能。

3. 电路控制流程

根据Y-△减压起动指导思想，设计本任务的控制流程如图 2-2-5 所示。

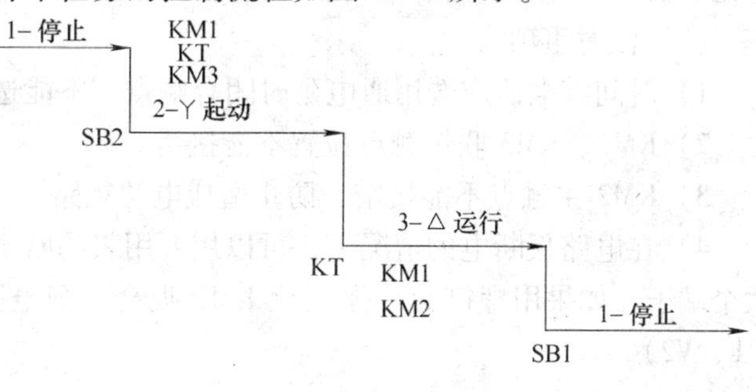

图 2-2-5　Y-△减压起动控制流程图

（三）任务准备

1. 工具、仪表及器材

（1）工具　测电笔、螺钉旋具、尖嘴钳、斜口钳、剥线钳、电工刀和校验灯等。

（2）仪表　5050 型绝缘电阻表、T301-A 型钳形电流表、MF47 型万用表。

（3）器材　控制板一块，主电路导线、辅助电路导线、按钮导线、接地导线、走线槽若干，各种规格的紧固体、针形及叉形轧头、金属软管、编码套管等，其数量按需要而定。

2. 元器件明细表（见表 2-2-1）

表 2-2-1　元器件明细表

代号	名称	型号	规　格	数量
M	三相异步电动机	Y132S-4	7.5kW、380V、15A、△联结、1440r/min $I_N/I_{st}=1/7$	1
QS	组合开关	HZL0-25/3	三极、25A	1
FU1	熔断器	RL1-60/5	500V、60A、配熔体 25A	3
FU2	熔断器	RL1-15/2	500V、15A、配熔体 2A	2
KM1 ~ KM3	交流接触器	CJL0-20	20A、线圈电压 380V	3
KT	时间继电器	JS7-2A	线圈电压 380V	1
FR	热继电器	JRL6-20/3	三极、20A、整定电流 11.6A	1
SB1、SB2、SB3	按钮	LAL0-3H	保护式、3 联按钮	1
XT	端子板	JX2-1015	380V、10A、15 节	1

（四）任务实施步骤

（1）准备元器件　按表 2-2-1 配齐所用元器件，并检验元器件质量。

（2）固定元器件　将元器件固定在控制板上，要求元器件安装牢固，并符合工艺要求。元器件布置图如图 2-2-3 所示，按钮 SB 可安装在控制板外。

（3）安装主电路　根据电动机容量选择主电路导线，根据图 2-2-1 原理图在图 2-2-4 上画出主电路接线图，并按接线图接好主电路。

（4）安装控制电路　根据电动机容量选择控制电路导线，根据图 2-2-1 原理图在图 2-2-4 上画出控制电路接线图，并按接线图接好控制电路。

（5）自检　检查主电路和控制电路的连接情况。

（6）检查无误后通电试车　为保证人身安全，在通电试车时，要认真执行安全操作规程的有关规定，须经老师检查并现场监护。

接通三相电源 L1、L2、L3，合上电源开关 QS，用电笔检查熔断器出线端，氖管亮说明电源接通。分别按下 SB2 和 SB1，观察是否符合线路功能要求，观察接触器动作是否灵活，有无卡阻及噪声过大现象，观察电动机运行是否正常。若有异常，立即停车检查。

（7）注意事项

1）时间继电器应选用通电延时闭合触点，不能选成断电延时。

2）KM2、KM3 联锁触点位置不能接错。

3）KM2 主触点不能接错，防止造成电源短路。

4）在电路板断电的情况下，可以用万用表的欧姆档测量 U1、V1、W1 和 U2、V2、W2 六个端子，如果用螺钉旋具强制让 KM2 吸合，则电阻为零的是一组（U1、W2，V1、U2，W1、V2）。

五、任务检查与评定

任务内容及配分	要　求	扣分标准	得分
元器件的检查（10 分）	检查和测试元器件的方法要正确	每错一项扣 1 分	
	完整地填写元器件明细表		
线路敷设（20 分）	按图接线，接线正确	一处不合格扣 2 分	
	槽内外走线整齐、美观、不交叉		
	导线连接牢靠，没有虚接		
	号码管安装正确、醒目		
	电动机外壳安装了接地线		
线路检查（10 分）	在断电的情况下会用万用表检查线路	没有检查扣 10 分	
	通电前测量线路的绝缘电阻		
保护的整定（10 分）	正确整定热继电器的整定值	不会整定扣 5 分	
	正确地选配熔体	选错熔体扣 5 分	
时间的整定（10 分）	动作延时（10 ±10%）s	每超过 10% 扣 5 分	
通电试车（20 分）	试车一次成功	一次不成功扣 20 分	
安全文明操作（10 分）	正确使用工具，执行安全操作规定	每违反一次扣 10 分	
定额时间（10 分）	180min	每超过 10min 扣 5 分	
备注		成绩	

【相关知识】

（一）三相异步电动机正反转Y-△减压起动控制电路

三相异步电动机正反转Y-△减压起动控制电路，是先将电动机的正反转与Y-△减压起动进行结合，再考虑起动时相互间的联系，最后完善电路即可。其原理图如图 2-2-6 所示，工作原理：合上电源开关 Q，按下正向起动按钮 SB2，正向接触器 KM1 得电并自锁，接通主电路电源，辅助常开触点闭合使时间继电器 KT、接触器 KM3 得电，KM3 主触点闭合，电动机 M 三相绕组联结成星形开始起动。经过 3 ~ 5s，时间继电器延时常闭触点 KT 断开，电动机三相绕组的星点断开；时间继电器延时常开触点闭合，接触器 KM4 得电自锁，将电动机三相绕组联结成三角形运行。KM4 常闭触点断开使时间断电器 KT 失电。

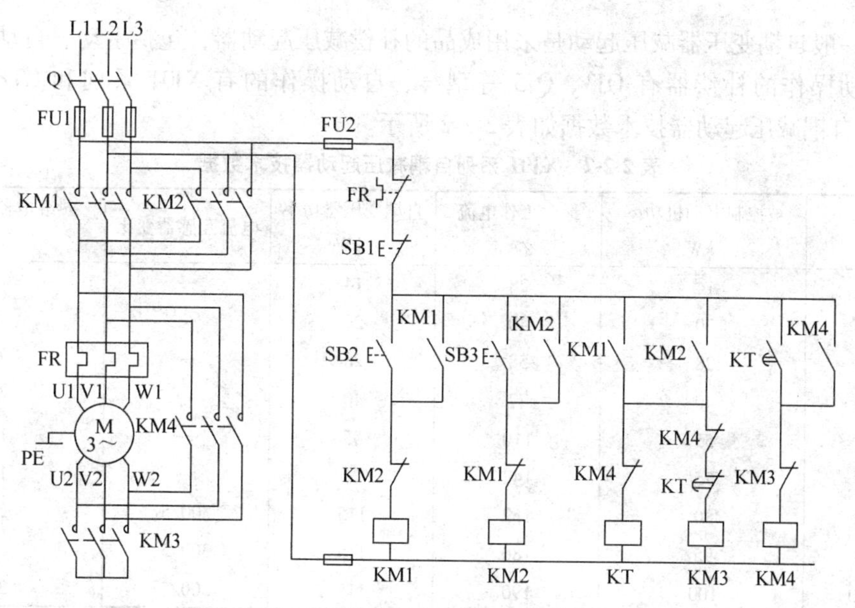

图 2-2-6 正反转Y-△减压起动控制线路原理图

（二）自耦变压器减压起动控制电路

电动机自耦变压器减压起动是将自耦变压器一次侧接在电网上，起动时定子绕组接在自耦变压器二次侧上，此时定子绕组得到的电压是自耦变压器的二次电压，待电动机转速接近额定转速时，切断自耦变压器电路，把额定电压直接加在电动机的定子绕组上，电动机进入全压正常运行。自耦变压器减压起动是利用自耦变压器来降低加在电动机三相定子绕组上的电压，达到限制起动电流的目的。自耦变压器减压起动控制电路图如图 2-2-7 所示。

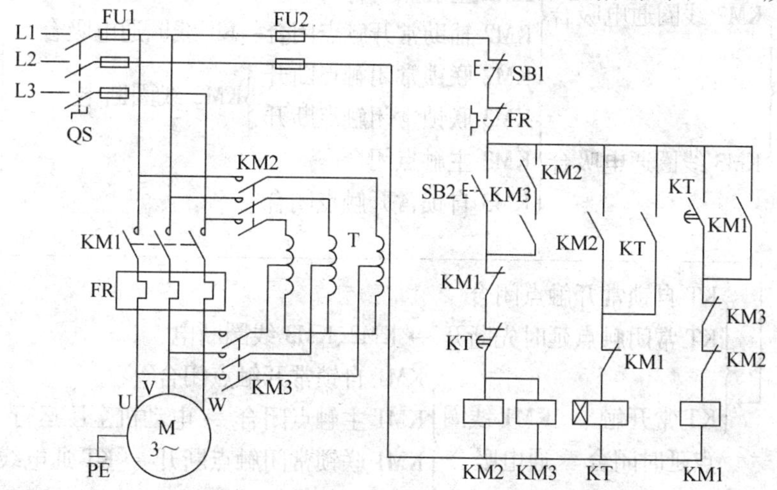

图 2-2-7 自耦变压器减压起动控制电路图

自耦变压器减压起动时，将电源电压加在自耦变压器的高压绕组，而电动机的定子绕组与自耦变压器的低压绕组连接。当电动机起动后，将自耦变压器切除，电动机定子绕组直接与电源连接，再全电压运行。但这种起动需要一个庞大的自耦变压器，且不允许频繁起动。因此，自耦变压器减压起动适用于容量较大但不能用Y-△减压起动方法起动的电动机的减压起动。一般自耦变压器减压起动是采用成品的补偿减压起动器，包括手动、自动两种操作形式，手动操作的补偿器有 QJ3、QJ5 等型号，自动操作的有 XJ01 系列和 CTZ 系列等。XJ01 系列自耦减压起动器技术数据如表 2-2-2 所示。

表 2-2-2　XJ01 系列自耦减压起动器技术数据

型号	被控制电动机功率 /kW	最大工作电流 /A	自耦变压器功率 /kW	电流互感器变比	热继电器整定电流 /A
XJ01-14	14	28	14	—	32
XJ01-20	20	40	20	—	40
XJ01-28	28	58	28	—	63
XJ01-40	40	77	40	—	85
XJ01-55	55	110	55	—	120
XJ01-75	75	142	75	—	142
XJ01-80	80	152	115	300/5	2.8
XJ01-95	95	180	115	300/5	3.2
XJ01-100	100	190	115	300/5	3.5

自耦变压器绕组一般具有多个抽头，以获得不同变比的变化，自耦变压器减压起动比星形-三角形减压起动获得的起动转矩要大得多，所以自耦变压器又称为起动补偿器，是三相笼型异步电动机最常用的一种减压起动装置。

控制电路工作过程如下：合上 QS。

1）自耦变压器减压起动，全压运行。

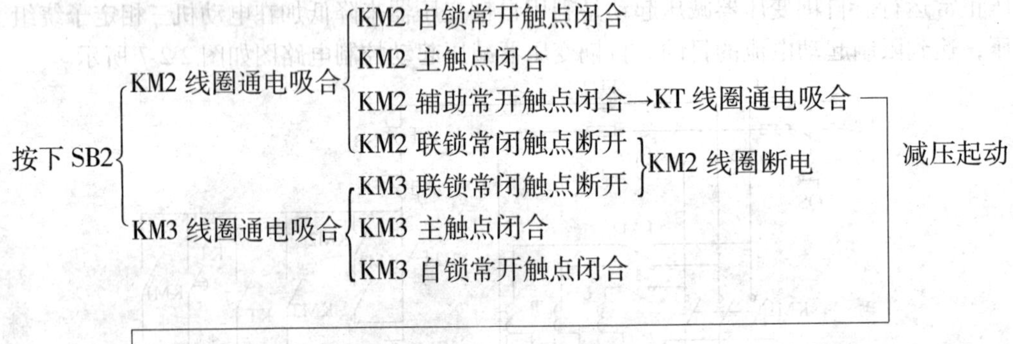

KT 自锁常开触点闭合
KT 常闭触点延时先断开 → KM2、KM3 线圈断电
KT 常开触点延时闭合 → KM1 线圈通电吸合
KM1 自锁常开触点闭合
KM1 主触点闭合 → 电动机全压运行
KM1 联锁常闭触点断开 → KT 通电线圈断电
KM1 联锁常闭触点断开 → KM2、KM3 线圈断电

2）停止。按下 SB1→控制电路断电→KM1、KM2、KM3 线圈断电释放→电动机 M 断电停车。

（三）延边三角形电动机减压起动控制电路

1. 延边三角形接法

延边三角形减压起动的电动机定子绕组如图 2-2-8 所示，每相绕组都有一个中间抽头，如图 2-2-8a 所示：起动时把三相绕组的一部分联结成三角形，一部分联结成星形，即“延边三角形”，如图 2-2-8b 所示：运行时绕组联结成三角形，如图 2-2-8c 所示。

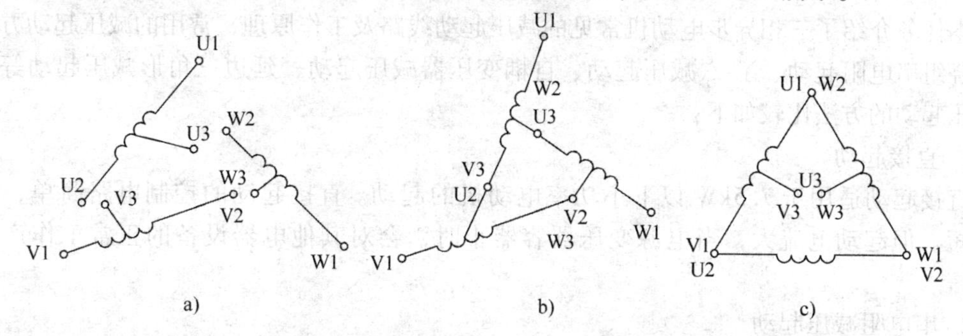

图 2-2-8　延边三角形联结的定子绕组

延边三角形减压起动的电压介于全压起动与Y-△减压起动之间。这样既克服了Y-△减压起动的起动电压过低、起动转矩过小的不足，又实现了起动电压可根据需要进行调整。由于采用了中间抽头技术，使电动机的结构比较复杂。

2. 减压起动控制电路

延边三角形减压起动控制电路如图 2-2-9 所示，该电路是一个时序控制电路，起动时 KM1、KM3 接触器及 KT 时间继电器通电，电动机联结成延边三角形减压起动。起动结束后 KT 时间继电器及 KM3 接触器断电，KM1 及 KM3 接触器通电，电动机联结成三角形全压运行。

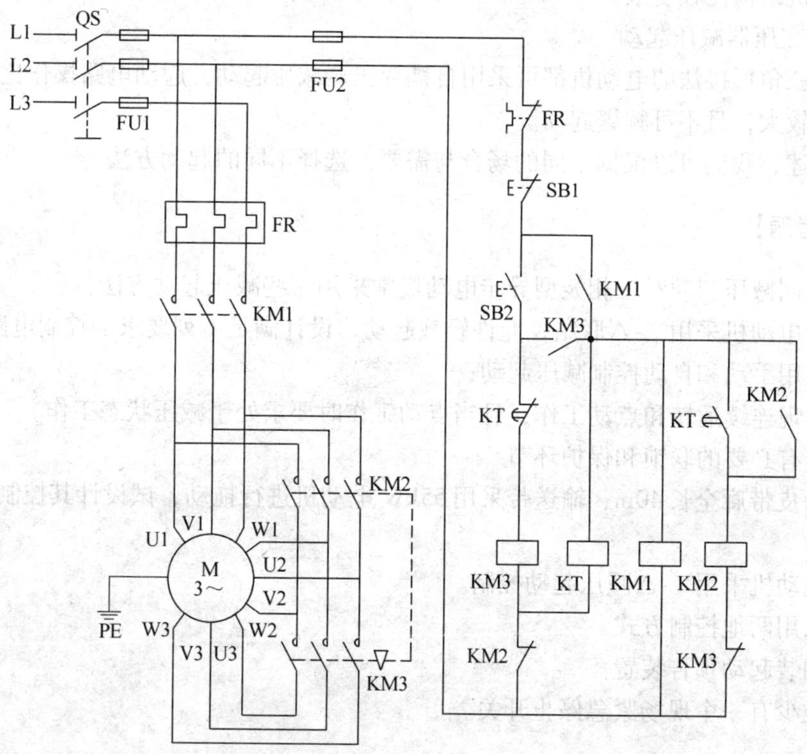

图 2-2-9　延边三角形减压起动控制电路

【任务小结】

本任务介绍了三相异步电动机常见的减压起动线路及工作原理，常用的减压起动方法有定子绕组串电阻起动、Y-△减压起动、自耦变压器减压起动、延边三角形减压起动等，各种减压起动的方法比较如下：

1. 直接起动

直接起动适用于7.5kW以下小功率电动机的起动。直接起动的控制电路简单，起动时间短。但起动电流大，当电源变压器容器小时，会对其他电器设备的正常工作产生影响。

2. 串电阻减压起动

它适用于起动转矩较小的电动机。虽然起动电流较小，起动电路较为简单，但电阻的功耗较大，起动转矩随电阻分压的增加下降较快，所以，串电阻减压起动的方法较少使用。

3. Y-△减压起动

三角形联结法的电动机都可采用Y-△减压起动。由于起动电压降低较大，故用于轻载或空载起动。Y-△减压起动控制电路简单，常把控制电路制成Y-△减压起动器。

4. 延边三角形减压起动

延边三角形电动机是专门为需要减压起动生产的电动机，电动机的定子绕组中间有抽头，根据起动转矩与减压要求可选择不同的抽头比。其优点是起动电路简单，可频繁起动；缺点是电动机结构比较复杂。

5. 自耦变压器减压起动

星形或三角形接法的电动机都可采用自耦变压器减压起动，起动电路操作比较简单，但起动器体积较大，且不可频繁起动。

综上所述，我们可以根据不同的场合与需要，选择不同的起动方法。

【习题及思考题】

1. 什么叫减压起动？三相笼型异步电动机常采用哪些减压起动方法？

2. 一台电动机采用Y-△联结，允许轻载起动，设计满足下列要求的控制电路。

（1）采用手动和自动控制减压起动；

（2）实现连续运转和点动工作，且当点动工作时要求处于减压状态工作。

（3）具有必要的联锁和保护环节

3. 有一皮带廊全长40m，输送带采用55kW电动机进行拖动，试设计其控制电路。设计要求：

（1）电动机采用Y-△减压起动控制。

（2）采用两地控制方式。

（3）加装起动预告装置。

（4）至少有一个现场紧急停止开关。

任务三　双速异步电动机控制电路的安装与调试

能力目标：

1. 掌握正确安装与调试双速异步电动机控制电路的方法。
2. 掌握变极调速的工作原理。
3. 掌握双速异步电动机定子绕组的连线方式。

知识目标：

1. 掌握双速异步电动机控制电路的原理。
2. 掌握变极调速的原理。

一、任务引入

由三相异步电动机的转速公式 $n=60f_1/p(1-s)$ 可知，改变异步电动机转速可通过三种方法来实现：一是改变电源频率 f_1，二是改变转差率 s，三是改变磁极对数 p。

二、任务分析

改变异步电动机的磁极对数的调速称为变极调速。变极调速是通过改变定子绕组的连接方式来实现的，它是有级调速，且只适用于笼型异步电动机。常见的多速电动机有双速、三速、四速等几种类型。多速电动机具有可随负载性质的要求而分级的变换转速，从而达到功率的合理匹配和简化变速系统的特点，适用于需要逐级调速的各种传动机构，主要应用于万能组合专用切削机床、矿山冶金、纺织、印染、化工、农机等行业。

三、必备知识

（一）双速异步电动机简介

双速异步电动机的调速属于异步电动机变极调速，变极调速主要用于调速性能要求不高的场合，如铣床、镗床、磨床等机床及其他设备上，所需设备简单、体积小、质量轻，但电动机绕组引出头较多，调速级数少，级差大，不能实现无级调速。它主要是通过改变定子绕组的连接方法达到改变定子旋转磁场磁极对数的目的，从而改变电动机的转速。

（二）变极调速原理

变极原理：定子一半绕组中电流方向变化，磁极对数成倍变化，如图 2-3-1 所示。每相绕组由两个线圈组成，每个线圈看作一个半相绕组。若两个半相绕组顺向串联，电流同向，可产生 4 极磁场；其中一个半相绕组电流反向，可产生 2 极磁场。

根据公式 $n_1=60f_1/p$ 可知，在电源频率不变的条件下，异步电动机的同步转速与磁极对数成反比，磁极对数增加一倍，同步转速 n_1 下降至原转速的一半，电动机额定转速 n 也将下降近似一半，所以改变磁极对数可以达到改变电动机转速的目的。

（三）双速异步电动机定子绕组的联结方式

双速异步电动机的形式有两种：Y-YY和△-YY，这两种形式都能使电动机极数减少一半。图 2-3-2a 所示为电动机Y-YY联结方式，图 2-3-2b 所示为△-YY联结方式。

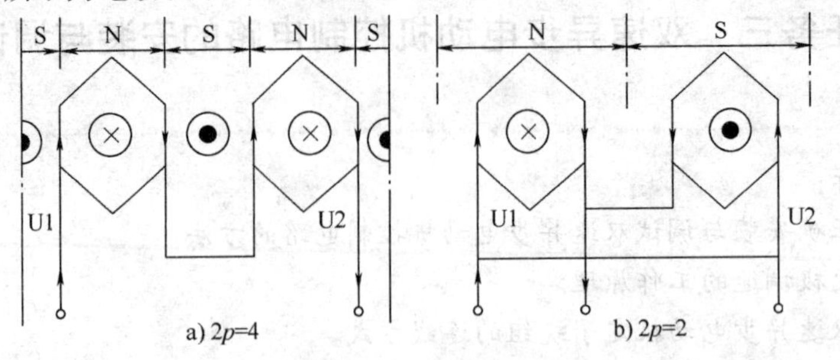

图 2-3-1　变极调速电动机绕组展开示意图

当变极前后绕组与电源的接线如图 2-3-2 所示时，变极前后电动机转向相反，因此，若要使变极后电动机保持原来转向不变，应调换电源相序。

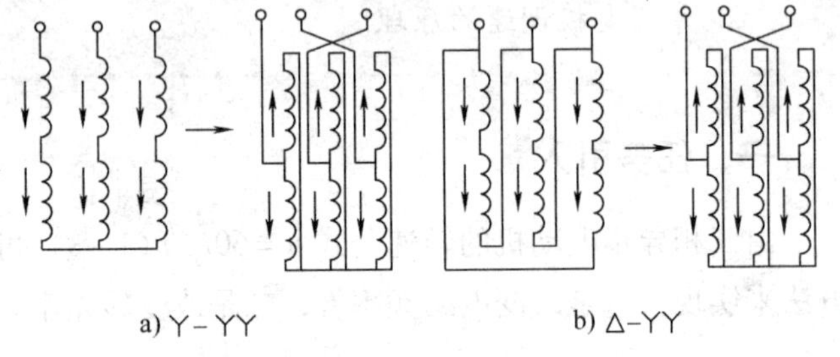

图 2-3-2　双速异步电动机定子绕组的联结方式

本任务介绍的是最常见的单绕组双速电动机，转速比等于磁极倍数比，如 2 极/4 极、4 极/8 极，从定子绕组△联结变为YY联结，磁极对数从 $p=2$ 变为 $p=1$，因此转速比等于 2。

（四）双速电动机调速控制

双速电动机调速控制是不连续变速，改变变速电动机的多组定子绕组接法，可改变电动机的磁极对数，从而改变其转速。根据变极调速原理“定子一半绕组中电流方向变化，磁极对数成倍变化”，图 2-3-3a 将绕组的 U1、V1、W1 三个端子接三相电源，将 U2 、V2、W2 三个端子悬空，三相定子绕组接成三角形（△)。这时每相的两个绕组串联，电动机以 4 极运行，为低速。图 2-3-3b 将 U2 、V2、W2 三个端子接三相电源，U1、V1、W1 连成星形，三相定子绕组连接成双星形（YY)。这时每相两个绕组并联，电动机以 2 极运行，为高速。根据变极调速理论，为保证变极前后电动机转动方向不变，要求变极的同时改变电源相序。

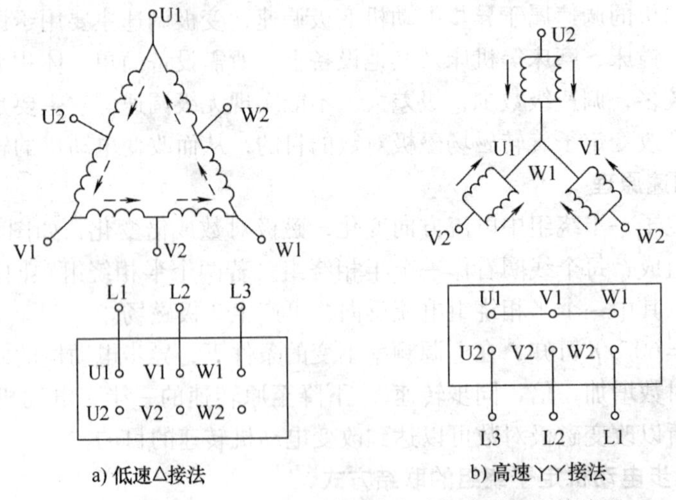

图 2-3-3　4 极/2 极△-YY的双速电动机定子绕组接线图

1. 双速电动机主电路

定子绕组的出线端U1、V_1、W1接电源，U2、V2、W2悬空，绕组为三角形接法，每相绕组中两个线圈串联，成四个极，电动机为低速；出线端U1、V1、W1短接，U2、V2、W2接电源，绕组为双星形，每相绕组中两个线圈并联，成两个极，电动机为高速，如图2-3-4所示。

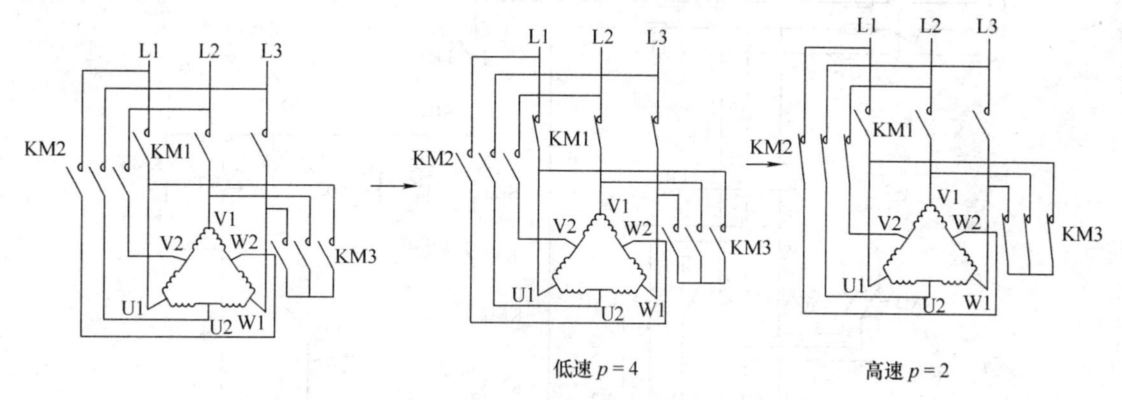

图2-3-4　4极/2极的双速交流异步电动机主电路

2. 双速电动机控制电路

（1）低速控制工作原理（如图2-3-5所示，合上电源开关Q）　按下低速按钮SB2，接触器KM1线圈通电，其自锁和互锁触点动作，实现对KM1线圈的自锁和对KM2、KM3线圈的互锁。主电路中的KM1主触点闭合，电动机定子绕组成三角形联结，电动机低速运转。

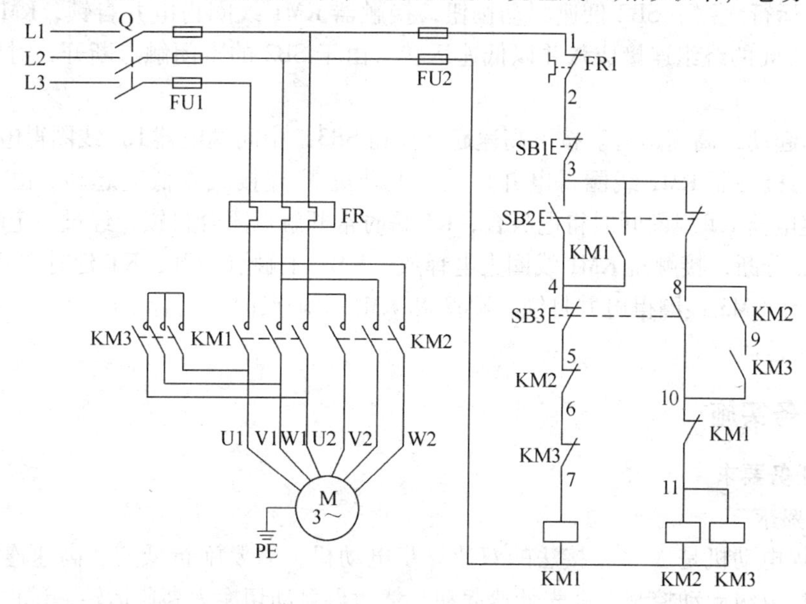

图2-3-5　双速电动机按钮控制电路

（2）高速控制工作原理（如图2-3-5所示，合上电源开关Q）　按下高速按钮SB3，接触器KM1线圈断电，在解除其自锁和互锁的同时，主电路中的KM1主触点也断开，电动机定子绕组暂时断电。因为SB3是复合按钮，常闭触点断开后，常开触点就闭合，此刻接通接触器KM2和KM3线圈。KM2和KM3自锁和互锁同时动作，完成对KM2和KM3线圈的自锁及对 KM1 线圈的互锁。KM2 和 KM3 在主电路的主触点闭合，电动机定子绕组成双星形联结，电动机高速运转。

（3）低速运行及低速起动高速运行控制电路

控制电路如图 2-3-6 所示，合上电源开关 QS。

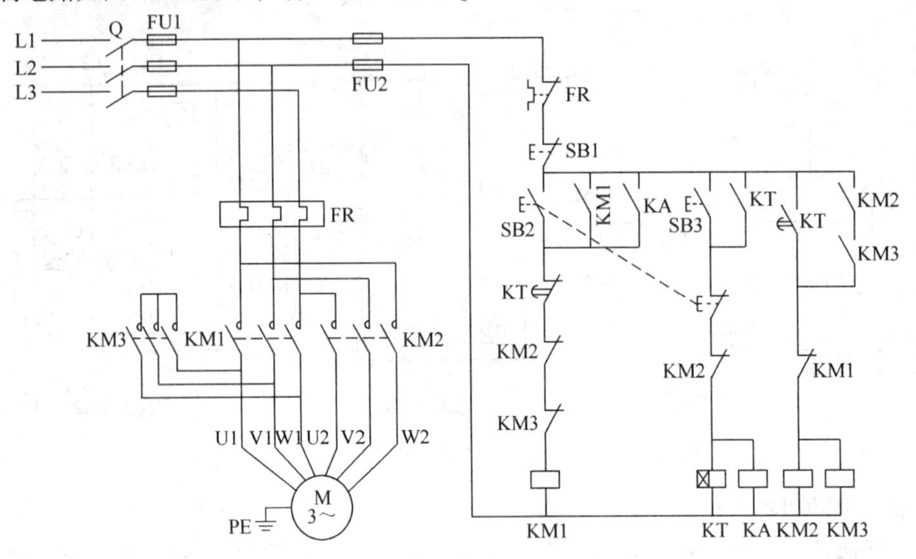

图 2-3-6　双速交流异步电动机低速起动高速运行控制电路

1）低速运行。按下 SB2 低速起动按钮，接触器 KM1 线圈得电并自锁，KM1 的主触点闭合，电动机 M 的绕组连接成△并以低速运转。由于 SB2 的常闭触点断开，时间继电器线圈 KT 不得电。

2）低速起动，高速运行。按下高速起动按钮 SB3，中间继电器 KA 线圈得电，使 KA 常开触点闭合，接触器 KM1 线圈得电并自锁，电动机 M 连接成△低速起动。由于按下按钮 SB3，时间继电器 KT 线圈同时得电吸合，KT 瞬时常开触点闭合自锁，经过一定时间后，KT 延时常闭触点分断，接触器 KM1 线圈失电释放，KM1 主触点断开，KT 延时常开触点闭合，接触器 KM2 和 KM3 线圈得电并自锁，KM2 和 KM3 主触点同时闭合，电动机 M 的绕组连接成丫丫并以高速运行。

四、任务实施

（一）任务要求

1. 控制要求

某台粉煤电动机是△-丫丫接法的双速异步电动机，需要施行低速、高速连续运转，且高速需要采用分级起动控制，即先低速起动，然后再自动切换为高速运转，试设计出能实现这一要求的电路图来。具体要求如下：

1）有短路、过载等完善的保护。

2）画出主电路、控制电路、元器件布置图和安装接线图。

3）双速异步电动机额定功率为 4kW，额定电压为 380V，额定电流为 8.8A，按电动机参数选择元器件，并列出元器件清单。

4）采用行线槽布线，接线端用冷压接头，接线端加编码套管，定额工时为180min。

2. 原理图、元器件位置图及接线图（如图2-3-7、图2-3-8所示）

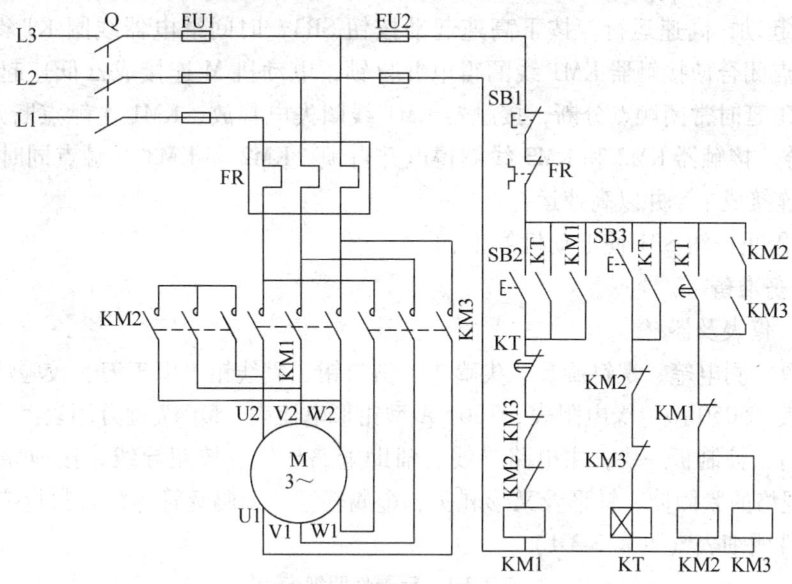

图2-3-7　双速异步电动机控制原理图

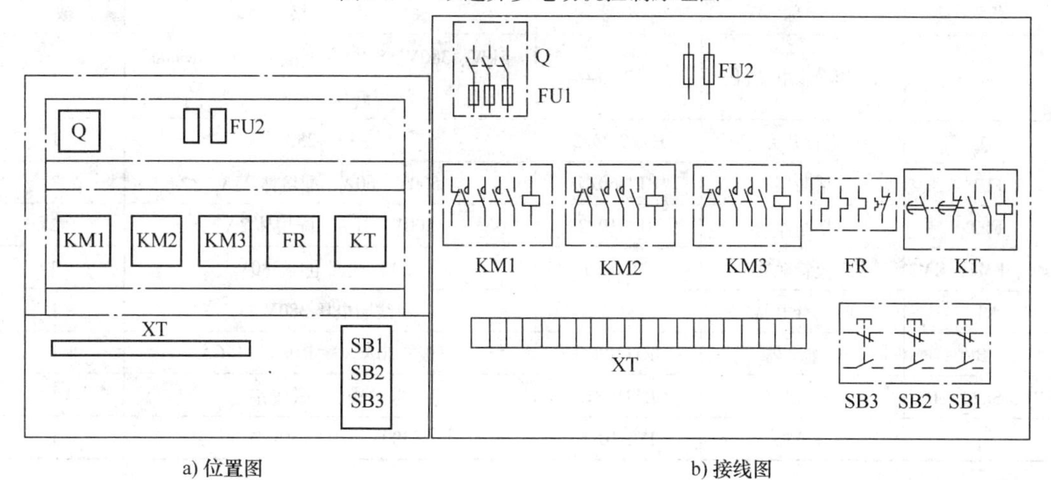

a) 位置图　　b) 接线图

图2-3-8　双速异步电动机控制电路元器件位置图和接线图

（二）任务控制要求分析

1. 双速异步电动机控制方案的确定

低速时U1、V1、W1接电源，U2、V2、W2悬空；高速时U2、V2、W2接电源，U1、V1、W1短接。若要使变极后电动机保持原来转向不变，应调换电源相序。

2. 电路保护的设置

根据控制要求，过载保护采用热继电器实现，短路保护采用熔断器实现，因采用接触器控制，所以具有欠电压和失电压保护功能。

3. 控制线路工作过程

合上电源开关Q。

1）低速运行。按下低速起动按钮 SB2，接触器 KM1 线圈得电并自锁，KM1 的主触点闭合，电动机 M 的绕组连接成△并以低速运转。

2）低速起动，高速运行。按下高速起动按钮 SB3，时间继电器线圈 KT 得电并自锁，KT 的常开触点闭合使接触器 KM1 线圈得电并自锁，电动机 M 连接成△低速起动；经过一定时间后，KT 延时常闭触点分断，接触器 KM1 线圈失电释放，KM1 主触点断开，KT 延时常开触点闭合，接触器 KM2 和 KM3 线圈得电并自锁，KM2 和 KM3 主触点同时闭合，电动机 M 的绕组连接成YY并以高速运行。

3）按下停止按钮 SB1 使电动机停止。

（三）任务准备

1. 工具、仪表及器材

（1）工具　测电笔、螺钉旋具、尖嘴钳、斜口钳、剥线钳、电工刀、校验灯等。

（2）仪表　5050 型绝缘电阻表、T301-A 型钳形电流表、MF47 型万用表。

（3）器材　控制板一块，主电路导线、辅助电路导线、按钮导线、接地导线、走线槽若干，各种规格的紧固体、针形及叉形轧头、金属软管、编码套管等，其数量按需要而定。

2. 元器件明细表（见表 2-3-1）

表 2-3-1　元器件明细表

代号	名称	型号	规　　格	数量
M	三相异步电动机	Y132D-4	4kW、380V、8.8A、△接法、1440r/min $I_N/I_{st}=1/7$	1
Q	组合开关	HZL0-25/3	三极、25A	1
FU1	熔断器	RL1-60/5	500V、60A、配熔体 25A	3
FU2	熔断器	RL1-10/2	500V、10A、配熔体 2A	2
KM1、KM2、KM3	交流接触器	CJL0-20	20A、线圈电压 380V	3
KT	时间继电器	JS7-2A	线圈电压 380V	1
FR	热继电器	JRL6-20/3	三极、20A、整定电流 11.6A	1
SB1、SB2、SB3	按钮	LAL0-3H	保护式、3 联按钮	1
XT	端子板	JX2-1015	380V、10A、15 节	1

（四）任务实施步骤

（1）准备器件　按表 2-3-1 配齐所用元器件，并检验元器件质量。

（2）固定元器件　将元器件固定在控制板上，要求元器件安装牢固，并符合工艺要求。元器件布置参考图如图 2-3-8 所示，按钮 SB 可安装在控制板外。

（3）安装主电路　根据电动机容量选择主电路导线，按图 2-3-7 所示原理图完成图 2-3-8b 所示接线图的接线，并按图接好主电路。

（4）安装控制电路　根据电动机容量选择控制电路导线，按图 2-3-8b 接好控制电路。

（5）自检　检查主电路和控制电路的连接情况。

（6）检查无误后通电试车　为保证人身安全，在通电试车时，要认真执行安全操作规程的有关规定，须经老师检查并现场监护。

接通三相电源 L1、L2、L3，合上电源开关 Q，用电笔检查熔断器出线端，氖管亮说明电源接通。分别按下 SB2、SB3 和 SB1，观察是否符合线路功能要求，观察器件动作是否灵活，有无卡阻及噪声过大现象，观察电动机运行是否正常。若有异常，立即停车检查。

五、任务检查与评价

任务内容及配分	要　求	扣分标准	得分
元器件的检查（10 分）	检查和测试电气元器件的方法应正确	每错一项扣 1 分	
	完整地填写元器件明细表		
线路敷设（20 分）	按图接线，接线正确	一处不合格扣 2 分	
	槽内外走线整齐、美观、不交叉		
	导线连接牢靠，没有虚接		
	号码管安装正确、醒目		
	电动机外壳安装了接地线		
线路检查（10 分）	在断电的情况下会用万用表检查线路	没有检查扣 10 分	
	通电前测量线路的绝缘电阻		
保护的整定（10 分）	正确整定热继电器的整定值	不会整定扣 5 分	
	正确地选配熔体	选错熔体扣 5 分	
时间的整定（10 分）	动作延时（10 ± 10%）s	每超过 10% 扣 5 分	
通电试车（20 分）	试车一次成功	一次不成功扣 20 分	
安全文明操作（10 分）	正确使用工具，执行安全操作规定	每违反一次扣 10 分	
定额时间（10 分）		每超过 10min 扣 5 分	
备注		成绩	

【相关知识】

三速电动机的原理

三速电动机需要两套绕组，一套绕组可变极对数，另一套绕组不可变极对数，如图 2-3-9 所示。

电动机如要低速运转时，U1、V1、W1 接电源，U2、V2、W2 悬空，电动机为 8 极三角形接法，可低速运行；U1、V1、W1 端点连在一起，U2、V2、W2 接电源，电动机为 4 极双星型接法，可高速运行；而将 U3、V3、W3 接电源，电动机为 6 极星形接法，可中速运行。如果把图 2-3-9b 的星形连接改成Y-YY的 6 极/12 极双速定子绕组，电动机就变成了 12 极、8 极、6 极、4 极的四速电动机。

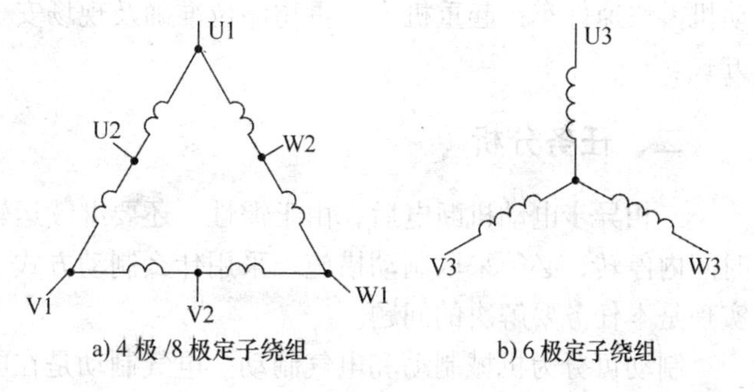

图 2-3-9　三相电动机的定子绕组

【任务小结】

本任务双速异步电动机的调速控制电路，介绍了双速异步电动机调速的工作原理，在任务实施过程中要注意主电路中双速绕组接线要正确，KM1、KM2、KM3 主触点不能接错。变极调速的电动机结构复杂，不能连续调速，变极调速电动机以双速电动机最为常见。

【习题及思考题】

1. 双速电动机高速运行时通常须先低速起动而后转入高速运行，这是为什么？
2. 简述双速异步电动机的工作原理。
3. 双速异步电动机由低速转为高速是否需要换向？如需换向应怎样换？请画图说明。
4. 画出电动机 6 个绕组 U1、V1、W1，U2、V2、W2 低速△及高速丫丫的连线方式。

任务四　三相异步电动机制动控制电路的设计与调试

能力目标：

1. 学会正确选用、安装、使用、检修和校验速度继电器。
2. 学会正确安装与检修能耗制动控制线路。

知识目标：

1. 熟悉速度继电器的作用、型号含义、基本结构和工作原理，熟记它的图形符号和文字符号。
2. 掌握能耗制动控制电路、反接制动电路等工作原理。

一、任务引入

若不采取任何措施直接切断电动机电源叫自由停车，电动机自由停车的时间较长，效率低，时间随惯性大小而不同，而某些生产机械要求迅速、准确地停车，如镗床、车床的主电动机需快速停车；起重机为使重物停位准确及现场安全要求，也必须采用快速、可靠的制动方式。

二、任务分析

三相异步电动机断电后，由于惯性，还要继续运转，为了使电动机立即停转或在规定的时间内停转，必须采取制动措施。采用什么制动方式、用什么控制原则保证每种方法的可靠实现是本任务要解决的问题。

制动可分为机械制动和电气制动。电气制动是在电动机转子上加一个与电动机转向相反的制动电磁转矩，使电动机转速迅速下降，或稳定在另一转速。常用的电气制动有反接制动与能耗制动。

三、必备知识

（一）速度继电器

速度继电器是反应转速和转向的继电器，主要用于笼型异步电动机的反接制动控制，所以也称反接制动继电器。它主要由转子、定子和触点三部分组成，转子是一个圆柱形永久磁铁，定子是一个笼形空心圆环，由硅钢片叠成，并装有笼型绕组。图 2-4-1 为 JY1 型速度继电器外形及结构原理图，速度继电器图形符号与文字符号如图 2-4-2 所示。

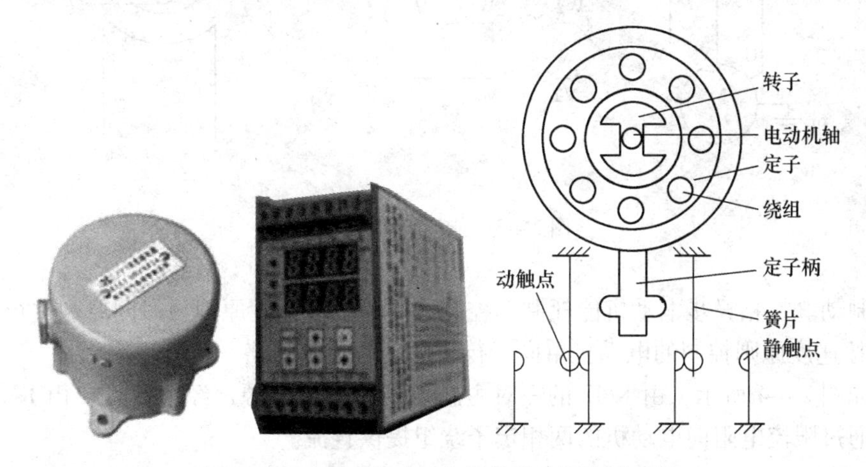

图 2-4-1　JY1 型速度继电器外形及结构原理图

速度继电器工作原理：速度继电器转子的轴与被控电动机的轴相连接，而定子空套在转子上。当电动机转动时，速度继电器的转子随之转动，定子内的短路导体便切割磁场，产生感应电动势，从而产生电流。此电流与旋转的转子磁场作用产生转矩，于是定子开始转动，当转到一定角度时，装在定子轴上的摆锤推动簧片动作，使常闭触点分断，常开触点闭合。当电动机转速低于某一值时，定子产生的转矩减小，触点在弹簧作用下复位。

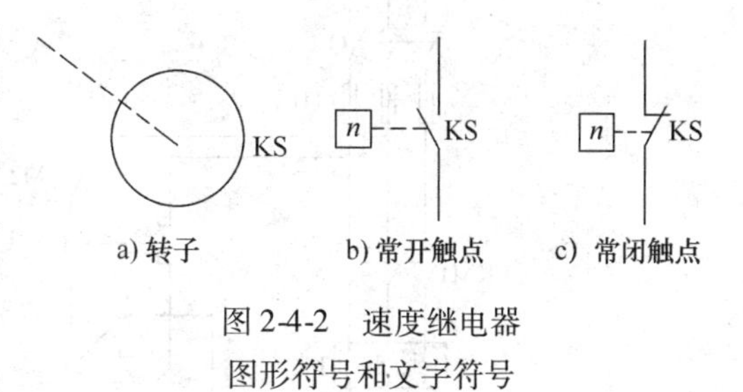

图 2-4-2　速度继电器图形符号和文字符号

（二）三相异步电动机电气制动控制（能耗制动、反接制动）

1. 能耗制动的原理

三相异步电动机断开电源后，仍会做一段时间的惯性运动。此时，若在定子绕组中通入一恒定直流电，在定子气隙中就产生一个恒定磁场，转子电路中就会产生感应电流。该感应电流与恒定磁场的相互作用就会产生一个制动力矩，使电动机迅速停机。停机后需切断直流电源。其制动原理如图 2-4-3 所示，当 Q2 接通电源，Q1 向下接通 V、W 相绕组时，电动机进入能耗制动状态。

2. 三相异步电动机能耗制动电路

能耗制动是指电动机脱离交流电源后，立即在定子绕组的任意两相中加入一直流电源，在电动机转子上产生一制动转矩，使电动机快速停下来。由于能耗制动采用直流电源，故也

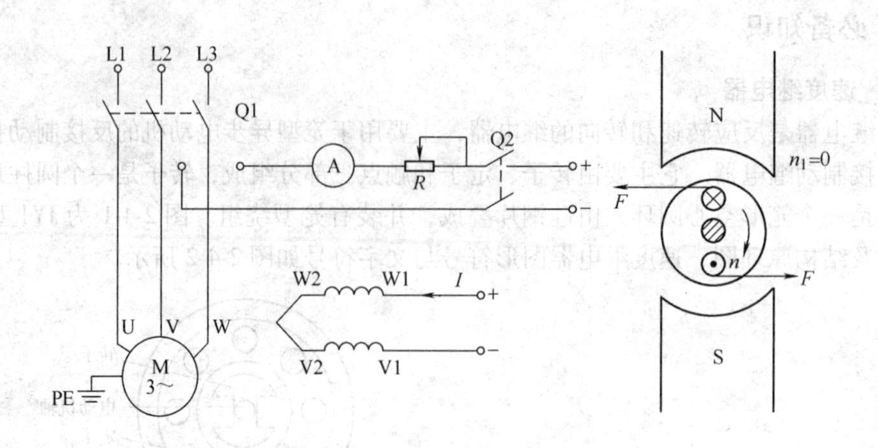

图 2-4-3　能耗制动原理图

称为直流制动。三相异步电动机能耗制动控制电路可以按速度原则与时间原则进行制动。

（1）按速度原则控制的电动机单向运行能耗制动控制电路

电路如图 2-4-4 所示，由 KM2 的一对主触点接通交流电源，经整流后，由 KM2 的另两对主触点通过限流电阻向电动机的两相定子绕组提供直流。

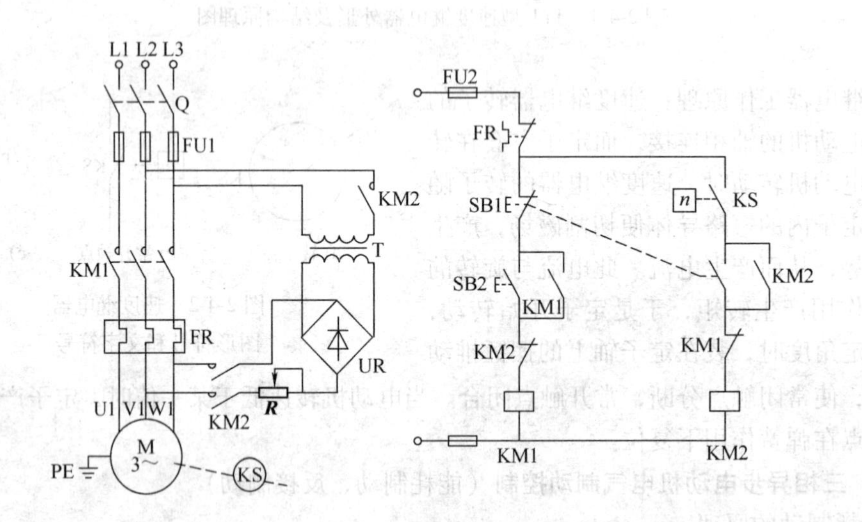

图 2-4-4　按速度原则控制的电动机单向运行能耗制动控制电路

电路工作过程如下：假设速度继电器的动作值调整为 120r/min，释放值为 100r/min。合上开关 Q，按下起动按钮 SB2，KM1 通电自锁，电动机起动，当转速上升至 120r/min，KS 常开触点闭合，为 KM2 通电作准备。电动机正常运行时，KS 常开触点一直保持闭合状态，当需停车时，按下停车按钮 SB1，SB1 常闭触点首先断开，使 KM1 断电接触自锁，主回路中，电动机脱离三相交流电源，SB1 常开触点后闭合，使 KM2 线圈通电自锁。KM2 主触点闭合，交流电源经整流后经限流电阻向电动机提供直流电源，在电动机转子上产生一制动转矩，使电动机转速迅速下降，当转速下降至100 r/min，KS常开触点断开，KM2断电释放，切断直流电源，制动结束。电动机最后阶段自由停车。

对于功率较大的电动机应采用三相整流电路，而对于10kW以下的电动机，在制动要求不高的场合，为减少设备，降低成本，减少体积，可采用无变压器的单管直流制动。制动电路可参考相关书籍。

（2）按时间原则控制的电动机单向运行能耗制动控制电路

电路如图2-4-5所示，工作过程如下：合上开关Q，按下起动按钮SB2，KM1通电自锁，电动机起动。当需停车时，按下停车按钮SB1，SB1常闭触点首先断开，使KM_1断电，主回路中，电动机脱离三相交流电源，SB1常开触点后闭合，使KM3、KT线圈通电自锁。KM3主触点闭合，交流电源经整流后经限流电阻向电动机提供直流电源，在电动机转子上产生一制动转矩，电动机进行能耗制动。KT延时时间到，KT常闭触点断开，KM3断电释放，切断直流电源，制动结束，电动机停车。

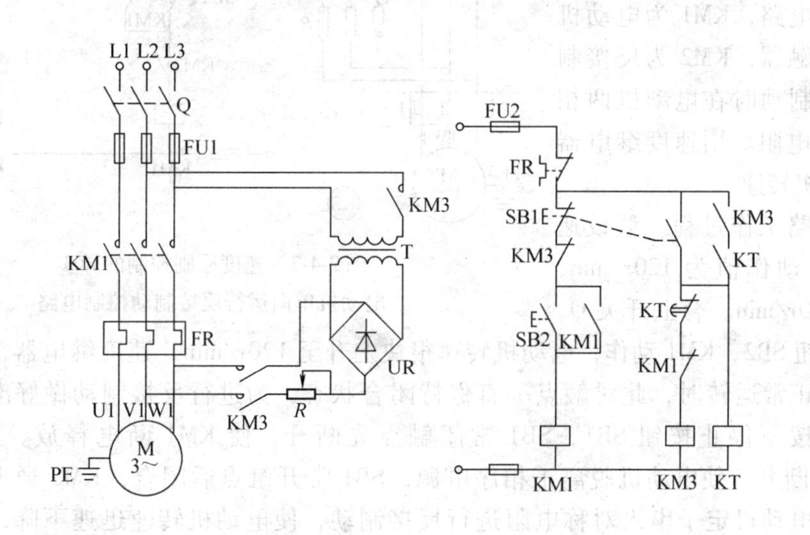

图2-4-5　按时间原则控制的电动机单向运行能耗制动控制电路

3. 反接制动原理

如图2-4-6所示，三相异步电动机正转时，电磁转矩与转子转速方向相同，制动时通过两相绕组换相，在定子气隙中形成一个反向的旋转磁场，进而产生制动力矩，使电动机减速制动。当转速下降接近零时，分断电源，制动结束。分断电源的任务通常由速度继电器来完成。如果不通过速度继电器分断电源，电动机就会反向起动。

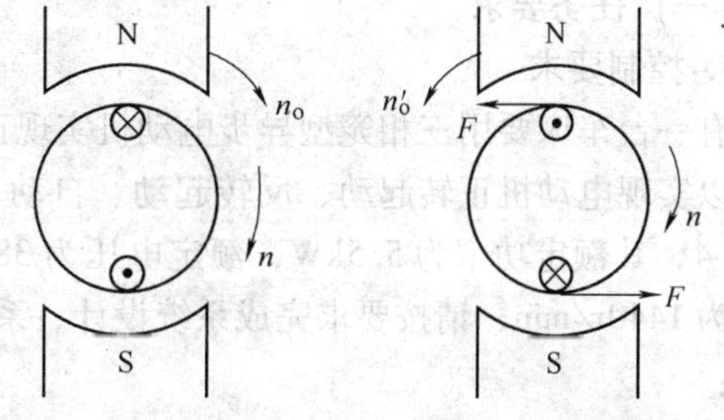

a) 旋转磁场与转子转速同向　　b) 旋转磁场与转子转速反向

图2-4-6　反接制动原理

4. 三相异步电动机反接制动电路

反接制动是利用改变电动机电源的相序，使定子绕组产生相反方向的旋转磁场，因而产生制动转矩的一种制动方法。

（1）三相异步电动机反接制动主电路设计思路　反接制动刚开始时，转子与旋转磁场的相对速度接近于两倍的同步转速，所以定子绕组流过的制动电流相当于全压直接起动电流的两倍，因此，反接制动的特点是制动迅速，效果好，但冲击大。故反接制动一般用于电动机需快速停车的场合，如镗床上主电动机的停车等。为了减小冲击电流，通常要求在电动机主电路中串接一定的电阻以限制反接制动电流。反接制动电阻的接线方法有对称和不对称两种接法。图 2-4-7 主电路是三相串电阻的对称接法。对反接制动的另一个要求是在电动机转速接近于零时，必须及时切断反相序电源，以防止电动机反向再起动。图 2-4-7 所示为异步电动机单向运行反接制动电路，KM1 为电动机单向旋转接触器，KM2 为反接制动接触器，制动时在电动机两相中串入制动电阻。用速度继电器来检测电动机转速。

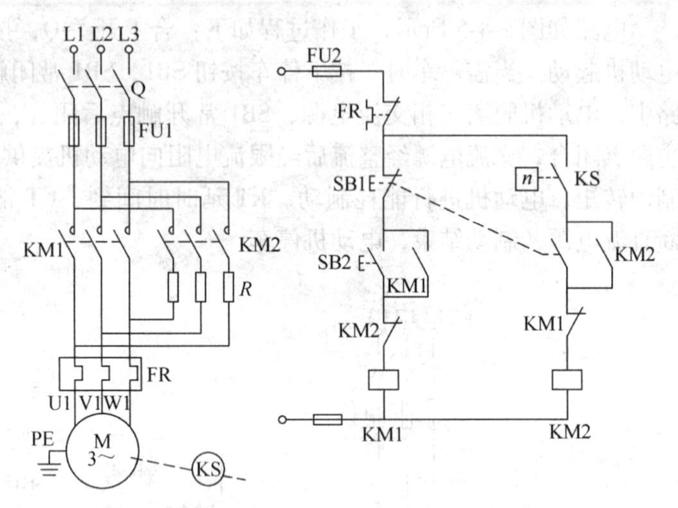

图 2-4-7　速度原则控制的异步电动机单向运行反接制动控制电路

（2）电路工作过程　假设速度继电器的动作值为 120r/min，释放值为 100r/min。合上开关 Q，按下起动按钮 SB2，KM1 动作，电动机转速很快上升至 120r/min，速度继电器常开触点闭合。电动机正常运转时，此对触点一直保持闭合状态，为进行反接制动做好准备，当需要停车时，按下停止按钮 SB1，SB1 常闭触点先断开，使 KM1 断电释放。主回路中，KM1 主触点断开，使电动机脱离正相序电源，SB1 常开触点后闭合，KM2 通电自锁，主触点动作，电动机定子串入对称电阻进行反接制动，使电动机转速迅速下降，当电动机转速下降至 100r/min 时，KS 常开触点断开，使 KM2 断电解除自锁，电动机断开电源后自由停车。

四、任务实施

（一）任务要求

1. 控制要求

有一台车床要用三相笼型异步电动机实现正反转控制，停车采用能耗制动。通过操作按钮可以实现电动机正转起动、反转起动、自动正反转切换以及停车控制，电动机型号为 Y-112M-4，其额定功率为 5.5kW，额定电压为 380V，采用△接法，额定电流为 11.6A，额定转速为 1440r/min，请按要求完成系统设计、系统安装、接线、调试与功能演示。具体要求如下：

1）有短路、过载等完善的保护。

2）画出主电路、控制电路、元器件布置图和安装接线图。

3）选择元器件，并列出元器件清单。

4）采用行线槽布线，接线端用冷压接头，接线端加编码套管，定额工时为180min。

2. 元器件布置图及接线图（如图2-4-8、图2-4-9所示）

（二）任务控制要求分析

1. 带能耗制动控制方案的确定

在停车时，由接触器的触点给两相定子绕组接通直流电源，电阻 R 可以调节制动回路电流的大小，当电动机转速接近停止时，需把直流电源断掉，保护电动机的绕组。

2. 电路保护的设置

根据控制要求，过载保护采用热继电器实现，短路保护采用熔断器实现，因采用接触器继电器控制，所以具有欠电压和失电压保护功能。

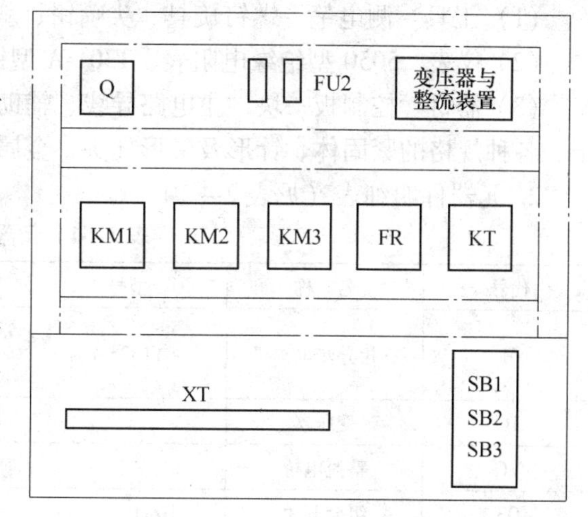

图2-4-8　元器件布置图

3. 控制线路工作过程

电路工作过程如下：合上开关Q，按下起动按钮SB2（SB3），KM1（KM2）通电自锁，电动机正向（反向）起动、运行。若需停车，按下停止按钮SB1，SB1常闭触点首先断开，使KM1（正转时）或KM2（反转时）断电并解除自锁，电动机断开交流电源，SB1常开触点闭合，使KM3、KT线圈通电并自锁。KM3常闭辅助触点断开，进一步保证KM1、KM2失电。主回路中，KM3主触点闭合，电动机定子绕组串电阻进行能耗制动，电动机转速迅速降低，当接近零时，KT延时结束，其延时常闭触点断开，使KM3、KT线圈相继断电释放。主回路中，KM3主触点断开，切断直流电源，直流制动结束，电动机最后阶段自由停车。

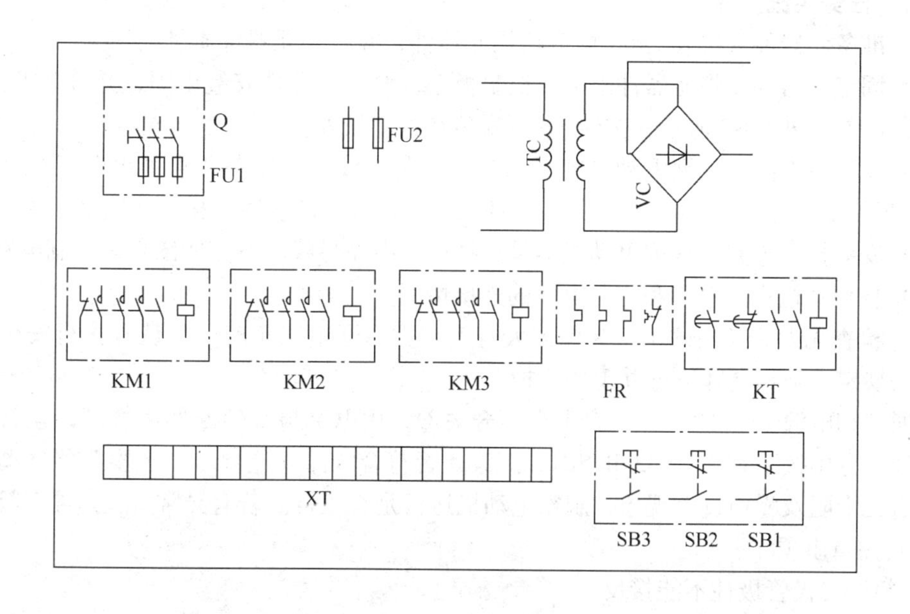

图2-4-9　元器件接线图

（三）任务准备

1. 工具、仪表及器材

（1）工具　测电笔、螺钉旋具、尖嘴钳、斜口钳、剥线钳、电工刀、校验灯等。

（2）仪表　5050型绝缘电阻表、T301-A型钳形电流表，MF47型万用表。

（3）器材　控制板一块，主电路导线、辅助电路导线、按钮导线、接地导线，走线槽若干，各种规格的紧固体、针形及叉形轧头、金属软管、编码套管等，其数量按需要而定。

2. 元器件明细表（见表2-4-1）

表2-4-1　元器件明细表

代号	名　称	型号	规　格	数　量
M	三相异步电动机	Y132S-4	5.5kW、380V、11.6A、△接法、1440r/min $I_N/I_{st}=1/7$	1
TC	变压器		300V · A、380V/36V	1
VC	整流电桥		12A/40V	1
QS	组合开关	HZL0-25/3	三极、25A	1
FU1	熔断器	RLL-60/5	500V、60A、配熔体25A	3
FU2	熔断器	RLL-15/2	500V、15A、配熔体2A	2
KM1～KM3	交流接触器	CJL0-20	20A、线圈电压380V	3
KT	时间继电器	JS7-2A	线圈电压380V	1
FR	热继电器	JRL6-20/3	三极、20A、整定电流11.6A	1
SB1、SB2 SB3	按钮	LAL0-3H	保护式、按钮数3	1
XT	端子板	JX2-1015	380V、10A、15节	1

（四）任务实施步骤

（1）准备元器件　按表2-4-1配齐所用元器件，并检验元器件质量。

（2）固定元器件　将元器件固定在控制板上，要求元器件安装牢固，并符合工艺要求。元器件布置图如图2-4-7所示，按钮SB可安装在控制板外。

（3）安装主电路　根据电动机容量选择主电路导线，按控制要求画出电气控制原理图（可参考相关知识里的图2-4-10），并按原理图完成接线图的接线，按接线图接好主电路。

（4）安装控制电路　根据电动机容量选择控制电路导线，按接线图接好控制电路。

（5）自检　检查主电路和控制电路的连接情况。

（6）检查无误后通电试车　为保证人身安全，在通电试车时，要认真执行安全操作规程的有关规定，须经老师检查并现场监护。

接通三相电源L1、L2、L3，合上电源开关Q，用电笔检查熔断器出线端，氖管亮说明电源接通。分别按下SB2、SB3和SB1，观察是否符合线路功能要求，观察元器件动作是否灵活，有无卡阻及噪声过大现象，观察电动机运行是否正常。若有异常，立即停车检查。

（7）注意事项

1）整流二极管极性不能接反。

2）KT时间继电器延时调整，最好在转速接近零时，使KM3线圈断电。

五、任务检查与评价

<table>
<tr><th>任务内容及配分</th><th>要　求</th><th>扣分标准</th><th>得　分</th></tr>
<tr><td rowspan="2">元器件的检查(15 分)</td><td>仔细观察元器件，利用万用表对元器件进行检查</td><td rowspan="2">每错一项扣 2 分</td><td rowspan="2"></td></tr>
<tr><td>完整地填写元器件明细表</td></tr>
<tr><td rowspan="5">线路敷设（25 分）</td><td>按图接线，接线正确</td><td>不按要求接线扣 25 分</td><td rowspan="5"></td></tr>
<tr><td>槽内外走线整齐、美观、不交叉</td><td>主、控制电路有交叉或不美观每根分别扣 4 分、2 分</td></tr>
<tr><td>导线连接牢靠，没有虚接，没有露铜过长，端子压在绝缘层上</td><td>不符合要求，每个接点扣 1 分</td></tr>
<tr><td>号码管安装正确、醒目</td><td>错一处扣 2 分</td></tr>
<tr><td>电动机外壳安装了接地线</td><td>没接扣 10 分</td></tr>
<tr><td rowspan="2">线路检查（10 分）</td><td>在断电的情况下会用万用表检查线路</td><td rowspan="2">没有检查扣 10 分</td><td rowspan="2"></td></tr>
<tr><td>通电前测量线路的绝缘电阻</td></tr>
<tr><td rowspan="2">保护的整定（10 分）</td><td>正确整定热继电器的整定值</td><td>不会整定扣 5 分</td><td rowspan="2"></td></tr>
<tr><td>正确地选配熔体</td><td>选错熔体扣 5 分</td></tr>
<tr><td>通电试车（20 分）</td><td>试车一次成功</td><td>一次不成功扣 20 分</td><td></td></tr>
<tr><td>安全文明操作(10 分)</td><td>正确使用工具，执行安全操作规定</td><td>每违反一次扣 10 分</td><td></td></tr>
<tr><td>定额时间（10 分）</td><td></td><td>每超过 10min 扣 5 分</td><td></td></tr>
<tr><td>备注</td><td colspan="2" style="text-align:right">成绩</td><td></td></tr>
</table>

【相关知识】

（一）三相异步电动机正反向能耗制动控制电路

前面必备知识中讲述了电动机单相能耗制动，同样，在很多生产设备控制电路中，要求电动机正反向都能进行能耗制动，三相异步电动机正反向能耗制动控制电路如图 2-4-10 所示。该电路由 KM1、KM2 实现电动机正反转，在停车时，由 KM3 给两相定子绕组接通直流电源，电阻 R 可以调节制动回路电流的大小，该电路能够实现能耗制动的点动控制。

图 2-4-11 所示为按时间原则进行控制的能耗制动控制电路。图中 KM1、KM2 分别为电动机正反转接触器，KM3 为能耗制动接触器；SB2、SB3 分别为电动机正反转起动按钮。

按时间原则控制的直流制动，一般适合于负载转矩和转速较稳定的电动机，这样，时间继电器的整定值就不需经常调整。

（二）三相异步电动机可逆运行反接制动控制电路

前面介绍了异步电动机反接制动控制电路，很多生产机械，如 T68 镗床，要求电动机正反转时都要进行反接制动。根据控制要求，三相异步电动机可逆运行反接制动控制电路如图 2-4-12 所示。图中电阻 R 既是反接制动电阻，为不对称接法，同时也具有限制起动电流的作用。

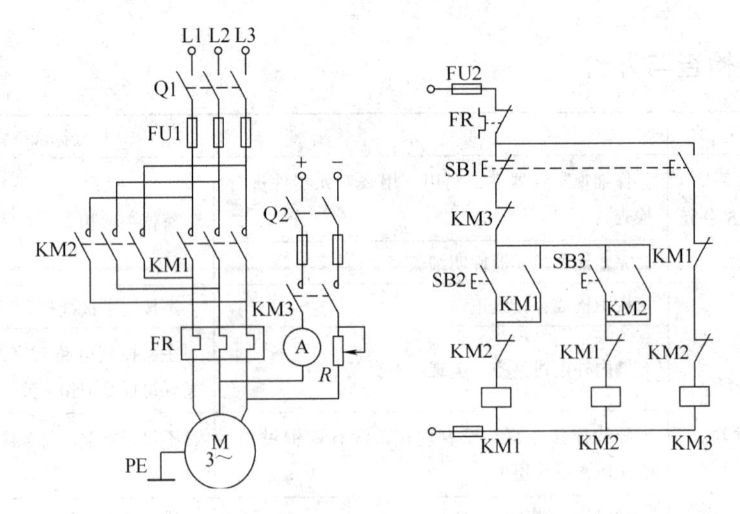

图 2-4-10　三相异步电动机正反向能耗制动控制电路

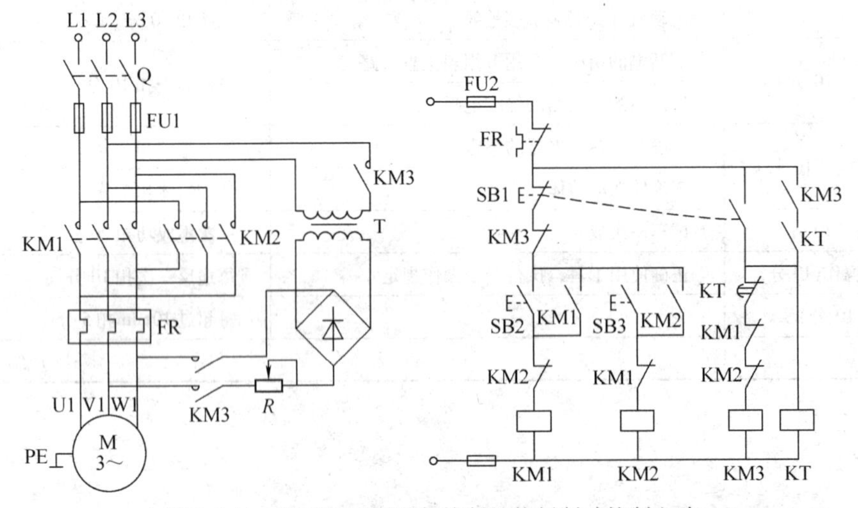

图 2-4-11　按时间原则进行控制的能耗制动控制电路

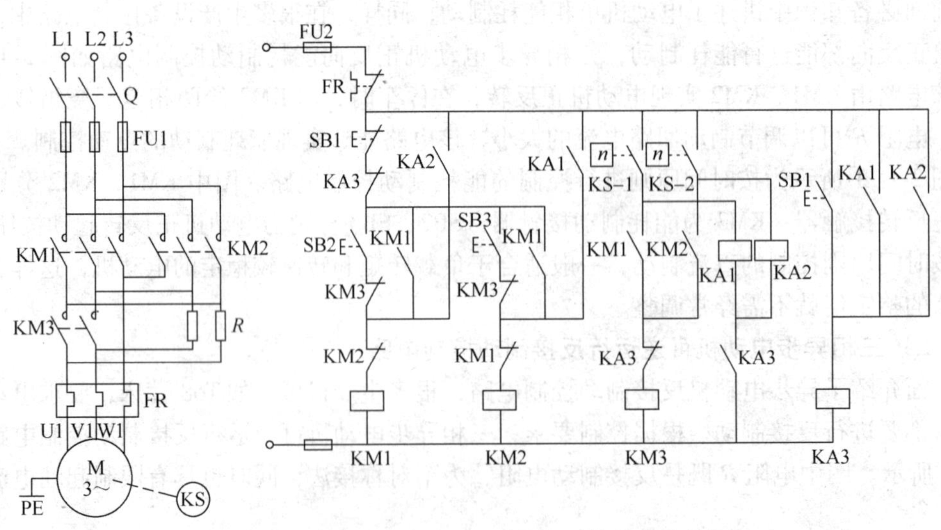

图 2-4-12　三相异步电动机可逆运行反接制动控制电路

电动机正向起动和制动停止的电路工作过程如下：合上开关 Q，按下正向起动按钮 SB2，KM1 通电自锁，主回路中电动机两相串电阻起动，当转速上升到速度继电器动作值时，KS-1 闭合，KM3 线圈通电，主回路中 KM3 主触点闭合短接电阻，电动机进入全压运行。需要停车时，按下停止按钮 SB1，KM1 断电解除自锁。电动机断开正相序电源，SB1 常开触点闭合，使 KA3 线圈通电，KA3 常闭触点断开，使 KM3 线圈保持断电；KA3 常开触点闭合，KA1 线圈通电，KA1 的一对常开触点闭合使 KA3 保持继续通电，另一对常开触点闭合使 KM2 线圈通电，KM2 主触点闭合。主回路中，电动机串电阻进行反接制动，反接制动使电动机转速迅速下降，当下降到 KS 的释放值时，KS-1 断开，KA1 断电，KA3 断电、KM2 断电，电动机断开制动电源，反接制动结束。

电动机反向起动和制动停车过程的分析与正转时相似，可自行分析。

【任务小结】

本任务主要讲述三相异步电动机常用的电气制动方法：能耗制动和反接制动。反接制动优点是制动力矩大，制动快。缺点是制动准确性差，制动过程冲击强烈，易损换传动零件。此外，反接制动时，电动机既吸取机械能又吸取电能，并将这两部分能量消耗在电枢绕组上，因此能量消耗大。反接制动一般只适用于系统惯性较大、制动要求迅速且不频繁的场合。能耗制动的优点是制动准确、平稳，且能量消耗较小。缺点是附加直流电源装置，设备费用较高，制动力较弱，在低速时制动力矩小，因此能耗制动一般用于要求制动准确、平稳的场合，如磨床、主式铣床等控制线路中。

【习题及思考题】

1. 简述速度继电器的结构、工作原理及用途。
2. 简述能耗制动的工作原理。
3. 设计一个以速度为原则，带能耗制动的正反转控制电路。
4. 设计一个带能耗制动和Y-△减压起动的主电路和控制电路。

项目三 电子基本功训练

任务一 半导体器件的认知与检测

能力目标：

1. 能利用仪表测试半导体器件，能判断各种半导体器件的引脚排列。
2. 能根据各种参数指标选用半导体器件。
3. 能根据各元器件型号上网查阅该元器件资料手册。

知识目标：

1. 掌握半导体器件基本知识。
2. 掌握二极管、晶体管结构、符号、特性以及测试方法。
3. 掌握场效应晶体管、晶闸管等器件的结构、符号、特性以及测试方法。

一、任务引入

导电能力介于导体和绝缘体之间的物质称为半导体，例如锗、硅、硒及大多数金属氧化物。PN 结是由两种不同导电类型半导体材料组成的，它具有单向导电性。半导体器件都是利用半导体材料和 PN 结的特殊性组成的，包括半导体二极管、晶体管、特殊半导体和晶闸管等。它们都是组成电子电路的核心器件。

二、任务分析

半导体器件通常是由半导体材料如硅、锗或砷化镓等构成，可用作整流器、振荡器、发光器、放大器、测光器等器材。为了与集成电路相区别，有时也称为分立器件。绝大部分二端器件（即晶体二极管）的基本结构是一个 PN 结。利用不同的半导体材料，采用不同的工艺和几何结构，已研制了出种类繁多、功能用途各异的晶体二极管，可用来产生、控制、接收、变换、放大信号和进行能量转换。晶体二极管的频率覆盖范围可从低频、高频、甚高频、特高频、超高频直至极高频。三端器件一般是有源器件，典型代表是各种晶体管（又称晶体三极管）。晶体管可以分为双极型晶体管和场效应晶体管两大类。根据用途的不同，晶体管又可分为功率晶体管、高频晶体管和低噪声晶体管。除了作为放大、振荡、开关用的一般晶体管外，还有一些特殊用途的晶体管，如光晶体管、磁敏晶体管、场效应传感器等。这些器件既能把一些环境因素的信息转换为电信号，又有一般晶体管的放大作用，可得到较大的输出信号。此外，还有一些特殊器件，如单结晶体管可用于产生锯齿波，晶闸管可用于各种大电流的控制电路，电荷耦合器件可用作摄像器件或信息存储器件等。

三、必备知识

（一）二极管

二极管具有单向导电性，可用于整流、检波、稳压及混频电路中。

1. 分类

（1）按材料来分　二极管按材料可分为锗管和硅管两大类。两者性能区别在于：锗管正向压降比硅管小（锗管为0.2V，硅管为0.5～0.8V）；锗管的反向漏电流比硅管大（锗管为几百微安，硅管小于1μA）；锗管的PN结可承受的温度比硅管低（锗管约为100℃，硅管约为200℃）。

（2）按用途来分　二极管按用途不同可分为普通二极管和特殊二极管。普通二极管包括检波二极管、整流二极管、开关二极管；特殊二极管包括稳压二极管、变容二极管、光敏二极管、发光二极管等。

常用二极管的外形及图形符号如图3-1-1所示，特性见表3-1-1。

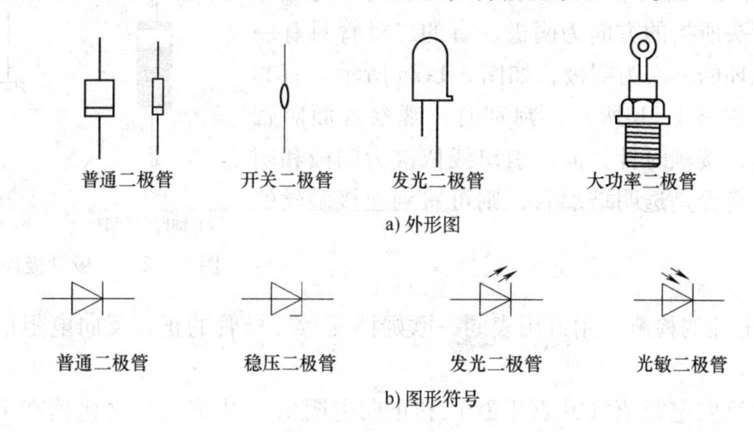

图3-1-1　常用二极管的外形及图形符号

表3-1-1　常用二极管特性表

名称	原理特性	用　途	常用型号
整流二极管	多用硅半导体制成，利用PN结单向导电性	把交流电变成脉动直流，即整流	2CP、2CZ、1N4001～4007、1N5391～5399、1N5400～5408
检波二极管	常用点接触式，高频特性好	把调制在高频电磁波上的低频信号检出来	2AP、1N34A、1N60P、KV1471
稳压二极管	利用二极管反向击穿时，两端电压不变的原理	稳压限幅，过载保护，广泛用于稳压电源装置中	2CW、2DW、1N708～728、1N748、1N752～755
开关二极管	利用正偏压时二极管电阻值很小，反偏压时电阻值很大的单向导电性	在电路中对电流进行控制，起到接通或关断的开关作用	2AK1～14、2CK9～19、1N4148、1N4448
变容二极管	利用PN结电容随加到管子上的反向电压大小而变化的特性	在调谐等电路中取代可变电容器	2CC12A、BB910、BB202、BB729、KV1330A-2、KV1310-3
发光二极管	正向电压为1.5～3V时，只要正向电流通过，就可发光	用于指示，可组成数字或符号的LED数码管	2EF系列、BT系列、FG系列
光敏二极管	将光信号转换成电信号，有光照时其反向电流随光照强度的增加而正比上升	用于光的测量或作为能源，即光电池	BPW34、BPX48、2CU2、2CU3S、2CU3C、2CU3、2CU5、2CU5S、2CU8、2AU、PD204-6B、BPD-BQA331

2. 主要技术参数

反映二极管性能的参数较多，且不同类型二极管的主要参数种类也不一样，下面以普通二极管为例，介绍几个主要电参数。

（1）最大整流电流 I_F　在正常工作的情况下，二极管允许通过的最大正向平均电流称为最大整流电流 I_F。使用时二极管的平均电流不能超过这个数值。

（2）最高反向电压 U_{RM}　反向加在二极管两端，而不致引起 PN 结击穿的最大电压称为最高反向电压 U_{RM}，其值一般为击穿电压的 1/2 ~ 1/3。

（3）最大反向电流 I_{RM}　因载流子的漂移作用，二极管截止时仍有反向电流，该电流受温度及反向电压的影响。I_{RM} 越小，二极管质量越好。

（4）最高工作频率　指保证二极管单向导电作用的最高工作频率，若信号频率超过此值，则二极管的单向导电性将变坏。

3. 判别与选用

（1）极性识别方法　常用二极管的外壳上均印有型号和标记，标记箭头所指的方向为阴极。有的二极管只有一个白色环，有色环的一端为阴极，如图 3-1-2a 所示。有的带定位标志，如图 3-1-2b 所示，判别时，观察者面对管底，由定位销起，按顺时针方向，引出线依次为阳极和阴极。有的二极管管壳是透明玻璃管，则可看到连接触丝的一端为阳极。

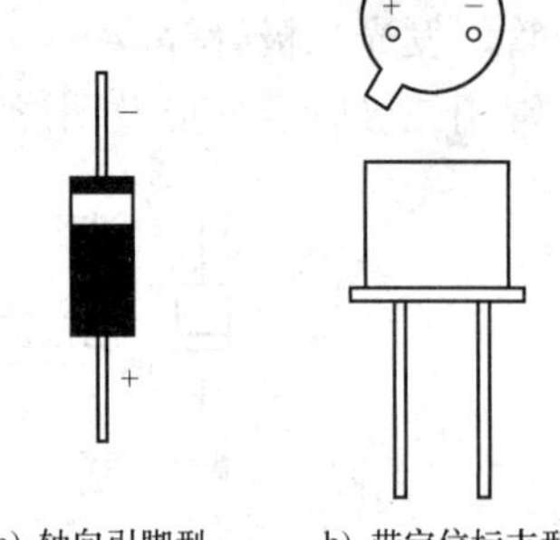

a）轴向引脚型　　b）带定位标志型

图 3-1-2　二极管极性识别示意图

（2）检测方法

1）单向导电性的检测。用万用表同一欧姆档测量二极管的正、反向电阻值，有以下几种情况：

①若测得的反向电阻值（几百千欧）和正向电阻值（几千欧）之比值在 100 以上，则表明二极管性能良好。

②若测得反、正向电阻值之比为几倍甚至几十倍，则表明二极管单向导电性不佳，不宜使用。

③若测得正、反向电阻值为无限大，则表明二极管断路。

④若测得正、反向电阻值均为零，则表明二极管短路。测量时需注意，检测小功率二极管时应将万用表置于 $R\times100$ 或 $R\times1\text{k}$ 档，检测中、大功率二极管时，可将量程置于 $R\times1$ 或 $R\times10$ 档。

2）二极管极性判断。当二极管外壳标志不清楚时，可以用万用表来判断极性。以指针式万用表为例，将万用表的两只表笔分别接触二极管的两个电极，若测出的电阻值为几十欧、几百欧或几千欧，则黑色表笔所接触的电极为二极管的阳极，红色表笔所接触的电极是二极管的阴极，如图 3-1-3a 所示。若测出来的电阻值为几十千欧至几百千欧，则黑色表笔所接触的电极为二极管的阴极，红色表笔所接触的电极为二极管的阳极，如图 3-1-3b 所示。若万用表为数字式万用表，则用测量二极管的档位（▶|档）测量，若读数为二极管正向压降的近似值（硅整流二极管为几百毫伏），则红表笔所接触的电极为二极管的阳极，黑表笔所接触的电极是二极管的阴极；若读数为无穷大，则红表笔对应着二极管的阴极，黑表笔对应着二极管的阳极。

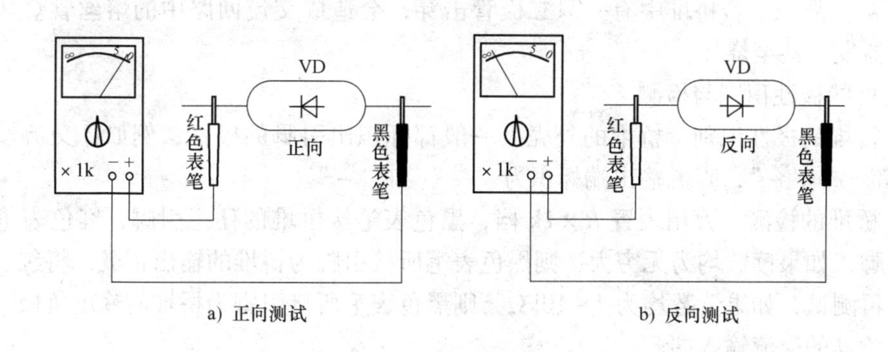

图 3-1-3　二极管极性判断示意图

（3）二极管的选用

1）类型选择：按照用途选择二极管的类型。如用作检波可以选择点接触型普通二极管；用作整流可以选择面接触型普通二极管或整流二极管；用作光电转换可以选用光敏二极管；在开关电路中应选用开关二极管等。

2）参数选择：用在电源电路中的整流二极管，通常考虑两个参数，即 I_F 与 U_{RM}。在选择的时候应适当留有余量。

3）材料选择：选择硅管还是锗管，可以按照以下原则决定：要求正向压降小的选锗管；要求反向电流小的选择硅管；要求反向电压高、耐高压的选择硅管。

（二）桥堆

1. 桥堆的结构特点

为了方便地完成整流，一般通过将多个整流二极管组合在一起而构成桥堆来实现。桥堆分为全桥与半桥，半桥是由两只整流二极管封装在一起并引出三个引脚；全桥是由四只整流二极管按桥式全波整流电路的形式连接并封装为一体构成的。最常用的是四脚桥堆，如图3-1-4所示，其中有两个脚标示“～”，是交流电压输入端，还有两个脚是“＋”和“－”端，为整流后输出电压的输出端，其中“＋”为输出电压的正极，“－”为负极。

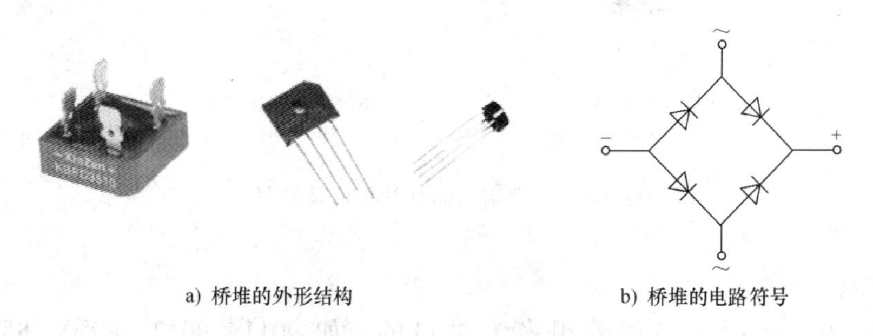

图 3-1-4　桥堆的外形结构及电路符号

2. 桥堆的故障现象

桥堆的常见故障有开路故障和击穿故障。

（1）开路故障　当桥堆的内部有一只或两只二极管开路时，整流输出的直流电压将明显降低。

（2）击穿故障　若桥堆中有一只二极管击穿，会造成交流回路中的熔丝管烧坏，导致电源变压器发烫甚至烧坏。

3. 桥堆的极性识别与检测

（1）桥堆的极性识别　桥堆的外壳上一般都标识出引脚的极性，例如：交流输入端标识为“AC”或“~”，直流输出端标识为“+”和“-”。

（2）桥堆的检测　万用表置 $R\times 1\text{k}$ 档，黑色表笔接桥堆的任意引脚，红色表笔先后测其余三只脚，如果读数均为无穷大，则黑色表笔所接引脚为桥堆的输出正极；将红、黑色表笔交换后再测试，如果读数均为 4 ~ 10kΩ，则黑色表笔所接引脚为桥堆的输出负极，其余的两引脚为桥堆的交流输入端。

（三）晶体管

晶体管，又称双极型晶体管，是一种电流控制型半导体器件，可用来对微弱信号进行放大和作无触点开关。它具有结构牢固、寿命长、体积小、耗电低等一系列优点，故在各个领域得到广泛应用。

1. 分类

（1）按材料分　晶体管可分为硅晶体管、锗晶体管。

（2）按结构分　晶体管可分为 PNP 型和 NPN 型晶体管。锗晶体管多为 PNP 型，硅晶体管多为 NPN 型。

（3）按用途分　依工作频率可分为高频（$f_T > 3\text{MHz}$）、低频（$f_T < 3\text{MHz}$）和开关晶体管。依功率又可分为大功率（$P_C > 1\text{W}$）、中功率（P_C 为 0.5 ~ 1W）和小功率晶体管（$P_C < 0.5\text{W}$）。

常用晶体管的外形及符号如图 3-1-5 所示。

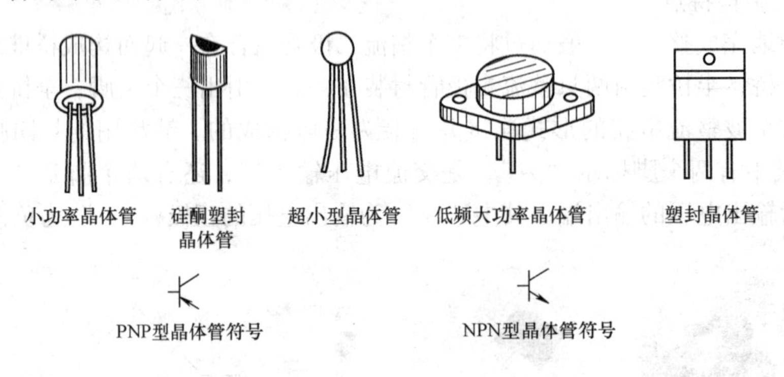

图 3-1-5　常用晶体管的外形及符号

2. 型号命名

目前市场上，常用的晶体管很多为进口的，如 9011、9012、8050、8550、A562、2N6275、DU208A 等来自韩国、日本、美国及欧洲地区。他们生产的晶体管，有着各自的命名方法。

市场上常见的韩国三星电子公司的产品，是以四位数字来标识型号的，如 9011、9013、9014、9016、9018、8050 等是 NPN 型晶体管，9012、9015、8550 等是 PNP 型晶体管。常见的日本、美国和欧洲生产的晶体管型号命名方法见表 3-1-2，若要进一步了解晶体管的特性参数，应查阅有关的手册。

表 3-1-2 进口晶体管型号命名方法

型号部分 / 生产地	第一部分	第二部分	第三部分	第四部分	第五部分	备注
日本	2	S	A:PNP 型高频管 B:PNP 型低频管 C:NPN 型高频管 D:NPN 型低频管	两位数字表示登记序号	用 A、B、C 表示对原型号的改进	不标识硅、锗材料及功率大小
美国	2	N	多位数字表示登记序号			不标识材料、极性及功率大小
欧洲	A:锗材料 D:硅材料	C:低频小功率 D:低频大功率 F:高频小功率 L:高频大功率 S:小功率开关管 U:大功率开关管	三位数字表示登记序号	β 参数分档标志		不标识 PNP 或 NPN 极性

3. 主要参数

表征晶体管特性的参数很多，可大致分为三类，即直流参数、交流参数和极限参数。

(1) 直流参数

1) 共发射极电流放大倍数 h_{FE} (或$\overline{\beta}$)。它指集电极电流 I_C 与基极电流 I_B 之比，即$\overline{\beta}=I_C/I_B$。

2) 集电极-发射极反向饱和电流 I_{CEO}。它指基极开路时，集电极与发射极之间加上规定的反向电压时的集电极电流，又称穿透电流。它是衡量晶体管热稳定性的一个重要参数，其值越小，则晶体管的热稳定性越好。

3) 集电极-基极反向饱和电流 I_{CBO}。它指发射极开路时，集电极与基极之间加上规定的电压时的集电极电流。良好晶体管的 I_{CBO}应很小，通常为微安级。

(2) 交流参数

1) 共发射极交流电流放大系数 h_{FE} (β)。它指在共发射极电路中，集电极电流变化量 ΔI_C 与基极电流变化量 ΔI_B 之比，即 $\beta=\Delta I_C/\Delta I_B$。

2) 共发射极截止频率 f_β。它是指电流放大系数 β 因频率增高而下降至低频电流放大系数的 0.707 时的频率，即 β 值下降了 3dB 时的频率。

3) 特征频率 f_T。它是指 β 值因频率升高而下降至 1 时的频率。

(3) 极限参数

1) 集电极最大允许电流 I_{CM}。它是指晶体管参数变化不超过规定值时，集电极允许通过的最大电流。当晶体管的实际工作电流大于 I_{CM}时，管子的性能将显著变差。

2) 集电极-发射极反向击穿电压 $U_{(BR)CEO}$。它是指基极开路时，集电极与发射极间的反向击穿电压。

3) 集电极最大允许功率损耗 P_{CM}。它指集电结允许功耗的最大值，其大小决定于集电结的最高结温。

4. 判别与选用

（1）放大倍数与极性的识别方法　一般情况下可以根据命名规则从晶体管管壳上的符号辨别出它的型号和类型。对于小功率晶体管来说，有金属外壳和塑料外壳封装两种。对于金属外壳封装，如果管壳上带有定位销，那么将管底朝上，从定位销起，按顺时针方向，三根电极依次为E、B、C；如果管壳上无定位销，且三根电极在半圆内，我们将有三根电极的半圆置于上方，按顺时针方向，三根电极依次为E、B、C，如图3-1-6a、b所示。对于大功率晶体管，外形一般分为F型和G型两种，如图3-1-6c、d所示。对于F型管，从外形上只能看到两根电极，我们将管底朝上，两根电极置于左侧，则上为E，下为B，底座为C。G型管的三个电极一般在管壳的顶部，我们将管底朝下，三根电极置于左方，从最下电极起，沿顺时针方向依次为E、B、C。

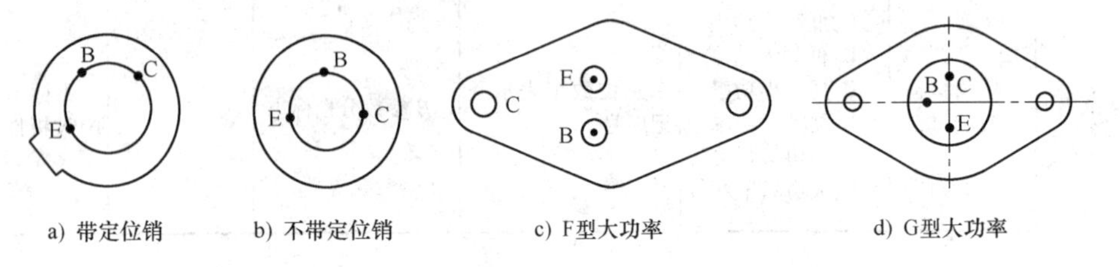

图3-1-6　金属外壳封装晶体管电极的识别

塑料外壳封装的晶体管，对于无金属散热片的，三根电极置于下方，将印有型号的侧平面正对观察者，从左到右，三根电极依次为E、B、C，如图3-1-7a所示。对于有金属散热片的，三根电极置于下方，将印有型号的一面正对观察者，从左到右，三根电极依次为B、C、E，如图3-1-7b所示。

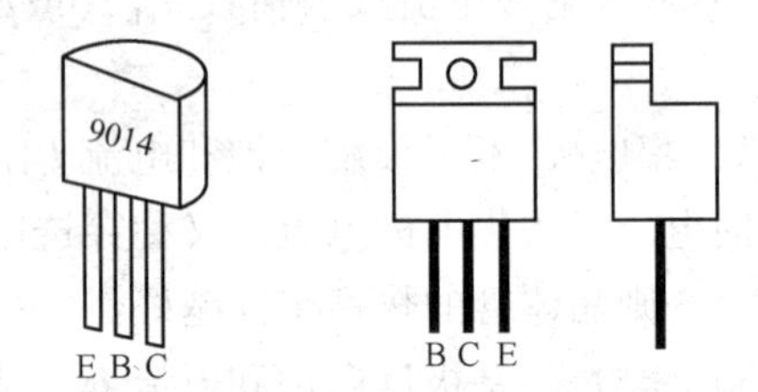

图3-1-7　塑料外壳封装晶体管电极识别

晶体管的管脚必须正确确认，否则接入电路中不但不能正常工作，还可能烧坏管子。

（2）晶体管的检测方法

1）利用万用表判别晶体管管脚

①先判别基极B和晶体管的类型。将万用表欧姆档置于$R\times100$或$R\times1\text{k}$档，先假设晶体管的某极为“基极”，并将黑色表笔接在假设的基极上，再将红色表笔先后接到其余两个电极上，如果两次测得的电阻值都很大（或都很小），而对换表笔后测得两个电阻值都很小（或都很大），则可以确定假设的基极是正确的。如果两次测得的电阻值是一大一小，则可肯定假设的基极是错误的，这时就必须重新假设另一电极为“基极”，再重复上述的测试。

当基极确定以后，将黑色表笔接基极，红色表笔分别接其他两极，此时，若测得的电阻值都很小，则该晶体管为NPN型晶体管；若测得的电阻值都很大，则为PNP型晶体管。

②再判别集电极C和发射极E。以NPN型晶体管为例，将万用表黑色表笔接到假设的集电极C上，红色表笔接到假设的发射极E上，并且用手握住B和C极（不能用力，B、C

极不直接接触），通过人体，相当于在B、C极之间接入偏置电阻。读出万用表所示C、E极之间的电阻值，然后将红色、黑色两表笔反接重测，同样读出万用表所测C、E间的电阻值，比较两次阻值的大小，阻值小（指针偏转大相当于电流较大，电流放大倍数较大）的那一次假设成立，如图3-1-8所示。

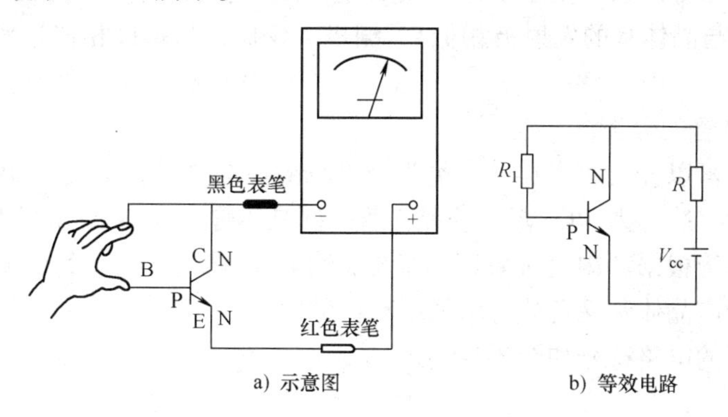

图3-1-8　判别晶体管C、E电极的原理图

2）晶体管性能简单测试

①检查穿透电流I_{CEO}的大小。以NPN型晶体管为例，将基极B开路，测量C、E极之间的电阻。万用表红色表笔接发射极，黑色表笔接集电极，若阻值较高（几十千欧以上），则说明穿透电流较小，管子能正常工作。若C、E极间电阻小，则穿透电流大，受温度影响大，工作不稳定，在技术指标要求高的电路中不能用这种管子。若测得阻值接近0，则表明管子已被击穿。若阻值为无穷大，则说明管子内部已断路。

②检查直流放大系数$\bar{\beta}$的大小。在集电极C与基极B之间接入100kΩ的电阻R_B，测量R_B接入前后发射极和集电极之间的电阻。万用表红色表笔接发射极，黑色表笔接集电极，电阻值相差越大，则说明$\bar{\beta}$越高。

一般的数字万用表都具备测$\bar{\beta}$的功能，将晶体管插入测试孔中，即可从表头刻度盘上直接读出$\bar{\beta}$值。若依此法来判别发射极和集电极也很容易，只要将E、C管脚对调一下，表针偏转较大的那一次插脚正确，从万用表插孔旁标记即可辨别出发射极和集电极。

（3）晶体管的选用原则

1）类型选择。按用途选择晶体管的类型。如按工作频率分，电路可分低频放大和高频放大电路，应选用相应的低频管或高频管；若要求管子工作在开关状态，则应选用开关管。根据集电极电流和耗散功率的大小，可分别选用小功率管或大功率管，一般集电极电流在0.5A以上，集电极耗散功率在1W以上的，选用大功率晶体管，以下者，选用小功率晶体管。习惯上也有把集电极电流0.5～1A的称为中功率晶体管，而0.1A以下的称小功率晶体管。还有按电路要求，选用NPN型或PNP型晶体管等。

2）参数选择。对放大管，通常必须考虑四个参数β、$U_{(BR)CEO}$、I_{CM}和P_{CM}，一般希望β大，但并不是越大越好，需根据电路要求选择β值。β太高，易引起自激振荡，工作稳定性差，受温度影响也大，通常选β在40～100之间。$U_{(BR)CEO}$、I_{CM}和P_{CM}是晶体管极限参数，电路的估算值不得超过这些极限参数。

（四）场效应晶体管

场效应晶体管（Field Effect Transistor, FET）是一种电压控制的半导体器件。它属于电压控制型半导体器件，具有输入阻抗高（$10^8 \sim 10^9\Omega$）、噪声小、功耗低、动态范围大、易于集成、没有二次击穿现象、安全工作区域宽等优点。它与晶体管一样也有三个电极，分别叫作源极（S 极，与晶体管的发射极相似）、栅极（G 极，与基极相似）和漏极（D 极，与集电极相似）。

1. 场效应晶体管的分类

场效应晶体管可以分成两大类：一类为结型场效应晶体管，简写为 JFET；另一类为绝缘栅场效应晶体管，简称为 MOS 场效应晶体管。同晶体管有 NPN 型和 PNP 型两种极性类型相似，场效应晶体管根据其沟道所采用的半导体材料不同，又可分为 N 型沟道和 P 型沟道两种。绝缘栅场效应晶体管又可分为增强型和耗尽型两种。

场效应晶体管的电路符号如图 3-1-9 所示。

a) N沟道结型场效应晶体管　b) P沟道结型场效应晶体管　c) NMOS场效应晶体管　d) PMOS场效应晶体管

图 3-1-9　场效应晶体管的电路符号

2. 场效应晶体管的型号命名方法

现行的命名方法有两种。第一种命名方法与双极型晶体管相同，第三位字母 J 代表结型场效应晶体管，O 代表绝缘栅场效应晶体管。第二位字母代表材料，D 是 P 型硅，反型层是 N 沟道；C 是 N 型硅，反型层是 P 沟道。例如，3DJ6D 是结型 N 沟道场效应晶体管，3DO6C 是绝缘栅 N 沟道场效应晶体管。第二种命名方法是 CS××#，CS 代表场效应晶体管，××以数字代表型号的序号，#用字母代表同一型号中的不同规格，例如 CS14A、CS45G 等。

3. 场效应晶体管的主要参数

场效应晶体管的参数很多，包括直流参数、交流参数和极限参数，但一般使用时关注以下主要参数。

（1）饱和漏源电流 I_{DSS}　它是指结型或耗尽型绝缘栅场效应晶体管中，栅源电压 $U_{GS}=0$ 时的漏源电流。

（2）夹断电压 $U_{(GS)off}$　它是指结型或耗尽型绝缘栅场效应晶体管中，使漏源间刚截止时的栅源电压。

（3）开启电压 $U_{(GS)th}$　它是指增强型绝缘栅场效应晶体管中，使漏源间刚导通时的栅源电压。

（4）跨导 g_m　它是表示栅源电压 U_{GS} 对漏极电流 I_D 的控制能力，即漏极电流 I_D 变化量与栅源电压 U_{GS} 变化量的比值。g_m 是衡量场效应晶体管放大能力的重要参数。

（5）漏源击穿电压 $U_{(BR)DS}$　它是指栅源电压 U_{GS} 一定时，场效应晶体管正常工作所能承受的最大漏源电压。这是一项极限参数，加在场效应晶体管上的工作电压必须小于 $U_{(BR)DS}$。

（6）最大耗散功率 P_{DM}　它也是一项极限参数，是指场效应晶体管性能不变坏时所允许的最大漏源耗散功率。使用时，场效应晶体管实际功耗应小于P_{DM}并留有一定余量。

（7）最大漏源电流I_{DM}　它是一项极限参数，是指场效应晶体管正常工作时，漏源间所允许通过的最大电流。场效应晶体管的工作电流不应超过I_{DM}。

4. 场效应晶体管的测试

（1）结型场效应晶体管的管脚识别　将指针式万用表的黑色表笔任意接触一个电极，红色表笔依次去接触其余的两个电极，测其电阻值；然后黑色表笔依次换到另两个电极，红色表笔照做。当出现两次测得的电阻值近似相等时，则黑色表笔所接触的电极为栅极，其余两电极分别为漏极和源极。若两次测得的电阻值均很大，则说明是PN结的反向，即都是反向电阻，可以判定是N沟道场效应晶体管；若两次测得的电阻值均很小，则说明是正向PN结，即都是正向电阻，可以判定为P沟道场效应晶体管。若不出现上述情况，可以调换黑色、红色表笔按上述方法进行测试，直到判别出栅极为止。

注意不能用此法判定绝缘栅场效应晶体管的栅极。因为这种管子的输入电阻极高，栅源间的极间电容又很小，测量时只要有少量的电荷，就可在极间电容上形成很高的电压，容易将管子损坏。

（2）估测场效应晶体管的放大能力　将万用表拨到$R\times100$档，红色表笔接源极S，黑色表笔接漏极D，相当于给场效应晶体管加上1.5V的电源电压。这时表针指示出的是D、S极间电阻值。然后用手指捏住栅极G，将人体的感应电压作为输入信号加到栅极上。由于管子的放大作用，U_{DS}和I_D都将发生变化，也相当于D、S极间的电阻值发生变化，可观察到表针有较大幅度的摆动。如果手捏栅极时表针摆动幅度很小，则说明管子的放大能力较弱；若表针不动，则说明管子已经损坏。

本方法也适用于测MOS管。为了保护MOS场效应晶体管，必须用手握住螺钉旋具的绝缘柄，用金属杆去碰栅极，以防止人体感应电荷直接加到栅极上，将管子损坏。MOS管每次测量完毕，GS结电容上会充有少量电荷，建立起电压U_{GS}，再接着测时表针可能不动，此时将G、S极间短路一下即可。

目前常用的结型场效应晶体管和MOS型绝缘栅场效应晶体管的管脚顺序如图3-1-10所示。

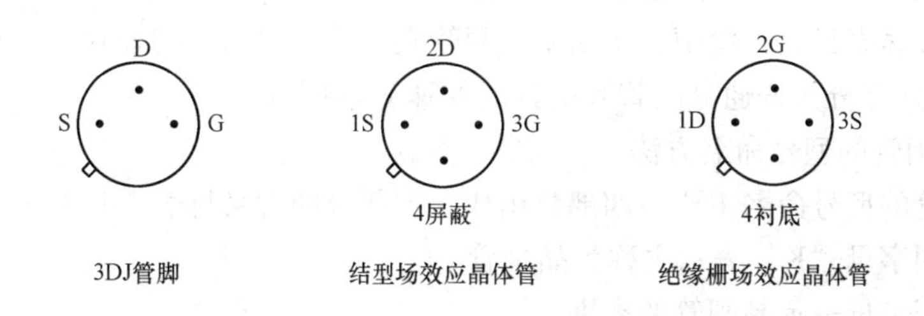

图3-1-10　结型场效应晶体管和MOS型绝缘栅场效应晶体管的管脚顺序

（五）晶闸管

晶闸管的特点是：只要门极中通以几毫安至几十毫安的电流就可以触发器件导通，器件中就可以通过较大的电流。利用这种特性，晶闸管可用于整流、开关、变频、交直流变换、电机调速、调温、调光及其他自控电路中。晶闸管外形图及符号如图 3-1-11、图 3-1-12 所示。图中 A 为单向晶闸管阳极，K 为阴极，G 为门极；T_1 为双向晶闸管第一阳极，T_2 为第二阳极。

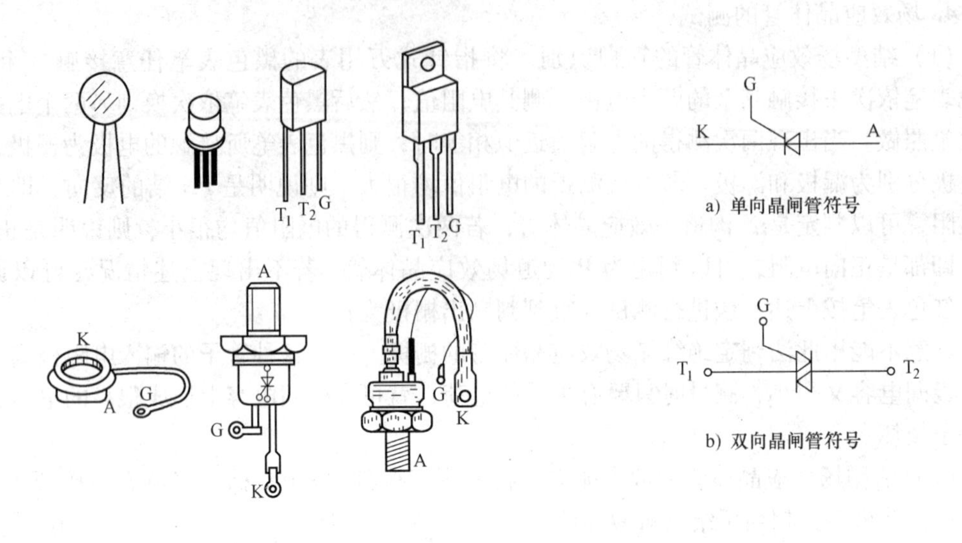

图 3-1-11　晶闸管外形图　　图 3-1-12　晶闸管符号

1. 晶闸管的种类

晶闸管有多种分类方法。

1）按关断、导通及控制方式分为普通晶闸管、双向晶闸管、逆导晶闸管、门极关断晶闸管（GTO）、BTG 晶闸管、温控晶闸管和光控晶闸管等多种。

2）按管脚和极性分为二极晶闸管、三极晶闸管和四极晶闸管。

3）按封装形式分为金属封装晶闸管、塑封晶闸管和陶瓷封装晶闸管三种类型。其中，金属封装晶闸管又分为螺栓形、平板形、圆壳形等多种；塑封晶闸管又分为带散热片型和不带散热片型两种。

4）按电流容量分为大功率晶闸管、中功率晶闸管和小功率晶闸管三种。通常，大功率晶闸管多采用金属壳封装，而中、小功率晶闸管则多采用塑封或陶瓷封装。

5）按关断速度分为普通晶闸管和高频（快速）晶闸管。

2. 国产晶闸管的型号命名方法

国产晶闸管的型号命名主要由四部分组成，各部分的含义见表 3-1-3。

第一部分用字母“K”表示主称为晶闸管。

第二部分用字母表示晶闸管的类别。

第三部分用数字表示晶闸管的额定通态电流值。

第四部分用数字表示重复峰值电压级数。

例如：KP1-2（1A、200V 普通反向阻断型晶闸管），其中 K 表示晶闸管，P 表示普通反向阻断型，1 表示额定通态电流值 1A，2 表示重复峰值电压值 200V。

KS5-4（5A、400V 双向晶闸管），其中 K 表示晶闸管，S 表示双向型，5 表示额定通态电流值为 5A，4 表示重复峰值电压值为 400V。

表 3-1-3　国产晶闸管的型号命名方法

第一部分		第二部分		第三部分		第四部分	
主称		类别		额定通态电流值		重复峰值电压级数	
字母	含义	字母	含义	数字	含义	数字	含义
K	晶闸管（可控硅）	P	普通反向阻断型	1	1A	1	100V
				5	5A	2	200V
				10	10A	3	300V
				20	20A	4	400V
		K	快速反向阻断型	30	30A	5	500V
				50	50A	6	600V
				100	100A	7	700V
				200	200A	8	800V
		S	双向型	300	300A	9	900V
				400	400A	10	1000V
				500	500A	12	1200V
						14	1400V

3. 晶闸管的主要参数

晶闸管的主要参数有正向转折电压 U_{BO}、正向平均漏电流 I_{FL}、反向漏电流 I_{RL}、断态重复峰值电压 U_{DRM}、反向重复峰值电压 U_{RRM}、正向平均压降 U_F、通态平均电流 I_T、门极触发电压 U_G、门极触发电流 I_G、维持电流 I_H 等。这里不作详细介绍,有兴趣的同学可以查阅相关手册。

4. 晶闸管的检测

（1）单向晶闸管的检测　万用表选电阻 $R\times10$ 档，用红色、黑色两表笔分别测任意两管脚间正反向电阻值直至找出读数为数十欧姆的一对管脚，此时黑色表笔所接触的管脚为门极 G，红色表笔所接触的管脚为阴极 K，另一空管脚为阳极 A。

（2）双向晶闸管的检测　选万用表电阻 $R\times1$ 档，用红色、黑色两表笔分别测任意两管脚间正反向电阻值，结果两组读数为无穷大，若一组为数十欧姆时，该组红色、黑色表笔所接的两管脚为第一阳极 T_1 和门极 G，另一空管脚即为第二阳极 T_2。确定 T_2 极后，再仔细测量 T_1、G 极间正反向电阻值，读数相对较小的那次测量的黑色表笔所接的管脚为第一阳极 T_1，红色表笔所接管脚为门极 G。

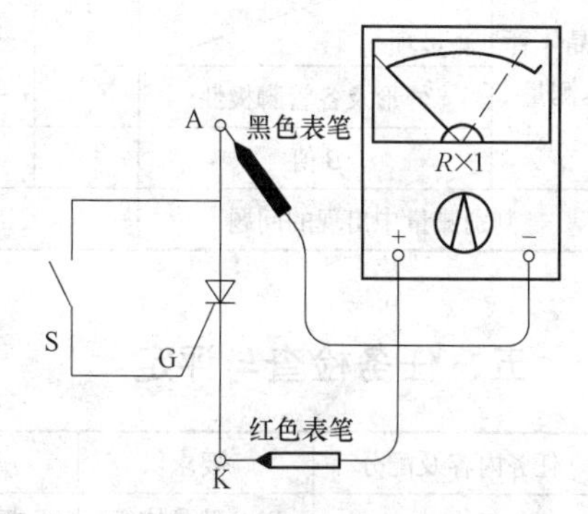

图 3-1-13　用万用表测试晶闸管的触发能力

（3）触发能力检测　以单向晶闸管为例,对于小功率(工作电流 5A 以下)普通晶闸管,可用万用表 $R\times1$ 档测量。测量时黑色表笔接阳极 A,红色表笔接阴极 K,此时表针不动,显示阻值为无穷大。用镊子或导线将晶闸管的阳极(A)与门极(G)短路,如图 3-1-13 所示,相当于给 G 极加上正向触发电压,此时若电阻值为几欧姆至几十欧姆,则表明晶闸管因正向触发而导通。再断开 A 极与 G 极的连接(A、K 极上的表笔不动,只将 G 极的触发电压断掉）。若表针指示值仍保持不变，则说明此晶闸管的触发性能良好。

四、任务实施

（一）任务要求

利用万用表检测二极管、晶体管、桥堆、晶闸管等半导体器件的管脚极性。

（二）任务准备

准备材料：万用表，二极管 1N4735、1N4007，PNP 型、NPN 型晶体管，桥堆，晶闸管等。

（三）任务实施步骤

1. 万用表测晶体二极管

1）用万用表鉴别晶体二极管的极性。

2）万用表分别置 $R\times10$、$R\times100$、$R\times1\mathrm{k}$ 档，观察晶体二极管 1N4735、1N4007 的正反向电阻值变化情况。

2. 用万用表测晶体管

1）极性的判别：任选 PNP 型、NPN 型晶体管 10 只，由学生用万用表判别各管的管型及管脚。

2）β 值的测量：任选 PNP 型、NPN 型晶体管 10 只（编号），由学生用万用表“hFE”档，测量各管的 β 值，并按编号做好记录。

3. 用万用表测晶闸管、桥堆

用万用表判断晶闸管桥堆的管脚。

4. 记录结果

将判别、测量结果填入表 3-1-4 中。

表 3-1-4　判别、测量表

	测量项 / 型号	$R\times1\mathrm{k}$		$R\times100$		$R\times10$		质量判别	
二极管测量		正向	反向	正向	反向	正向	反向	好	坏
	1N4735								
	1N4007								

	晶体管编号 / 测量项	1	2	3	4	5	6	7	8	9	10
晶体管测量	外形及各管脚极性										
	β 值										

判别测量中出现的问题	

五、任务检查与评定

任务内容及配分	要求	扣分标准	得分
元器件识别（70 分）	PNP 型晶体管	E 极、C 极管脚识别不正确扣 15 分	
	NPN 型晶体管	C 极、E 极管脚识别不正确扣 15 分	
	晶闸管	G 极、K 极管脚识别不正确扣 15 分	

（续）

任务内容及配分	要求	扣分标准	得分
元器件识别（70 分）	二极管	阳极、阴极管脚识别不正确扣 5 分	
	稳压管	阳极、阴极管脚识别不正确扣 10 分	
	桥堆	正极、负极管脚识别不正确扣 10 分	
工具使用（20 分）	万用表使用	1. 不能正确使用万用表扣 10 分 2. 万用表使用完毕未归位扣 10 分	
定额时间（10 分）	15min	训练不允许超时，每超 5min（不足 5min 以 5min 记）扣 5 分	
备注	所有元器件都封装在密闭容器中，只露出引脚，要求使用万用表区分引脚极性	成绩	

【任务小结】

本任务主要介绍了二极管、晶体管，场效应晶体管和晶闸管等半导体器件。二极管和晶体管主要从其分类、主要技术参数等方面进行了介绍，重点讲述了常用二极管和晶体管的识别与选用。其他特殊半导体器件主要介绍了各自的特点及用途，并通过对常用半导体器件的检测识别练习，进一步掌握各种半导体器件的特性。

【习题及思考题】

1. 常用二极管有哪些？各类二极管的特性及用途是什么？
2. 如何用万用表判断二极管的好坏？
3. 如何用万用表判别晶体管的电极、类型及比较电流放大倍数的大小？
4. 若晶体管基极折断，能否当二极管用？若集电极断了，能否当二极管用？
5. 场效应晶体管的特点及用途是什么？

任务二　电子仪器仪表的使用

能力目标：

1. 能正确使用各种仪器仪表，正确读出测量数据。
2. 能根据各种电量测试要求，绘制测试框图。
3. 能正确选择仪表的量程。

知识目标：

1. 掌握各种仪表的作用、指标含义。
2. 掌握各种仪表面板功能键含义。

一、任务引入

在进行设备维护时需要测量设备及外部环境的各种参数，测量时需要用到各种测量仪器仪表。

电工测量主要是测量供电系统和动力设备的各种物理量，测量的内容有：

（1）电磁能　如电流、电压、电功率、电场强度、电磁干扰、噪声等。

（2）电信号的特性　如波形、保真度（失真度）、频率（周期）、相位、脉冲参数、调制度、信号频谱、信噪比以及逻辑状态等。

（3）元器件及电路参数　如电阻、电感、电容、电子器件（电子管、晶体管、场效应晶体管及集成电路等）；电路（含电子设备及仪器等）的频率响应、通带宽度、品质因数、相位移、延时、衰减、增益以及特性曲线（如频率特性曲线、伏安特性曲线）。

二、任务分析

本任务主要介绍电子仪表，如信号发生器、交流毫伏表、数字存储示波器等仪表，这些仪表主要用来对电路进行调试测量，如测量电路指标、观察波形、绘制特性曲线等。电子产品装配过程中离不开仪器仪表，能否正确地选用和操作仪器仪表将影响电子产品装配的质量、工作效率，甚至影响到人身安全。

三、必备知识

（一）信号发生器

信号发生器又叫信号源，它是为电子测量提供符合一定技术要求的电信号的仪器。信号发生器可产生不同波形、频率和幅度的电信号，用来测试放大器的放大倍数、频率特性以及元器件的参数等，还可以用来校准仪表以及为各种电路提供交流电信号。

1. 低频信号发生器

低频信号发生器对输出的正弦波信号的频率、电压或功率均要求有一定的连续可调的范围，波形失真要小，其输出频率和电压有相应的读数指示装置。下面以 DF1026 型低频信号发生器为例介绍低频信号发生器的使用方法。

DF1026 型低频信号发生器是一种便携式 *RC* 振荡器，可以输出正弦波及方波信号。

（1）主要技术性能

1）频率范围：10Hz ~ 1MHz，分 ×1、×10、×100、×1k、×10k 五个频段，频段内连续可调节的范围为 10 ~ 100Hz 乘以频率倍乘。

2）输出功率：最大功率 5W。

3）最大输出电压：7V（正弦波）、10V（方波）。

4）输出阻抗：600Ω。

5）输出衰减：分 6 档，以 −10dB 步进递减。

6）频率准确度：±3%。

（2）面板图　图 3-2-1 所示为 DF1026 型低频信号发生器面板图。

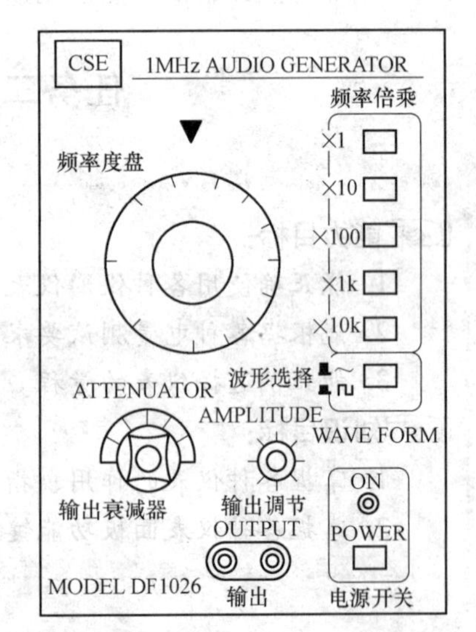

图 3-2-1　DF1026 型低频信号发生器面板图

（3）使用方法

1）波形的选择。波形选择开关处于弹起位置，则输出正弦波；处于按下位置，则输出方波。

2）频率的调节。输出信号的频率由面板上的“频率倍乘”指示值和“频率度盘”读数值两者乘积得到。如“频率倍乘”置“×10”，“频率度盘”读数为“80”，则输出信号频率为 80×10Hz＝800Hz。

3）输出电压的调节。输出电压的大小通过旋转面板上的“输出调节”旋钮做从零到最大输出的连续调节，通过旋转“输出衰减器”旋钮以 －10dB 做步进式衰减调节，进行 0～－50dB衰减，实现输出 7～0V 的电压。

级差与电压比（U_o/U_i）的关系为 $20\lg\frac{U_o}{U_i}$dB，U_i 是输入到衰减器的电压，U_o 是衰减器输出的电压。级差与电压比换算关系见表 3-2-1。

表 3-2-1　级差与电压比的换算关系表

级差/dB	0	－10	－20	－30	－40	－50
电压比(U_o/U_i)	1	0.3163	0.1	0.03163	0.01	0.003163
输出电压范围	0～7V	0～2V	0～0.7V	0～200mV	0～70mV	0～20mV

例如：将输出电压调到 10mV，方法如下：选择适当的衰减档，在此选择 －50dB 档，然后调节“输出调节”旋钮，同时用交流毫伏表观测输出电压，使电压达到 10mV。

（4）注意事项

1）通电前将“输出调节”旋钮逆时针旋转到底，使输出电压为零，然后再缓慢增加输出电压。另外在切换衰减档位时，应先将“输出调节”旋钮置于最小，然后再进行切换，要养成这种操作习惯。

2）仪器在使用前，先应预热几分钟，使仪器工作稳定。

3）注意不要将输出端短接，以免损坏仪器。

4）注意输出端有信号和接地两个不同端，使用时不可错接。

2. 直接数字合成信号发生器

SFG-1003 型信号发生器（见图 3-2-2），使用直接数字合成（Direct Digital Synthesizer, DDS）的方式，这是一种新的频率合成技术，可产生高分辨率、稳定的输出信号，其主要产生正弦波、方波和三角波等波形信号。

（1）主要特征

1）DDS 技术提供了高质量的波形。

2）高稳定度和精确度：0.002‰。

3）低失真度：－55dBc。

4）采用数字化操作方式。

5）输出的波形有正弦波、方波和三角波。

6）全频段频率分辨率均可达 100mHz。

7）TTL 输出。

8）可变的直流偏置电压控制。

9）输出过载保护。

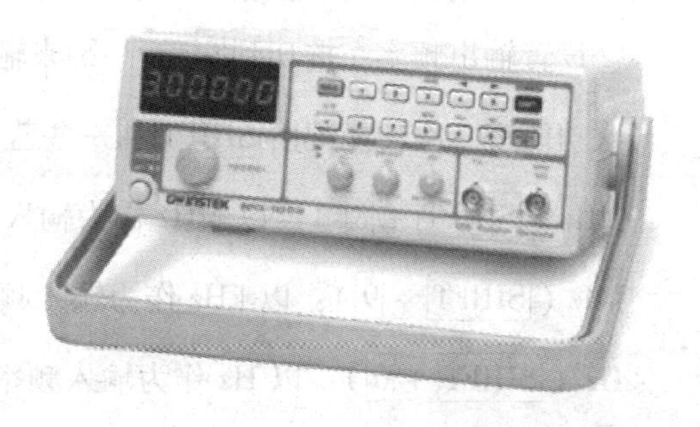

图 3-2-2　SFG-1003 型信号发生器

10）输出开关控制。

（2）基本工作特性指标

1）工作频率范围：0.5Hz ~ 3MHz。

2）正弦波和同步 TTL 方波输出频率可达 3MHz。

3）频率显示分辨率：0.50Hz ~ 999.99999kHz 时，0.01Hz；1 ~ 3MHz 时，0.1Hz。

4）微调频率最小可达 0.01Hz。

5）输出特性如下：

①同步 TTL 电平输出端：可输出方波、脉冲波，前后沿小于等于 10ns。

②源阻抗 50Ω 输出端：可输出正弦波、方波、脉冲波（占空比为 10.0% ~ 90.0%，可调）、三角波。

③输出幅度误差［以 1kHz 正弦波为例，6V（有效值）输出为基准］：基本误差为 ±0.2dB。

④电源电压：(1 ± 10%) 220V，50Hz/60Hz。

⑤功率消耗：约 10W。

（3）控制面板描述

DDS 信号发生器控制面板图如图 3-2-3 所示。

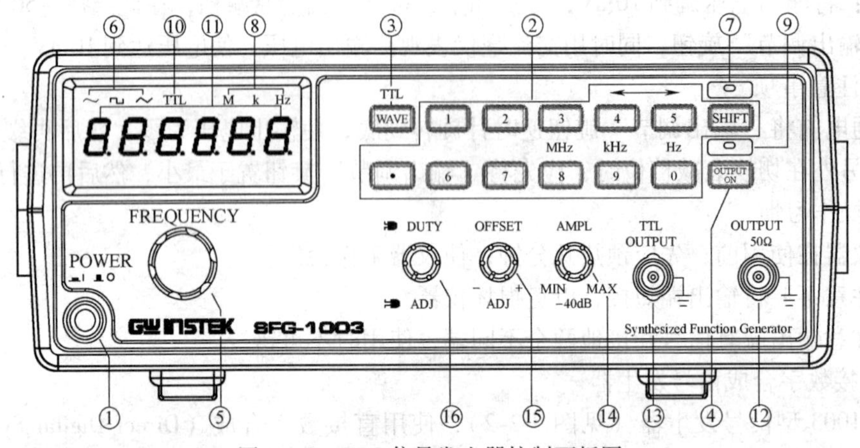

图 3-2-3　DDS 信号发生器控制面板图

①POWER 按钮：按此钮打开电源，数码管开始显示。再按一次，则关闭电源。

②设置输出频率：按 0 到 9 和 · 键来输入数值，然后按次功能键完成数值设定。

次功能键：次功能键由 SHIFT 和一些蓝色字体的数字键的复合键来组成，具体如下。

MHz（SHIFT + 8）：以 MHz 作为输入频率值的单位。

kHz（SHIFT + 9）：以 kHz 作为输入频率值的单位。

Hz（SHIFT + 0）：以 Hz 作为输入频率值的单位。

◀（SHIFT + 4）：光标左移一位。

▶（SHIFT + 5）：光标右移一位。

③WAVE 功能键：按[WAVE]键以正弦波、方波和三角波的顺序选择主输出波形，并且相对应的 LED 会依序亮起。

次功能键：TTL（[SHIFT] + [WAVE]），TTL 输出的状态（ON 或 OFF）切换。

注意：主输出为方波时，TTL 输出无法关闭。

④输出开关控制键：[OUTPUT ON] 完成主输出以及 TTL 输出的状态（ON 或 OFF）切换。

⑤频率调节旋钮：调节旋钮可增大或减小频率值。

⑥波形的 LED 指示灯：这些 LED 指示灯表示主输出波形。

⑦次功能的[SHIFT]键的 LED 指示灯：当按下[SHIFT]键时，机器会选择次功能，并且此 LED 指示灯会亮起。

⑧单位的 LED 指示灯：MHz、kHz 和 Hz 的 LED 指示灯用于显示目前设定数值的单位。

⑨主输出的 LED 指示灯：[OUTPUT ON]上方的 LED 指示灯亮时，表示已开启主输出。

⑩TTL 的 LED 指示灯：TTL 的 LED 指示灯亮时，表示 TTL 输出功能已开启。

⑪数码管：6 位数码管显示当前设定的频率值或者错误信息。

⑫主输出插口：主输出（输出阻抗为 50Ω）。

⑬TTL 输出插口：输出 TTL 兼容的信号。按下[SHIFT] + [WAVE]键，且 TTL 的 LED 指示灯亮时，会从此输出端输出和 TTL 兼容的波形。

⑭输出振幅控制和衰减的控制旋钮：顺时针旋转此钮以取得最大输出，逆时针旋转此钮可取得最小输出。拉起此钮可得到 -40dB 的输出衰减。

⑮直流偏置控制旋钮：拉起此钮，在 5V 和 -5V 电压之间（加 50Ω 负载）调整波形的直流偏置，顺时针旋转此钮可设定正向的直流准位波形，逆时针旋转此钮可设定负向的直流准位波形。

⑯DUTY 功能控制旋钮：拉起此钮，可以调整方波的占空比（DUTY）。

（4）操作方法

1）仪器使用的第一步。

①确认主电源电压可与仪器兼容。

②使用电源线连接仪器到主电源。

③打开电源，默认主输出和 TTL 输出都为 OFF，频率设定为 1kHz，波形为正弦波。

2）输出功能的设定。按[WAVE]键选择主输出波形。每按一次这个键，就会以正弦波、方波和三角波的顺序改变波形，并且相对应的 LED 指示灯会以上述的输出波形顺序亮起。

3）频率的设定。

①确定[SHIFT]键的 LED 指示灯不亮，即不是次功能键输入状态。

②输入所需的频率值。

③通过[SHIFT] + [8]、[9]或[0]功能键输入适当的单位标示频率值。

④此外，可选择[SHIFT] + [4]或[5]并旋转频率调节旋钮来调整所需的频率值。

4）振幅和衰减的设定。

①旋转输出振幅控制和衰减控制的旋钮来控制波形的振幅使其符合要求。

②拉起输出振幅控制和衰减控制的旋钮以获取 -40dB 衰减。

5）偏置电压的设定。

①拉起直流偏置控制旋钮启动直流偏置的功能，可在5V 和 -5V 电压之间（加 50Ω 负载）选择任一个波形的直流准位。

②顺时针旋转此钮可设定波形的正向直流准位，逆时针旋转此钮则可设定波形的负向直流准位。

③加在直流准位的信号仍然限制在 ±20V（空载）或 ±10V（50Ω 负载）。

6）占空比（DUTY）的设定（只适用于方波）。拉起 DUTY 功能控制旋钮启动 DUTY 控制功能，可调整频率在 1MHz 以下的方波的占空比在 25% ~75% 之间变化。

7）TTL 信号输出功能。SFG-1003 型信号发生器由 TTL 输出插口提供一个与 TTL 电平兼容的信号。TTL 信号输出的频率由主输出信号的频率决定。若需修改信号的频率，请参考上文“3）频率的设定”中的操作方法。

按 SHIFT + WAVE 键，TTL 的 LED 指示灯亮起表示 TTL 输出功能开启，并且可以从 TTL 输出插口获得一个与 TTL 电平兼容的信号。

注意： TTL 的运转会影响主输出波形（正弦波和三角波）的品质。所以若需要一个高质量的正弦波或三角波，请先关闭这个功能。选择方波时，若主输出打开，TTL 功能会一直开启。

（二）交流毫伏表

电工仪表由于受结构的限制，只适于工作在直流电路或频率在几百赫兹以下的交流电路中。电子电路中的信号一般频率都远高于这个数量级，且频率范围也很宽，因此一般的电表不能直接用于电子电路中测量信号电压。这时应该使用交流毫伏表来测量。

交流毫伏表是用来测量交流电压大小的交流电子电压表，它的指示机构是指针式的，因而又称为模拟式电子电压表，有些毫伏表还可以进行电平的测量。

1. 交流毫伏表的分类

按照所用电路元器件的不同可分为电子管毫伏表、晶体管毫伏表和集成电路毫伏表三种。

按所能测量信号的频率范围的不同可分为视频毫伏表（又称为宽频毫伏表，测频范围为几赫兹至几兆赫兹）、超高频毫伏表（测频范围为几千赫兹至几百兆赫兹）。

2. 交流毫伏表的特点

（1）灵敏度高　灵敏度反映了毫伏表测量微弱信号的能力，灵敏度越高，测量微弱信号的能力越强，一般毫伏表都能测量低至毫伏级的电压，例如 DA-6、DF2172 的最小测量电压均为 100μV。

（2）测量频率范围宽　测量频率范围上限至少可达数百千赫兹，高者甚至可达数百兆赫兹。例如 DF2172 的测频范围为 20Hz ~1MHz。

（3）输入阻抗高　交流毫伏表是一种交流电压表，测量时与被测电路并联，输入阻抗越高，对被测电路的影响越小，测得结果越接近被测交流电压的实际值。一般毫伏表的输入阻抗可达几百千欧甚至几兆欧。例如 DF2172 的输入电阻 R_i = 1.5MΩ，输入电容 C_i = 50 ~10pF。

3. D2171B 型双通道交流毫伏表

该表是一种放大-检波式晶体管毫伏表，具有双路输入，故对于同时测量两种不同大小的交流信号的有效值及两种信号的比较最为方便，适用于 10Hz ~ 1MHz 的交流信号的电压有效值测量。

（1）主要技术指标

①测量电压的频率范围：10Hz ~ 1MHz。

②测量电压的范围：100μV ~ 300V，共 12 档量程。

③量程：1mV、3mV、10mV、30mV、100mV、300mV；1V、3V、10V、30V、100V、300V。

④电压测量工作误差：±5%。

⑤输入阻抗：1MΩ。

（2）面板图　图 3-2-4 所示为 DF2172B 型交流毫伏表的面板图。

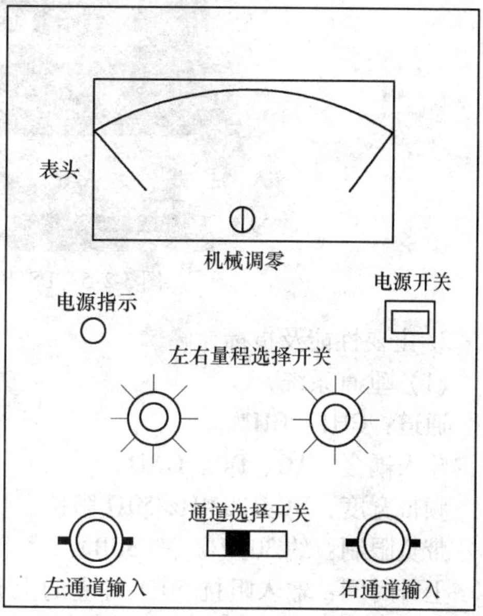

（3）使用方法

1）通电前先进行机械调零。

2）根据需要选择左通道或右通道。

3）将量程开关置于高量程档，接通电源，通电后可立刻工作，但为了保证稳定性，可预热 10min 后使用，开机 10s 内指针无规则的摆动是正常情况。

4）若测量未知电压，应将量程开关置于最大档，然后逐级减小量程。

5）测量时接线应先接好输入端的接地端（即黑测量端），然后再接高电位端，当测量市电或高电压时，更应如此连接。

6）测试 36V 以上电压时，要注意人身安全，不允许带电触摸金属裸露部分。

图 3-2-4　DF2172B 型交流毫伏表面板图

（三）数字存储示波器

数字存储示波器是以数字编码的形式来储存、处理信号的。被测信号进入数字存储示波器，到达显示电路之前，数字存储示波器将按一定的时间间隔对信号电压进行采样，然后经 ADC（模-数转换器）电路对这些瞬时值或采样值进行变换，产生代表每一个采样电压的二进制数码，并将获得的二进制数码储存在存储器中，再经处理后，由 DAC（数-模转换器）电路将二进制数码转换成电压，送入显示电路显示出波形来。

数字存储示波器的特点：

1）可以长期储存多组波形。

2）波形信息可以进行数字化处理，如数字运算处理等。

3）可以用新采集的波形和以前采集的波形进行对比。

4）可以方便地连接计算机、打印机、绘图仪等设备。

数字存储示波器在研究低重复率的现象或者完全不重复的现象时具有特别宝贵的价值，如测量一个电系统的冲击电流、破坏性试验等只能进行一次测量的场合。数字存储示波器由于可以对波形进行数字化处理，因此在采集分析波形细节方面是首屈一指的。

数字存储示波器具有波形触发、采集、存储、显示、波形数据分析处理等独特优点，在使用上也有和模拟示波器很大不同的特点。

下面介绍一款具有一流水平的国产数字存储示波器——DS1102 型宽带数字存储示波器。

1. 外形图（见图 3-2-5）

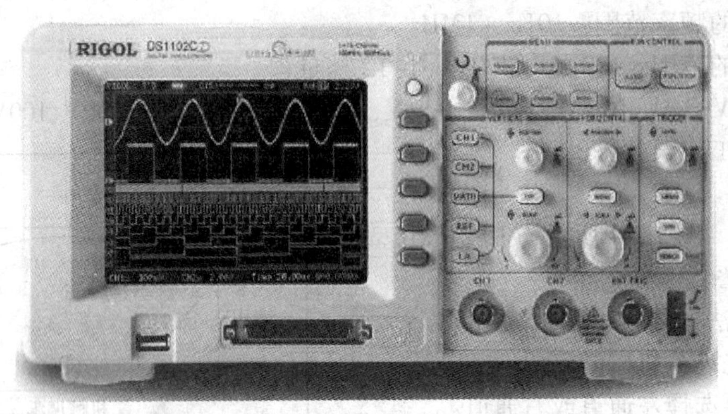

图 3-2-5 DS1102 型宽带数字存储示波器

2. 主要性能及指标

(1) 垂直系统

通道：CH1、CH2。

输入耦合：AC、DC、GND。

频带宽度：DC/100MHz/50Ω 阻抗。

带宽限制：约 30MHz（－3dB）。

上升时间：输入阻抗 50Ω 对应的上升时间为 0.7ns，输入阻抗 1MΩ 对应的上升时间为 1.2ns。

偏转系统：输入阻抗 50Ω 对应为 2mV/div～0.5V/div，1-2-5 进制（误差为 ±3%）；输入阻抗 1MΩ 对应为 2mV/div～5V/div，1-2-5 进制（误差为 ±3%）。

垂直分辨率：8bit。

输入阻抗：1MΩ（12pF）或 50Ω，手动可选。

工作方式：CH1，CH2，CH1 ± CH2，CH1 × CH2，CH1 ÷ CH2。

(2) 水平系统

实时采样：500×10^6次/s，等效采样为 50×10^9 次/s。

水平扫描方式：主扫描、主扫描加延迟扩展扫描、滚动扫描、X-Y 扫描。

主扫描时基范围：1ns/div～50s/div，1-2-5 步进。

延迟扩展扫描时基：1ns/div～20ms/div，1-2-5 步进。

时间分辨率：20ps。

X-Y 特性：X 频带宽度为（DC）125MHz，－3dB。

相位差：在 5MHz 时，小于或等于 3°。

参考点位置：可以设定在显示屏的左边、中心或右边。

延迟范围：正延迟。

3. 面板介绍（见图 3-2-6）

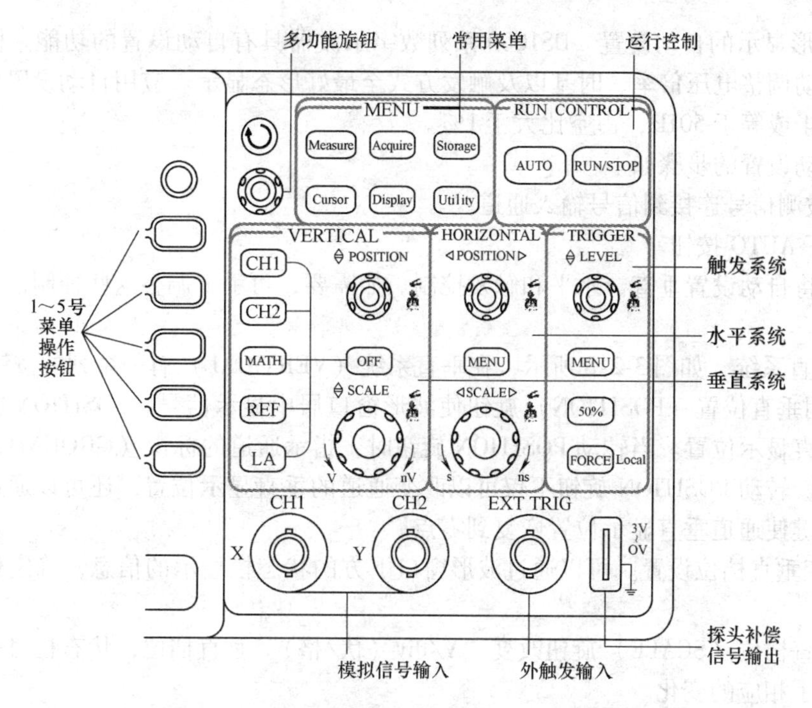

图 3-2-6 DS1102 型宽带数字存储示波器面板示意图

面板操作旋钮及按钮分为以下几个部分：运行控制部分（RUN CONTROL）、常用菜单部分（MENU）、垂直系统（VERTICAL）、水平系统（HORIZONTAL）以及触发系统（TRIGGER）。

另外，面板上有两个模拟信号输入和一个外触发输入插口，并具有 USB 接口。屏幕显示界面如图 3-2-7 所示。

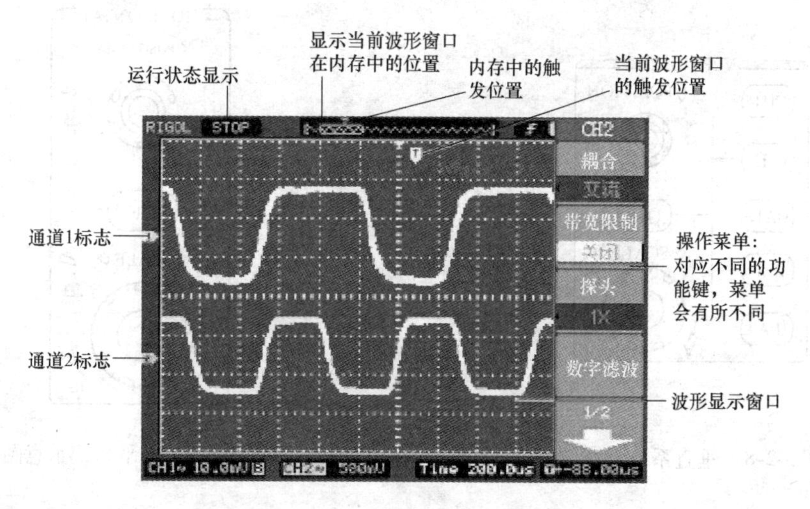

图 3-2-7 屏幕显示界面

4. 基本操作

一般性使用和模拟示波器的使用方法类似，需要了解自动设置、垂直系统、水平系统和触发系统。

（1）波形显示的自动设置　DS1000 系列数字示波器具有自动设置的功能。根据输入的信号，可自动调整电压倍率、时基以及触发方式至最好形态显示。应用自动设置要求被测信号的频率大于或等于 50Hz，占空比大于 1%。

使用自动设置的步骤如下：

1）将被测信号连接到信号输入通道。

2）按下 AUTO 按钮。

示波器将自动设置垂直、水平和触发控制。如需要，可手工调整这些控制使波形显示达到最佳。

（2）垂直系统　如图 3-2-8 所示，在垂直系统（VERTICAL）有一系列的按钮、旋钮。

1）使用垂直位置（POSITION）旋钮使波形窗口居中显示信号。POSITION 旋钮控制被测信号的垂直显示位置。当转动 POSITION 旋钮时，指示通道的标识（GROUND）跟随波形而上下移动。转动 POSITION 旋钮不仅可以改变通道的垂直显示位置，还可以通过按下该旋钮这一快捷键使通道垂直显示位置恢复到零点。

2）改变垂直档位设置。可以通过波形窗口下方的状态栏显示的信息，确定任何垂直档位的变化。

转动垂直档位（SCALE）旋钮改变“V/div（伏/格）”垂直档位，状态栏对应通道的档位显示发生了相应的变化。

按 CH1、CH2、MATH、REF 按钮可以使屏幕显示对应通道的操作菜单、标志、波形和档位状态信息。按 OFF 按钮可以关闭当前选择的通道。

（3）水平系统　如图 3-2-9 所示，在水平系统（HORIZONTAL）有一个按钮、两个旋钮。

1）水平档位（SCALE）旋钮改变水平档位设置。转动 SCALE 旋钮改变“s/div（秒/格）”水平档位，可以发现状态栏对应通道的档位显示发生了相应的变化。水平扫描速度从 5ns 至 50s，以 1-2-5 的形式步进。

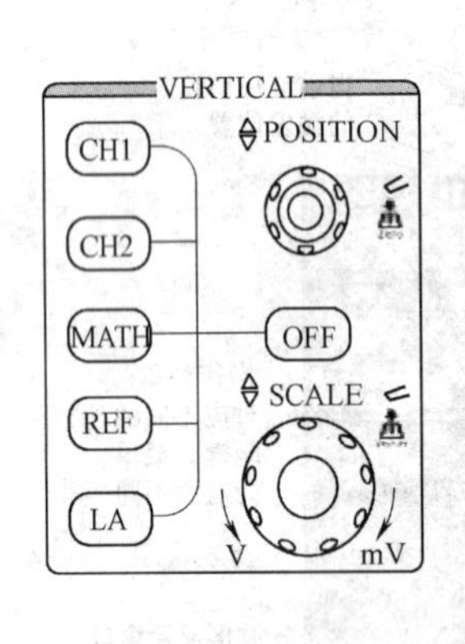

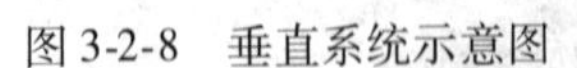
图 3-2-8　垂直系统示意图

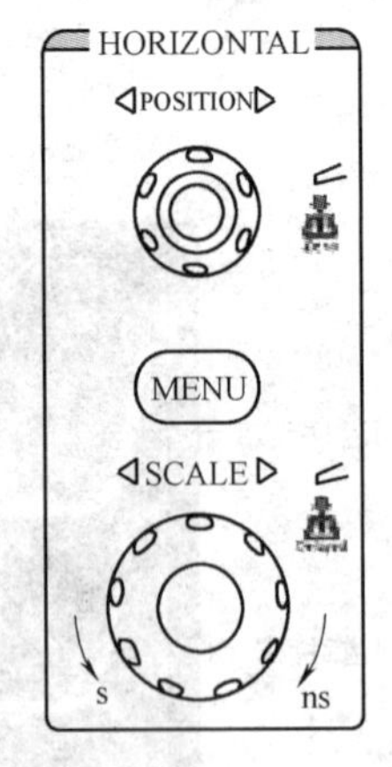

图 3-2-9　水平系统示意图

2）使用水平位置（POSITION）旋钮调整信号在波形窗口的水平位置。POSITION 旋钮控制被测信号的触发位移。当需要水平位移时，转动 POSITION 旋钮，可以观察到波形随旋钮转动而水平移动。

3）按 MENU 按钮，显示 TIME 菜单。在此菜单下，可以开启/关闭延迟扫描或切换 Y-T、X-Y 和 ROLL 模式，还可以设置水平触发位移复位。

（4）波形测量　当示波器正确捕获波形后，示波器可以对波形参数进行自动测量。这些波形参数主要包括下面几个类别：

1）电压参数/幅度参数：包括幅度、峰峰值、最大值、最小值、过冲、有效值等。

2）时间参数：上升时间/下降时间、周期/频率、脉冲宽度、占空比、时间差、建立时间/保持时间等。

操作方法：按面板上“Measure”按键，屏幕右侧出现如图 3-2-10 所示菜单，菜单中“全部测量”下方为“关闭”，表示全部测量功能处于关闭状态，按下“全部测量”右侧的功能键，则“关闭”变为“打开”，同时屏幕下方出现一个黑色数据框，如图 3-2-11 所示，包含不同电压和时间参数，可很方便地读取。

图 3-2-10 测量键菜单

Vmax= 1.68V	Vavg=2.74mV	Rise<20.0us
Vmin=-1.62V	Vrms= 1.55V	Fall<20.0us
Vpp= 3.30V	Vovr=1.3%	+Wid=495.0us
Vtop= 1.56V	Vpre=0.7%	-Wid=505.0us
Vbase=-1.54V	Prd=1.000ms	+Duty=49.5%
Vamp= 3.11V	Freq=1.000kHz	-Duty=50.5%

图 3-2-11　示波器测量数据框

根据图 3-2-11 可知，示波器测量的数据比较多，有电压参数、时间参数等。各电压参数含义如图 3-2-12 所示，Vrms 指方均根值，也就是我们常说的电压有效值。各时间参数定义如图 3-2-13 所示，Prd 指周期，为正脉宽和负脉宽之和，Freq 指波形的频率，等于周期的倒数。

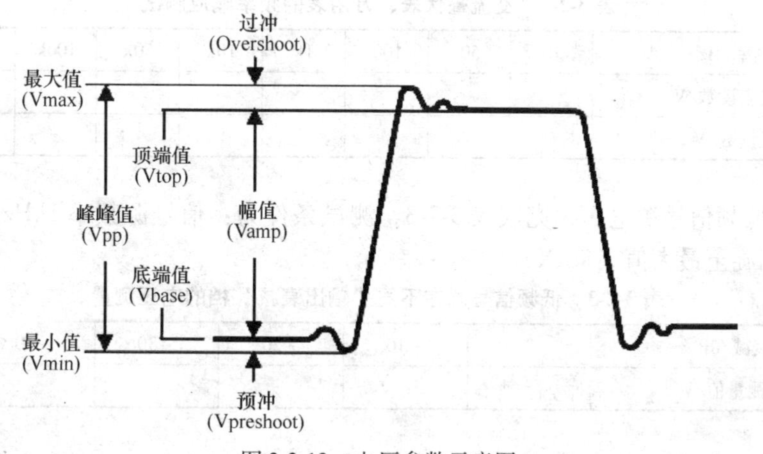

图 3-2-12　电压参数示意图

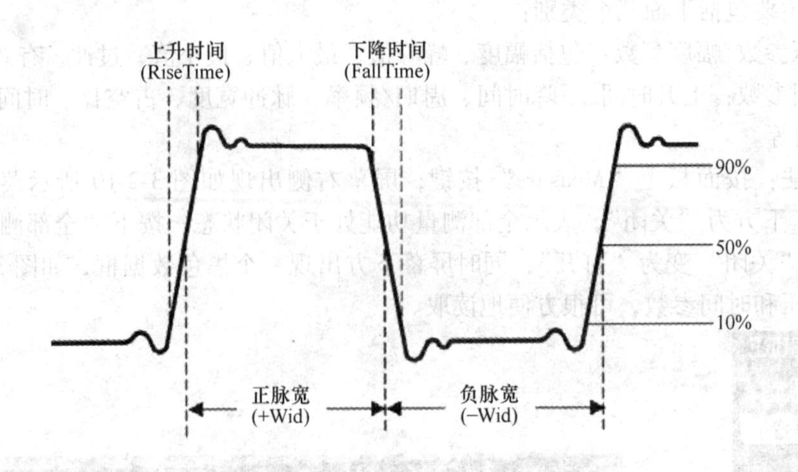

图 3-2-13　时间参数示意图

数字存储示波器的高级使用，可参阅具体型号的使用手册。

四、任务实施

（一）任务要求

学会正确使用低频信号源、交流毫伏表、示波器，熟悉各种测试导线的使用，正确选择仪表量程。

（二）任务准备

本任务需用到低频信号源（参考型号 DF1026）、示波器（参考型号 DS5022）、万用表（参考型号 500 型指针式万用表）、交流毫伏表（参考型号 DF2172）各一台。

（三）任务实施步骤

1）用低频信号源测试交流毫伏表和万用表的频率响应特性，完成表 3-2-2（输出细调旋至最大值（MAX），输出衰减置于 0dB）。

表 3-2-2　交流毫伏表、万用表的频率响应测试

信号频率/Hz	10	50	100	1k	10k	50k	100k	500k	1M
交流毫伏表读数/V									
万用表读数/V									

2）测试低频信号源电压，完成表 3-2-3，测试条件为：信号源频率 1kHz，波形为正弦波，输出细调旋至最大值（MAX）。

表 3-2-3　低频信号源在不同“输出衰减”档的电压测量

输出衰减/dB	0	-10	-20	-30	-40	-50
示波器测量值/V						

3）用示波器测量低频信号源的输出电压波形，完成表 3-2-4。

表3-2-4　低频信号源输出电压波形的测量

正弦信号	频率/Hz	250	500	1k	20k	100k
	有效值/V	1.41	0.4	0.05	0.008	5
DF1026旋钮位置	输出衰减档位/dB					
	频段选择					
示波器示值	峰峰值（V_{P-P}）/V					
	有效值/V					
	周期/s					
	频率/Hz					

五、任务检查与评定

任务内容及配分	要求	扣分标准		得分
交流毫伏表、万用表的频率响应测试（20分）	交流毫伏表读数	方法错误、量程选错、读数错误，各扣4~8分		
	万用表读数	方法错误、量程选错、读数错误，各扣4~8分		
低频信号源在不同“输出衰减”档电压测量（30分）	低频信号发生器面板的识读	识读错一项扣2分		
	按要求调试出规定的函数信号	每调错一个波形扣5分，方法不对，操作不当扣10分		
	信号发生器的使用注意事项的掌握	操作错一项扣2分		
示波器测量低频信号源的输出电压波形（30分）	调整DF1026旋钮位置	调试方法不对、操作不当，各扣5分，位置不对每个扣5分		
	读取示波器示值	操作不合要求，每项扣5分		
安全操作及现场管理（10分）	符合企业基本的6S（整理、整顿、清扫、清洁、修养、安全）管理要求。能按要求进行工具的定置和归位，能保持工作台面的清洁，具有安全意识	不按照规定操作，损坏仪器，扣4~10分 结束后没有整理现场，扣4~10分		
定额时间（10分）	45min	训练不允许超时，每超5min（不足5min以5min记）扣5分		
备注	除定额时间外，各项内容的最高扣分不得超过配分分数		成绩	

【相关知识】

（一）半导体管特性图示仪

半导体管特性图示仪简称为图示仪，是一种能在示波管屏幕上直接显示出各种半导体器件的特性曲线的测量仪器。通过测量开关的转换，图示仪可以测定各种二极管的伏安特性，晶体管在共集、共基、共射状态下的输入输出特性，场效应晶体管的转换以及极限特性等。此外，它还可测量出其他半导体器件的有关特性。图示仪在半导体器件的测量中可谓是用途广、使用多。下面以 XJ4810 型半导体管特性图示仪为例介绍图示仪的使用方法。

XJ4810 型半导体管特性图示仪是 JT-1 型图示仪的更新换代产品，与后者比较，具有下列特点：采用集成电路；增设集电极双向扫描电路，能在屏幕上同时观察到二极管的正、反向特性曲线；具有双簇曲线显示功能，易于对晶体管进行配对。此外，本仪器与扩展功能件配合，还可将测量电压升高至 3kV；可对各种场效应晶体管配对或单独测试；可测量 TTL、CMOS 数字集成电路的电压传输特性及有关参数。

1. 主要技术指标

正向集电极电流范围：10μA/div ~ 0.5A/div，分 15 档。

反向集电极电流范围：0.2 ~ 5μA/div，分 5 档。

基极阶梯电流范围：0.2μA/级 ~ 50mA/级，分 17 档。

正向集电极电压范围：0.05 ~ 50V/div，分 10 档。

基极阶梯电压范围：0.05 ~ 1V/div，分 5 档。

集电极扫描电压范围：0 ~ 500V，分 10V、50V、100V、500V 共 4 档。

2. 面板说明

XJ4810 型半导体管特性图示仪的面板图如图 3-2-14 所示。

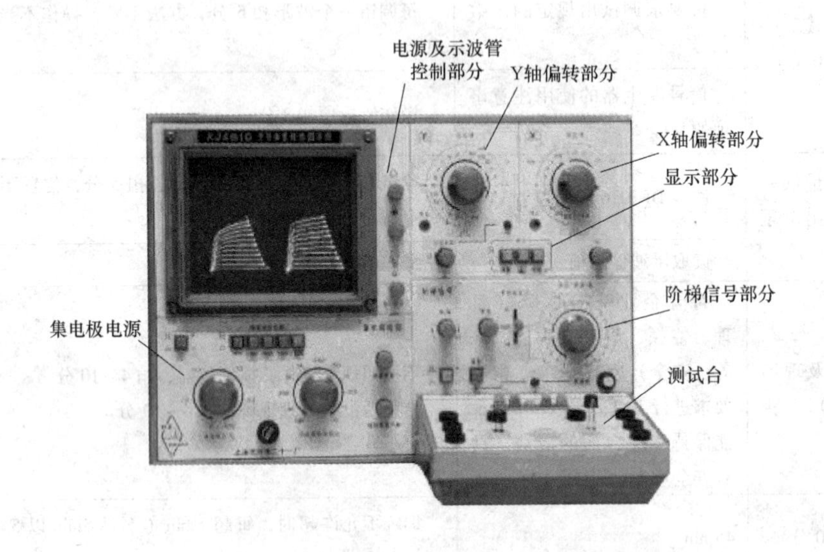

图 3-2-14　XJ4810 型半导体管特性图示仪的面板图

面板上的开关、旋钮按功能可划分为七个部分：电源及示波管控制部分、集电极电源、Y 轴偏转部分、X 轴偏转部分、显示部分、阶梯信号部分及测试台。现将各部分的主要开关及旋钮的作用说明如下。

（1）电源及示波管控制部分　这一部分包括“聚焦”“辅助聚焦”“辉度”及“电源开关”。其中“辉度”与“电源开关”由一个推拉式旋钮控制，旋钮拉出时电源接通，指示灯亮。

（2）集电极电源

1）“峰值电压范围”开关。用于选择集电极电源电压的最大值。其中“AC”档能使集电极电源变为双向扫描，使屏幕同时显示出被测二极管的正、反向特性曲线。当峰值电压范围由低档换向高档时，应先将“峰值电压%”旋钮旋至0。

2）“峰值电压%”旋钮。使集电极电源在已确定的峰值电压范围内连续变化。

3）“+、-”极性按钮。按下时集电极电源极性为负，弹起时为正。

4）“电容平衡”“辅助电容平衡”旋钮。调节仪器内部的电容性电流，使之当Y轴为较高电流灵敏度时电容性电流最小，即屏幕上的水平线基本重叠为一条。一般情况下无须经常调节这两个旋钮。

5）“功耗限制电阻”开关。用于改变集电极回路电阻的大小。测量被测管的正向特性时应置于低阻档，测量反向特性时应置于高阻档。

（3）Y轴偏转部分

1）“电流/度”开关。它是测量二极管反向漏电流 I_R 及晶体管集电极电流 I_C 的量程转换开关。该开关具有22档，四种偏转作用，可以进行集电极电流、基极电压、基极电流和外接电信号的不同转换。

2）移位旋钮。除作垂直移位外，还兼作倍率开关，即当旋钮拉出时（电流/度×0.1倍率指示灯亮），可将Y轴偏转因数缩小为原来的1/10。

3）“增益”旋钮。用于调整Y轴放大器的总增益，即Y轴偏转因数。一般情况下不需要经常调整。

（4）X轴偏转部分

1）“电压/度”开关。它是集电极电压 U_{CE} 及基极电压 U_{BE} 的量程转换开关。该开关可以进行集电极电压、基极电流、基极电压和外接电信号四种功能的转换，共17档。

2）“增益”旋钮。用于调整X轴放大器的总增益，即X轴偏转因数。一般情况下不需要经常调整。

（5）显示部分

1）“转换”开关。用于同时转换集电极电源及阶梯信号的极性，以简化NPN型管与PNP型管转换测试时的操作步骤。

2）“⊥”按钮。按钮按下时，可使X、Y轴放大器的输入端同时接地，以确定0的基准点。

3）“校准”按钮。用于校准X轴及Y轴放大器的增益。按钮按下时，光点应在屏幕有刻度的范围内从左下角准确地跳向右上角，否则应通过调节X轴或Y轴的“增益”旋钮来校准。

（6）阶梯信号部分

1）“电压-电流/级”开关。它是阶梯信号选择开关，用于确定每级阶梯的电压值或电流值。

2）“串联电阻”开关。用于改变阶梯信号与被测管输入端之间所串接的电阻的大小，但只有当“电压-电流/级”开关置于电压档时，本开关才起作用。

3）“级/簇”旋钮。用于调节阶梯信号一个周期的级数，可在1~10级之间连续调节。

4）“调零”旋钮。用于调节阶梯信号起始级的电平，正常时该级应为零电平。

5）“+、-”极性开关。用于确定阶梯信号的极性。

6）“重复-关”按钮。当按钮弹起时，阶梯信号重复出现，用作正常测试；当按钮按下时，阶梯信号处于待触发状态。

7）“单簇”按钮。与“重复-关”按钮配合使用。当阶梯信号处于调节好的待触发状态时，按下该按钮，对应指示灯亮，阶梯信号出现一次，然后又回至待触发状态。

（7）测试台

图 3-2-15 是 XJ4810 型半导体管特性图示仪测试台的面板图，各按钮作用如下。

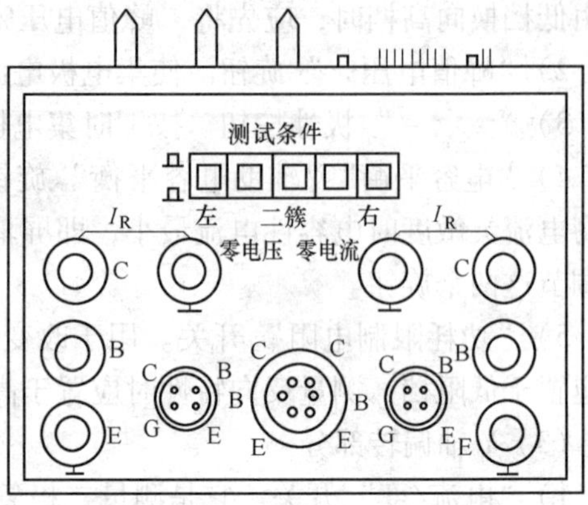

图 3-2-15　XJ4810 型半导体管特性图示仪测试台的面板图

1）“左”按钮。该按钮按下时，接通测试台左边的被测管。

2）“右”按钮。该按钮按下时，接通测试台右边的被测管。

3）“二簇”按钮。该按钮按下时，图示仪自动地交替接通左、右两边的被测管，此时可从屏幕上同时观测到两管的特性曲线，以便对它们进行比较。

4）“零电压”按钮。该按钮按下时，将被测管的基极接地。

5）“零电流”按钮。该按钮按下时，将被测管的基极开路，可用于测量 I_{CEO}、U_{CEO} 等参数。

3. 使用方法

1）开启电源，指示灯亮，预热 10min 再进行测试。

2）调节“辉度”“聚焦”“辅助聚焦”旋钮，使屏幕上的光点或线条清晰。

3）X、Y 轴灵敏校准。将“峰值电压%”旋钮旋至 0，屏幕上的光点移至左下角，按下显示部分中的“校准”按钮，此时光点应准确地跳向右上角。若跳偏该位置，则应通过调节 X 轴或 Y 轴的“增益”旋钮来校准。

4）阶梯调零。当测试中需要用到阶梯信号时，必须先进行阶梯调零，其过程如下：将阶梯信号及集电极电源均置于“+”极性，“电压/度”开关置于“1V/度”，“电流/度”开关置于“1mA/度”，“电压-电流/级”开关置于“0.05/级”，“重复-关”按钮置于“重复”，“级/簇”旋钮置于适中位置，“峰值电压范围”开关置于 10V 档，调节“峰值电压%”旋钮使屏幕上的扫描满度，然后按下“⊥”按钮，观察此时光点在屏幕上的位置，再将按钮复位，调节“调零”旋钮使阶梯波的起始级处于光点的位置，这样，阶梯信号的零电平即被调准。

（二）频率特性测试仪

放大器的幅频特性是指放大器电压放大倍数和频率之间的关系曲线，它反映了电压放大倍数随频率变化而变化的规律。放大器幅频特性曲线的测量方法主要有点频法和扫频法两种。点频法的优点是可以采用常用仪器来进行测试，缺点是操作繁琐费时，还可能因为取点不足而漏掉某些重要细节，并且点频法不能反映电路的动态幅频特性。扫频法可以通过频率特性测试仪（扫频仪）在屏幕上直观地显示出幅频特性曲线。用扫频仪就可以很方便地对电路进行扫频法测试。

1. 频率特性测试仪工作原理简介

扫频仪输出一个幅度大小一定且不变，而频率由低到高重复变化的信号电压，并加到被测放大器输入端，由于被测放大器对不同频率信号的放大倍数不同，因而在被测放大器输出端得到另一个信号波形，该信号波形包络的变化规律与被测放大器的幅频特性相一致。该信号经包络检波器取出包络，再由荧光屏显示出来的图形，就是被测放大器的幅频特性曲线。

2. BT-3W 型频率特性测试仪

（1）技术特点　BT-3W 型频率特性测试仪采用 1～300MHz 全景扫频技术，实现了集成化、超小型化，性能稳定可靠，并配有矩形内刻度示波管显示器。

（2）技术参数

1）扫频范围：1～300MHz。

2）扫频宽度：最宽为 300MHz，最窄为 1MHz。

3）扫频非线性：扫宽 300MHz 小于等于 12%；扫宽 20MHz 小于等于 5%。

4）输出电压：大于等于 0.1V。

5）扫频信号寄生调幅系数：全频段优于 10%。

6）输出阻抗：75Ω。

7）频标：10～50MHz，1～10MHz、两者的组合、外接基波频率。

8）输出衰减：70dB，1dB 步进。

9）工作电压：AC220（1±10%）V，功耗 25W。

（3）BT-3W 型频率特性测试仪外形（如图 3-2-16 所示）

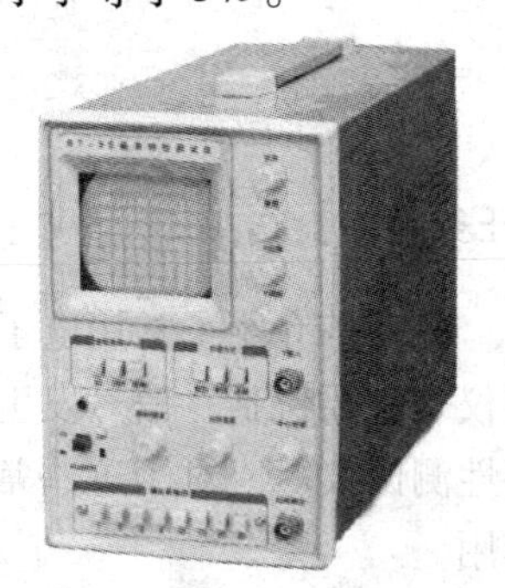

图 3-2-16　BT-3W 型频率特性测试仪外形

（4）使用方法简介

1）通电预热 15min 左右，调好辉度和聚焦。

2）根据被测电路的工作频率或带宽，将频标选择开关置于合适档位，通过调节频标幅度旋钮，使其大小合适。

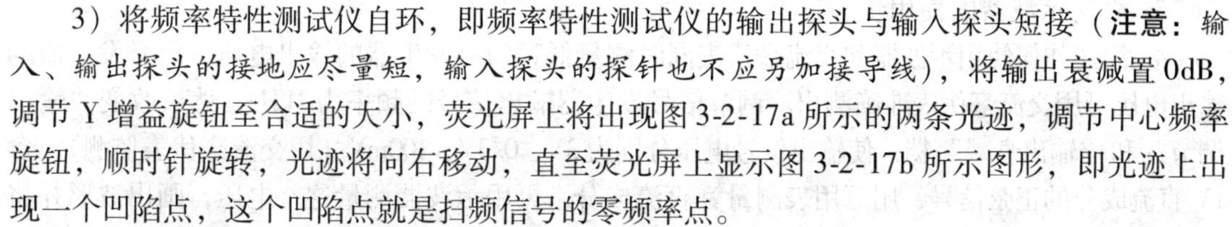

3）将频率特性测试仪自环，即频率特性测试仪的输出探头与输入探头短接（**注意**：输入、输出探头的接地应尽量短，输入探头的探针也不应另加接导线），将输出衰减置 0dB，调节 Y 增益旋钮至合适的大小，荧光屏上将出现图 3-2-17a 所示的两条光迹，调节中心频率旋钮，顺时针旋转，光迹将向右移动，直至荧光屏上显示图 3-2-17b 所示图形，即光迹上出现一个凹陷点，这个凹陷点就是扫频信号的零频率点。

4）0dB 校正：频率特性测试仪自环，将输出衰减置 0dB，调节 Y 增益旋钮使荧光屏上显示的两条光迹间有一个确定的高度，如 5 个格，这两条光迹称为 0dB 校正线，此后 Y 增益旋钮不能再动。

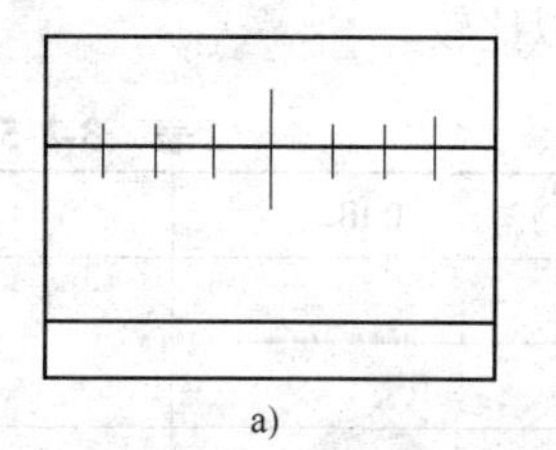

a)

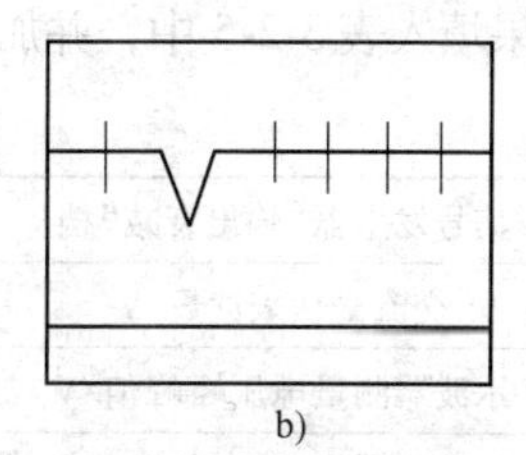

b)

图 3-2-17　频率特性测试仪自环时荧光屏显示图形

5）增益测试：频率特性测试仪的扫频输出接被测电路的输入端，被测电路的输出接频率特性测试仪的 Y 输入探头，调节频率特性测试仪的输出衰减，使荧光屏上显示的频率特性曲线的高度处于 0dB 附近，如果高度正好与 0dB 校正线等高，则输出衰减粗、细调旋钮所指的分贝数之和即为被测电路的增益值。如果幅频特性曲线的高度不在 0dB 校正线上，则可以粗略估计增益值。

6）带宽的测量：用上面的方法，使荧光屏显示出高度合适的幅频特性曲线，然后调节 Y 增益旋钮，使曲线顶部与某一个水平刻度线 *AB* 相切，如图 3-2-18a 所示，此后 Y 增益旋钮不能再动，然后通过调节频率特性测试仪输出衰减细调旋钮使衰减减小 3dB，则荧光屏上显示的曲线高度升高，与水平刻度线 *AB* 有两个交点，则两交点处的频率即为频率特性的下截止频率 f_L 和上截止频率 f_H，如图 3-2-18b 所示。

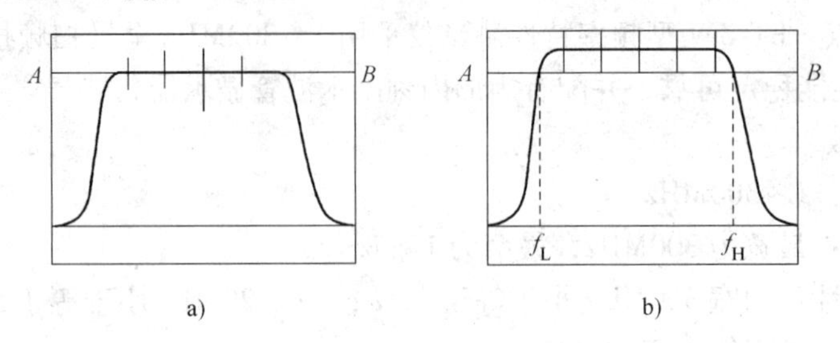

图 3-2-18　频率特性测试仪测量带宽时荧光屏上显示的图形

【任务小结】

本任务介绍了常用电子仪器仪表的特点、技术指标、使用方法和注意事项。常用电子仪器仪表主要包括：信号发生器、交流毫伏表、数字存储示波器、半导体管特性图示仪和频率特性测试仪等。对于这些常用电子仪器仪表，要求学生了解它们的技术指标，并能熟练地使用。

【习题及思考题】

1. 简述交流毫伏表的使用步骤。
2. 简述低频信号发生器的使用步骤。
3. 简述示波器的使用步骤。
4. 简述如何使用示波器和交流毫伏表同时测量低频信号发生器的输出电压。信号发生器的输出电压可用交流毫伏表准确测出。调节信号发生器输出信号的频率为 1kHz，然后改变“输出调节”和“输出衰减”档，使输出信号电压分别为 3V、0.3V、100mV（用交流毫伏表监测）。含 1V 直流成分的正弦信号，用万用表测量其直流成分，再用示波器测量这些电压，画出波形并将结果填入表 3-2-5 中，并加以比较。

表　3-2-5

信号发生器“输出衰减”档	0dB	-10dB	-20dB	-30dB
交流毫伏表读数/V				
示波器测量电压峰峰值/V				
示波器测量电压有效值/V				
万用表测量直流电压/V				

5. 将信号发生器输出电压固定为某一数值，用示波器分别测量信号发生器的频率指示为1kHz、5kHz、100kHz时的信号周期T，并换算出相应的频率值f，记入表3-2-6中。为了保证测量的准确度，应使屏幕上显示波形的一个周期占有足够的格数，或测量2～4个周期的时间，再取其平均值。

表　3-2-6

信号发生器的频率指示/kHz	1	5	100
“扫描时间”(标称值/div)			
一个周期占有水平方向的格数			
信号周期T/μs			
信号频率f/Hz			

任务三　直流稳压电源的制作

能力目标：

1. 能查阅、识别与选取整流二极管。
2. 能识别与选取电源滤波电容。
3. 能识别与选取发光二极管、集成稳压电路。
4. 会安装、调试与检测直流稳压电源。
5. 能测量电源各种参数指标。
6. 能分析与检修直流稳压电源的故障。

知识目标：

1. 掌握直流稳压电源的基本组成及其主要性能指标。
2. 掌握电容滤波电路的工作原理。
3. 掌握固定式三端集成稳压器的组成。

一、任务引入

电子技术离不开电能。在我国，市电为220V、50Hz的单向交流电，而一般电子设备内部电路所需的都是几伏、十几伏或几十伏的稳定直流电，如电视机、影碟机、计算机等。这就需要一类装置（或设备）将单向交流电能转变为稳定的直流电能，我们把将交流电能转变为稳定直流电能的电子装置（或设备）称为直流稳压电源。

二、任务分析

直流稳压电源有很多类型，按稳压的方式不同常分为两大类：线性直流稳压电源和开关直流稳压电源。此外，还有一种使用稳压管的简易并联型直流稳压电源。本任务制作的是一个线性直流稳压电源，该电源采用集成电路进行稳压，由于集成稳压电路与负载串联，所以称为串联型集成稳压电源。

三、必备知识

线性直流稳压电源一般由变压、整流、滤波和稳压四部分电路构成，如图 3-3-1 所示。

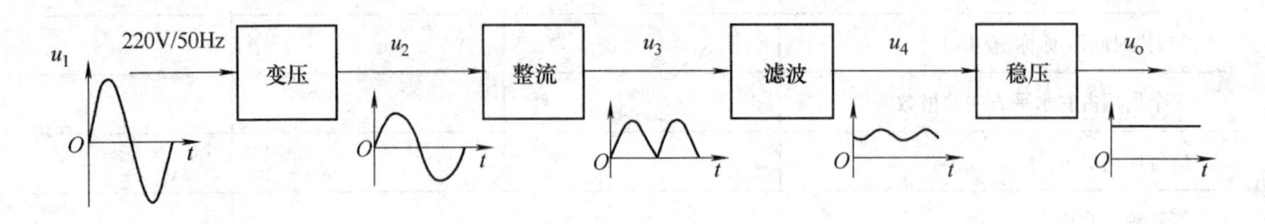

图 3-3-1　直流稳压电源组成框图

（1）变压电路　将 220V 的交流电转换为适当大小的交流电，一般采用降压变压器电路。

（2）整流电路　将交流电转变为脉动的直流电，常采用二极管整流电路。

（3）滤波电路　将脉动的直流电转变为平滑的直流电，常采用电容、电感及其组合电路。

（4）稳压电路　将平滑的直流电转变为稳定的直流电，小功率稳压电源常采用集成三端稳压器电路。

（一）二极管整流电路

1. 整流电路的作用

整流电路的作用就是将单相交流电转换为脉动直流电，如图 3-3-2 所示。

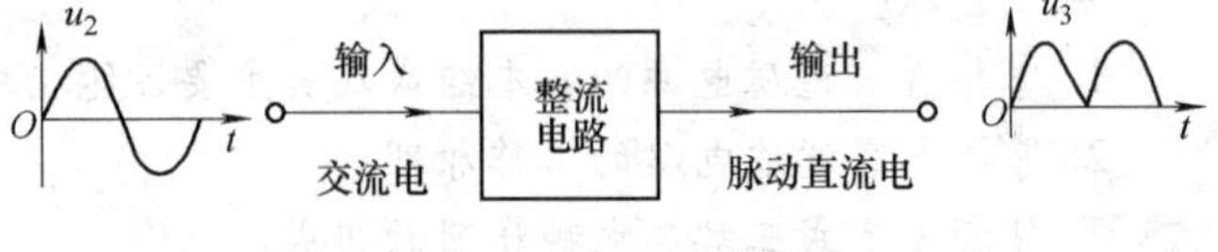

图 3-3-2　整流电路作用

2. 单相桥式整流电路

1）本任务采用单相桥式整流电路，电路组成如图 3-3-3a、b 所示。

由图 3-3-3a 可见，在交流电 u_2 的正半周，二极管 VD1、VD3 导通，VD2、VD4 截止，在 R_L 上形成上正下负的输出电压 u_{3+}；由图 3-3-3b 可知，在交流电 u_2 的负半周，二极管 VD2、VD4 导通，VD1、VD3 截止，同样在 R_L 上形成上正下负的输出电压 u_{3-}。因此，桥式整流电路与全波整流电路一样可以将方向变化的交流电变换成方向不变的全波直流电。u_2、u_3 波形图如图 3-3-3c 所示。

在实际应用中，常将四个或两个二极管按单相桥式整流电路的方式组合在一起，构成单相整流全桥或半桥，俗称桥堆，常见的单相整流全桥如图 3-1-4 所示。

2）电路的特性：

①输出直流电压（平均电压）：$U_3 \approx 0.9U_2$

②输出电压波动系数：$D = \dfrac{4\sqrt{2}U_2/(3\pi)}{0.9U_2} \approx 0.67$

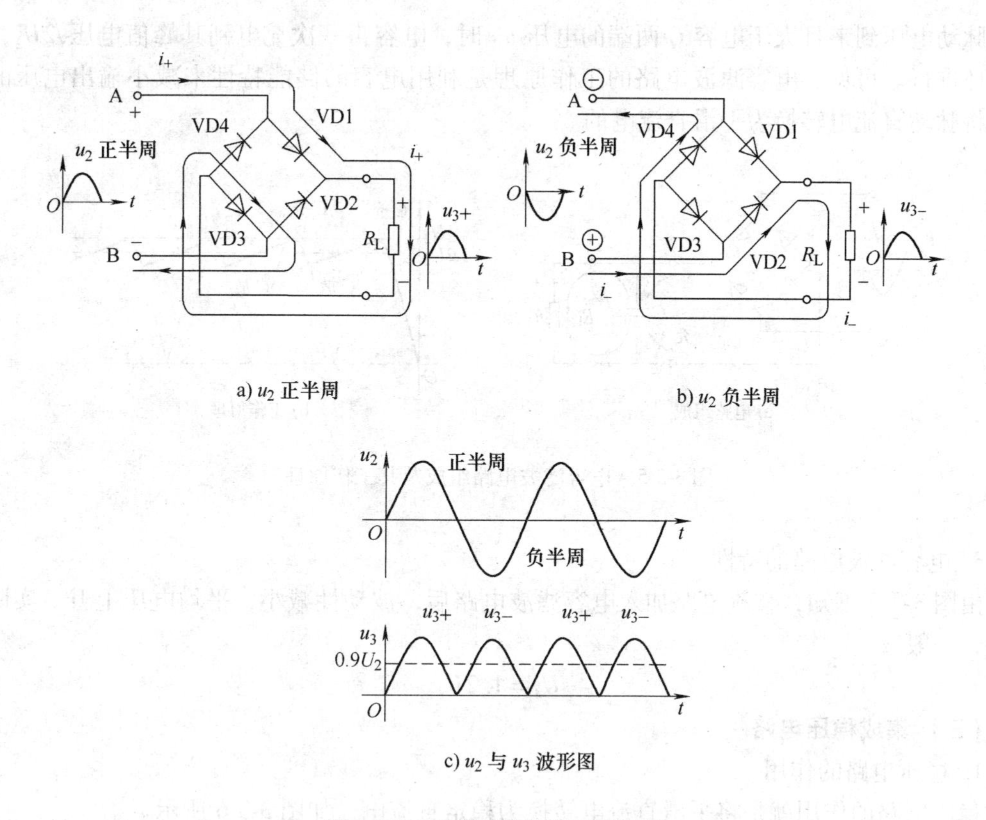

a) u_2 正半周　　b) u_2 负半周

c) u_2 与 u_3 波形图

图 3-3-3　桥式整流电路工作原理

③二极管最大整流电流：$I_F=\dfrac{I_o}{2}\approx\dfrac{0.45U_2}{R_L}$

④二极管最大反向工作电压：$U_R=\sqrt{2}U_2$

（二）滤波电路

1. 滤波电路作用

滤波电路作用就是将脉动直流电转换为平滑直流电，如图 3-3-4 所示。

图 3-3-4　滤波电路作用

2. 电容滤波电路及其工作原理

利用电容存储电能的特性，常常将电容并联在波动电压两端来构成电容滤波电路，其电路组成及其工作原理如图 3-3-5 所示。

电路刚开始工作时，整流电路向电容 C 和负载电阻 R_L 提供电能，电容 C 两端的电压 u_C（即 u_4）随脉动直流电很快充电到其峰值电压$\sqrt{2}U_2$，电容存储电能。当脉动电压下降时，电容 C 通过负载电阻 R_L 放电，释放电能，此时 u_C 下降的速度低于脉动电压下降的速度。当下一个脉动电压到来且大于电容 C 两端的电压 u_C 时，电容再一次充电到其峰值电压$\sqrt{2}U_2$，如此循环进行。可见，电容滤波电路的工作原理是利用电容的储能特性来减小输出电压的波动，将脉动直流电转换为平滑直流电的。

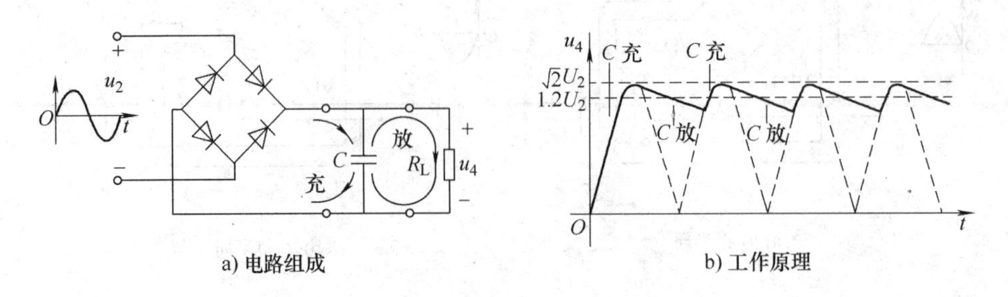

图 3-3-5　电容滤波电路组成及其工作原理

3. 电容滤波电路的特性

由图 3-3-5 可知，整流电路加入电容滤波电路后，波动性减小，平均电压上升。实际工程中，一般取

$$U_4 = 1.2U_2$$

（三）集成稳压电路

1. 稳压电路的作用

稳压电路的作用就是将平滑直流电转换为稳定直流电，如图 3-3-6 所示。

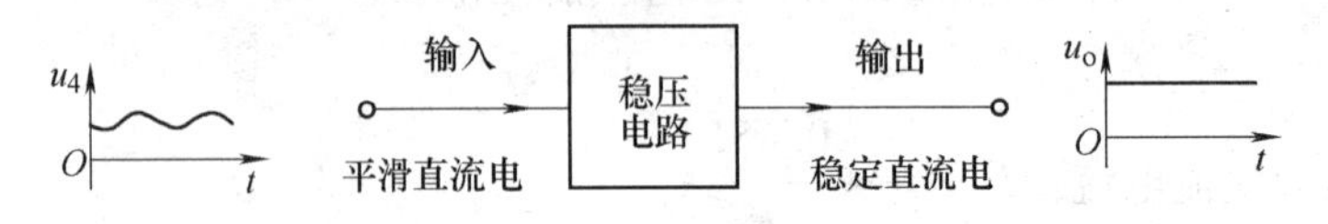

图 3-3-6　稳压电路的作用

2. 固定式三端集成稳压器

(1) 固定式三端集成稳压器介绍　固定式三端集成稳压器的输出电压固定不变，输出电压有 5V、6V、9V、12V、15V、18V 和 24V 七种。CW78 × × 为输出固定正电压的稳压器系列，CW79 × × 为输出固定负电压的稳压器系列。其型号的意义表示如下：

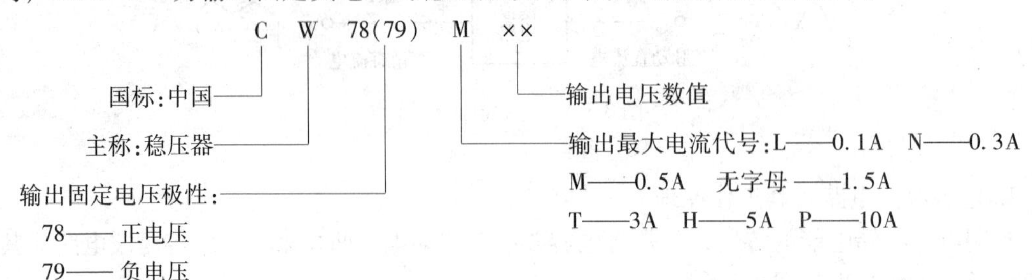

CW79 × × 系列与 CW78 × × 系列其外形结构相同，但其引脚功能有较大差别，在使用时一定要注意。

(2) 固定式三端集成稳压器的基本应用电路　CW78 × × 的常见外形结构如图 3-3-7a 所示，其基本应用电路如图 3-3-7b 所示。

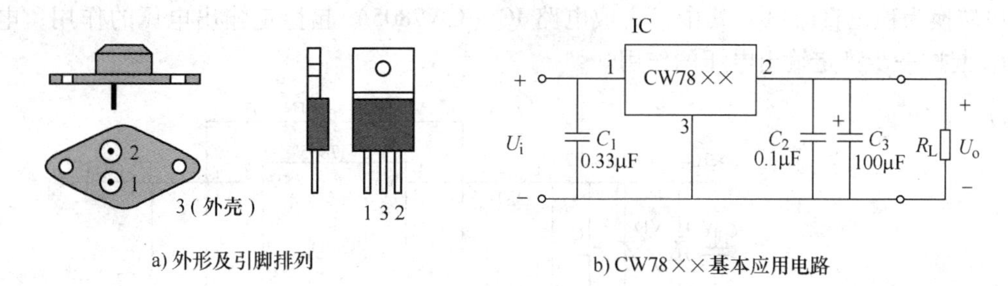

a) 外形及引脚排列　　b) CW78××基本应用电路

图 3-3-7　CW78××外形结构和基本应用电路

1—输入　2—输出　3—公共

CW79××的常见外形结构如图 3-3-8a 所示，其基本应用电路如图 3-3-8b 所示。

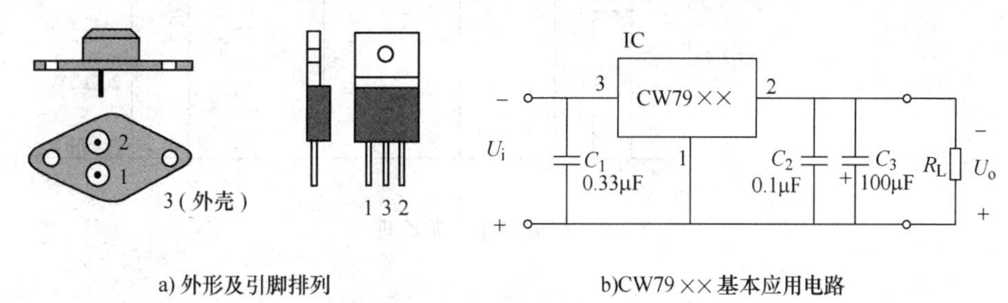

a) 外形及引脚排列　　b)CW79××基本应用电路

图 3-3-8　CW79××常见外形结构和基本应用电路

1—公共端　2—输出端　3—输入端

四、任务实施

（一）任务要求

根据下列给定电路的结构与参数，制作一个 12V/1A 单路输出的直流稳压电源。

（1）特性指标

1）输入电压：（220±10%）V/50Hz。

2）输出电压：5V。

3）输出电流：1.5A。

（2）质量指标

1）纹波电压：≤5mV。

2）稳压系数：≤0.05。

3）输出电阻：≤0.5Ω。

（二）任务分析

（1）变压、整流电路　图 3-3-9 中，变压器 T 构成变压电路，将市电 U_i（220V/50Hz）变换为低压交流电压 U_2（15V）。桥堆与变压器 T 的二次绕组一起构成单相桥式整流电路，将变压器 T 二次绕组产生的交流电压 U_2（26V）变换成全波脉动直流电。

（2）滤波、稳压电路　图 3-3-10 中，电容 C_5、C_7 构成电容滤波电路，将脉动直流电转换为波动较小的平滑直流电。集成电路 IC（CW7805），电容 C_6、C_8 构成稳压电路，将平滑直流电转换为稳恒直流电，其中，集成电路 IC（CW7805）起稳定输出电压的作用，电容 C_6、C_8 起进一步稳定输出电压的作用。

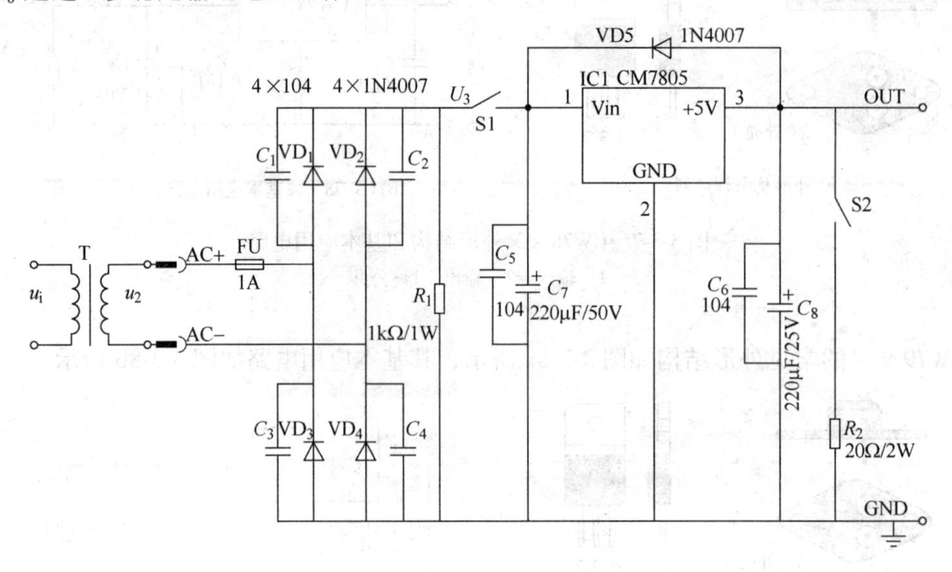

图 3-3-9　集成稳压电源原理图

（3）保护电路　图 3-3-9 中，熔断器 FU、VD5 分别构成电路交流过电流与直流过电压保护电路。

（三）任务准备

1. 制作工具与仪器设备

（1）电路焊接工具　电烙铁（20～35W）、烙铁架、焊锡丝、松香。

（2）加工工具　剪刀、剥线钳、尖嘴钳、平口钳、螺钉旋具、套筒扳手、镊子、电钻。

（3）测试仪器仪表　万用表、示波器。

2. 电路装配

（1）电路装配线路版图（如图 3-3-10 所示）

（2）电路装配线路版图设计说明

1）本电路装配版图采用 Protel　99 软件设计而成，正面为元器件面，反面为焊接面。

2）接线端子 AC +、AC − 为电路输入端口，U_o、GND 为电路输出端子。

3）集成电路 U1 加装有 240mm×240mm×160mm 的散热片。

（四）任务实施步骤

电路装配遵循“先低后高、先内后外”的原则，先安装电阻 R_1、R_2，二极管 VD1、VD2、VD3、VD4、VD5，熔断器座，无极性电容 C_1～C_6，再安装接线端子 AC +、AC −，电解电容 C_7～C_8，集成电路 U1 及散热片，最后安装电源输出端子。

1. 电路装配工艺要求

1）将电路所有元器件（零部件）正确装入印制电路板相应位置上，采用单面焊接方法，无错焊、漏焊、虚焊。

2）元器件（零部件）距印制电路板高度 H：0～1mm，如图 3-3-11 所示。

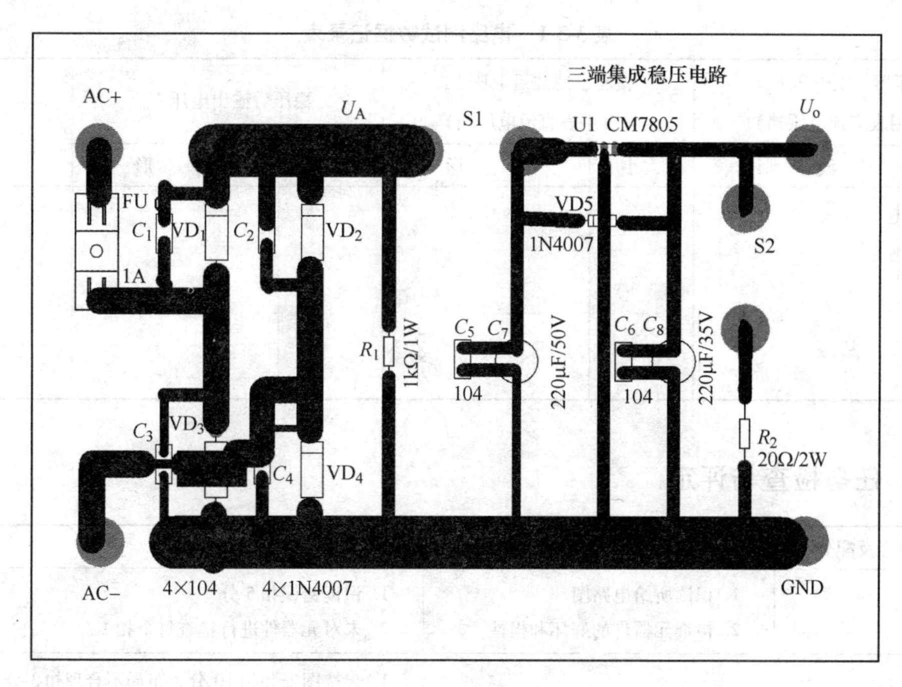

图 3-3-10　电路装配线路版图

3）元器件（零部件）引线保留长度 h：0.5～1.5mm，如图 3-3-11 所示。

4）元器件面相应元器件（零部件）高度平整、一致。

2. 电路调试

（1）电路调试步骤　先测试变压器输出电压 U_2，再测试整流、滤波后电压 U_3，最后测试调试稳压后输出电压 U_o。

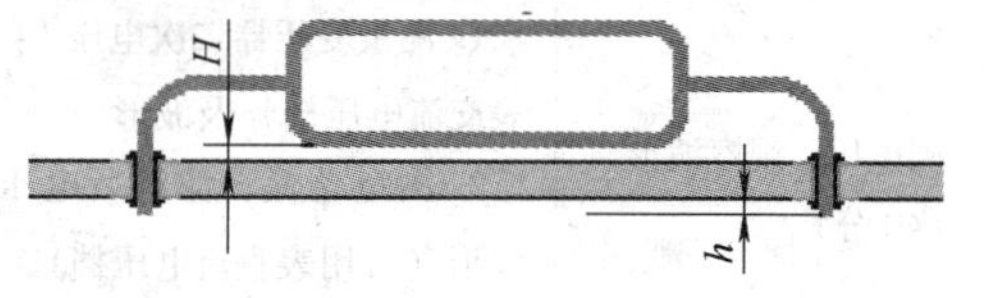

图 3-3-11　电路装配工艺要求示意图

（2）电路调试步骤

1）仔细检查、核对电路与元器件，确认无误后加入规定的交流电压 U_i：（220±10%）V/50Hz。

2）拔出变压器二次绕组输出线与印制电路板连接插头，用万用表交流电压档测量变压器二次绕组输出电压 U_2 并将数值填入表 3-3-1 内。

3）如变压器二次绕组输出电压 U_2 正常，断开 A、B 两点，在切断后续稳压调整电路的情况下，再连接好变压器二次绕组输出线与印制电路板连接插头。用万用表直流电压档测量整流、滤波后电压 U_3 并将数值填入表 3-3-1 内。

4）在空载的情况下，U_3 与 U_2 的正常数值关系为：$U_3 \approx 1.4U_2$。

5）如整流、滤波后电压 U_3 正常，则可连接好 A、B 两点。用万用表直流电压档测量稳压后输出电压 U_o 并将数值变化范围填入表 3-3-1 内。

正常时，U_o 的调整值为：5V。

（3）观察波形　用示波器观测 U_2、U_3 和 U_o 的波形，并将观测的波形填入表 3-3-1 内。

（4）总结直流稳压电源的作用　通过观测波形及表 3-3-1 中电路测试数据，总结出直流稳压电源的作用，并填入该表中。

表 3-3-1　电路测试数据记录表

变压器二次电压 U_2（万用表交流电压档）		整流、滤波后电压 U_3（万用表直流电压档）		稳压后输出电压 U_o		总结
大小	波　形	大小	波　形	大小	波　形	

五、任务检查与评定

任务内容及配分	要　求	扣分标准	得分
装调准备（10 分）	1. 识读所给电路图 2. 检查元器件的好坏和极性	1. 识读错误扣 5 分 2. 未对元器件进行检查每个扣 1 分	
按图安装电路（20 分）	1. 按图安装电路 2. 检查电路安装情况	1. 未按图安装扣 10 分，布局不合理扣 3 分 2. 发现错线、短路、不符合要求每处扣 3 分 3. 线头裸露 2mm 以上每处扣 2 分	
通电试验（10 分）	先断开触发部分而后接通电源	顺序错误每处扣 4 分	
测电压、观察波形（40 分）	1. 测量变压器二次电压 U_2（万用表交流电压档）及波形 2. 测量整流、滤波后电压 U_3 及波形（万用表直流电压档） 3. 测量稳压后输出电压 U_o 及波形	1. 所测电压值不符合要求扣 4 分 2. 使用示波器方法不正确扣 5 分 3. 观测不出波形扣 5 分	
安全文明生产(10 分)	正确执行《电业安全工作规程》	出现不安全操作因素扣 10 分	
定额时间（10 分）	45min	训练不允许超时，每超 5min（不足 5min 以 5min 记）扣 5 分	
备注	除定额时间外，各项内容的最高扣分不得超过配分分数	成绩	

【相关知识】

直流稳压电源的性能指标

（1）特性指标　用来表征直流稳压电源的主要特性，包括允许输入电压、输出电压、输出电流及输出电压调节范围等。

（2）质量指标　用来衡量输出直流电压的稳定程度，包括稳压系数（或电压调整率）、输出电阻（或电流调整率）、纹波电压（纹波系数）等。具体定义如下：

1）稳压系数。在负载电流、环境温度不变的情况下，输入电压的相对变化量与输出电压的相对变化量的比值。

2）输出电阻。输出电阻为当输入电压不变时，输出电压变化量与输出电流变化量之比的绝对值。

3）纹波电压。叠加在输出电压上的交流电压分量。用示波器观测其峰峰值一般为毫伏量级。也可用交流毫伏表测量其有效值，但因纹波不是正弦波，所以有一定的误差。

【任务小结】

直流稳压电源的作用就是将220V、50Hz的交流电转换为大小一定的稳定直流电。直流稳压电源的组成一般由变压、整流、滤波和稳压四部分电路构成。整流电路一般利用二极管的单向导电性，将交流电转变为脉动直流电。滤波电路一般利用电容、电感等储能元器件的储能特性单独或复合构成，作用是减小电流中的波动成分，将脉动直流电转变为平滑直流电。稳压电路一般由稳压管、晶体管等元器件按一定的方式构成，作用是将平滑、不很稳定的直流电转变为稳定的直流电。稳压电路的类型很多，中、小功率的稳压电路常采用集成三端稳压器。

【习题及思考题】

1. 直流稳压电源的作用就是将________转换为________。
2. 直流稳压电源的一般由________、________、________和________四部分电路构成，其组成框图为________。
3. 试简述图3-3-10中VD5的作用。
4. 图3-3-10中若电解电容的极性接反，会有什么后果？
5. 三端集成稳压器的主要性能指标有________、________、________、________等。

任务四　调光电路的制作

☞能力目标：

1. 熟练掌握较复杂电子电路的安装与调试。
2. 强化万用表、示波器的使用技能。
3. 掌握手工设计电路接线图的技能。

☞知识目标：

1. 掌握交流调光电路的工作原理。
2. 掌握焊接方法，能处理调试电路中的故障。
3. 掌握单结晶体管的检测方法。

一、任务引入

在我们的生活中，经常遇到一些光线可调的台灯电器，这些台灯电器通过改变灯泡两端电压（直流或交流）的大小来达到调节灯光亮暗程度的目的。这种能实现灯光亮暗的电路就叫作调光电路。

二、任务分析

晶闸管直流调光电路原理图如图 3-4-1 所示。输入交流电压 220V 经变压器降压到 36V，经桥堆 UR 桥式整流后得到脉动的直流电压，大小为 0.9×36V≈32V。主电路是由单向晶闸管 VT 与低压灯泡 HL 串联的支路。控制电路采用单结晶体管触发电路。单结晶体管触发电路的电源是由经稳压管 VS 稳压电路削波后得到的梯形波电压。R_1 为 VS 的限流电阻。

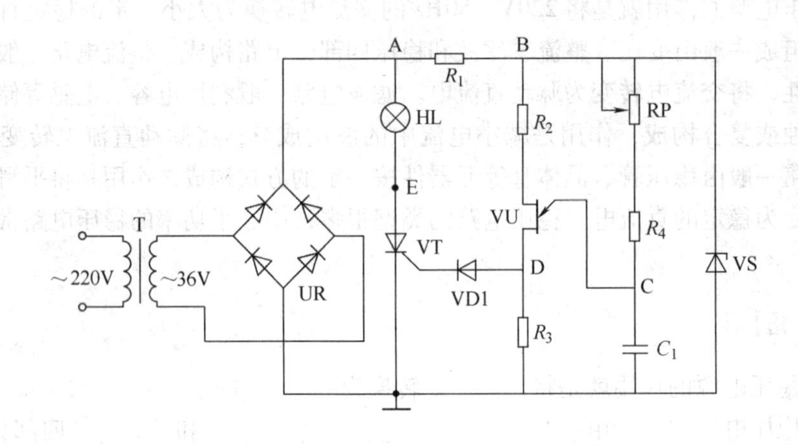

图 3-4-1　晶闸管直流调光电路原理图

（1）触发脉冲形成过程　梯形波电压经 RP、R_4 对电容 C_1 充电。当 C_1 两端电压上升到单结晶体管峰点电压 U_p 时，单结晶体管由截止变为导通，此时，电容 C_1 通过单结晶体管 E-B1、R_3 迅速放电，放电电流在 R_3 上形成一个尖顶脉冲。随着 C_1 的放电，当 C_1 两端电压降至单结晶体管谷点电压 V_r 时，单结晶体管截止，电容 C_1 又开始充电。重复上述过程，在 R_3 两端就输出一组尖脉冲（在一个梯形波电压周期内，脉冲产生的个数是由电容 C_1 充放电的次数决定的）。在周期性梯形波电压的连续作用下上述过程反复进行。

（2）脉冲的同步　当梯形波电压过零时，电容 C_1 两端电压也降为零，因此电容 C_1 每次连续充放电的起始点也就是主电路电压过零点，这样就保证了输出脉冲电压的频率和电源频率同步。

（3）脉冲的移相　在一个梯形波电压作用下，单结晶体管触发电路产生的第一个脉冲就能使晶闸管触发导通，后面的脉冲通常是无用的。由于晶闸管导通的时刻只取决于阳极电压为正半周时加到门极的第一个触发脉冲的时刻，因此，电容 C_1 充电速度越快，第一个脉冲出现的时刻越早，晶闸管的导通角也就越大，整流输出的平均电压也就越高，灯泡就越亮。反之，电容 C_1 充电越慢，第一个脉冲出现得越迟，灯泡的平均电压也就越小，灯泡就越暗。由此，只要改变电位器 RP 的阻值大小就可以改变电容 C_1 的充电速度，也就改变了第一个脉冲出现的时刻，这就是脉冲移相。如此也就改变了灯泡的亮度。

三、必备知识

单结晶体管是一种半导体器件，它有一个 PN 结和三个电极，三个电极为一个发射极和两个基极，所以其又称为双基极二极管。单结晶体管具有一种重要的电气性能——负阻特性，可以利用它组成弛张振荡器、自激多谐振荡器、阶梯波发生器以及定时电路等多种脉冲单元电路。

（一）单结晶体管的结构

单结晶体管的结构如图 3-4-2a 所示。为了便于分析单结晶体管的工作特性，通常把两个基极 B1 和 B2 之间的 N 型区域等效为一个纯电阻 R_{BB}，称为基区电阻，它是单结晶体管的一个重要参数，国产单结晶体管的 R_{BB} 在 2 ~ 10kΩ 范围内。R_{BB} 又可看成是由两个电阻串联组成的，其中 R_{B1} 为基极 B1 与发射极 E 之间的电阻，R_{B2} 为基极 B2 与发射极 E 之间的电阻。在正常工作时，R_{B1} 的阻值随发射极电流 I_E 而变化的，可视为一个可变电阻。PN 结的作用相当于一只二极管 VD。于是我们可得到单结晶体管的等效电路如图 3-4-2b 所示。而常用单结晶体管的外形、引脚排列和电路符号如图 3-4-3 所示。

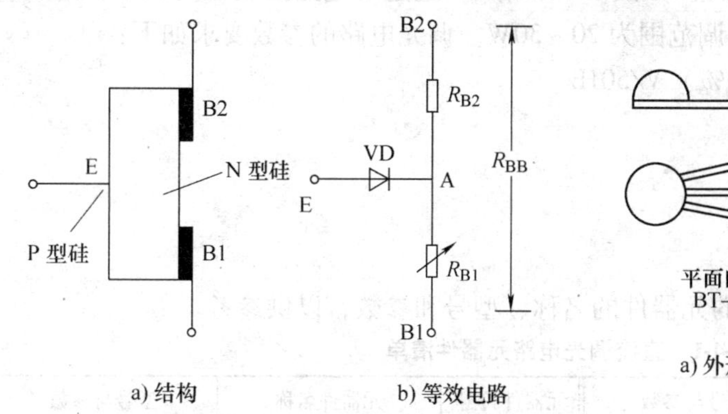

图 3-4-2　单结晶体管结构和等效电路

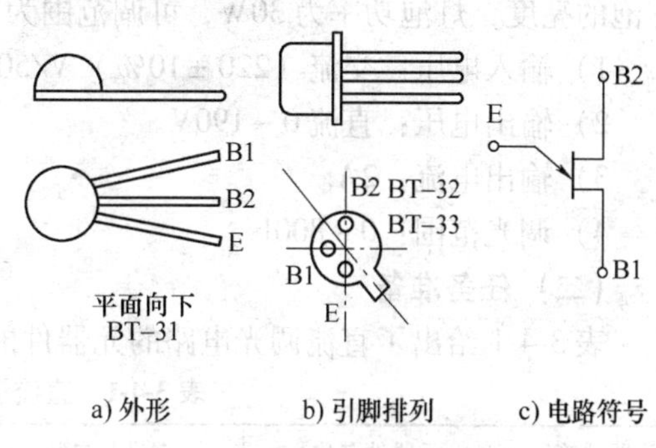

图 3-4-3　单结晶体管的外形、引脚排列和电路符号

（二）单结晶体管的特性和参数

单结晶体管是一种具有负阻特性的器件，即当流经它的电流增加时，电压不是随之增加而是随之减小。它的伏安特性曲线如图 3-4-4 所示。

从图 3-4-4 中可以得出单结晶体管的主要特性。

（1）发射极电压　U_E 大于峰值电压 U_P 是单结晶体管导通的必要条件。峰值电压 $U_P = \eta U_{BB} + 0.7V$，它不是一个常数，而是取决于单结晶体管的分压比 η 和外加电压 U_{BB} 的大小。U_P 和 U_{BB} 呈线性关系，因此具有稳定的触发电压。峰点电流 I_P 很小，因此所需触发电流极小。

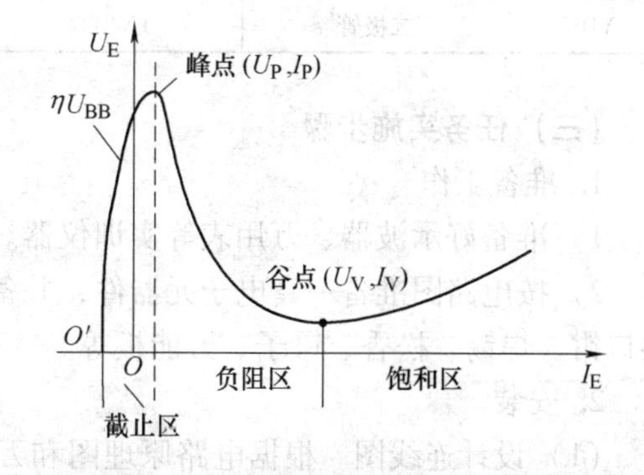

图 3-4-4　单结晶体管的伏安特性曲线

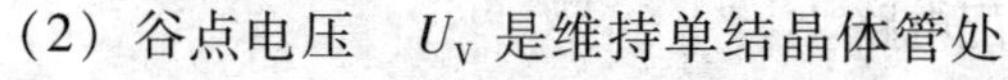

（2）谷点电压　U_V 是维持单结晶体管处于导通状态的最小电压。不同的单结晶体管谷点电压 U_V 和谷点电流 I_V 也不相同，U_V 一般在 2 ~ 4V 之间。当 $U_E < U_V$ 时，单结晶体管就进入截止状态。

（三）单结晶体管的检测

好的单结晶体管PN结正向电阻 R_{EB1}、R_{EB2} 均较小，且 R_{EB1} 稍大于 R_{EB2}，PN结的反向电阻 R_{B1E}、R_{B2E} 均应很大，根据所测阻值，即可判断出各引脚及管子的质量优劣。

（1）判断发射极E的方法　把万用表置于“$R\times100$”档或“$R\times1k$”档，黑表笔接假设的发射极，红表笔接另外两极，当出现两次低电阻时（调换表笔时，两次阻值均很大），黑表笔接的就是单结晶体管的发射极。

（2）B1与B2的判断方法　把万用表置于“$R\times100$”档或“$R\times1k$”档，用黑表笔接发射极，红表笔分别接另外两极，两次测量中，电阻大的一次，红表笔接的就是B1极。

四、任务实施

（一）任务要求

制作一个电子调光电路，其原理图如图3-4-1所示，通过对电路上旋钮的调节，来调节灯泡的亮度，灯泡功率为30W，可调范围为20~30W。调光电路的参数要求如下：

1）输入电压：交流（220±10%）V/50Hz。

2）输出电压：直流0~190V。

3）输出电流：2A。

4）调光范围：0~800lx。

（二）任务准备

表3-4-1给出了直流调光电路的元器件的名称、型号和参数，以供参考。

表3-4-1　直流调光电路元器件清单

元器件符号	元器件名称	型号与参数	元器件符号	元器件名称	型号与参数
T	变压器	220V/36V 50V·A	UR	桥堆	AM156
HL	白炽灯	220V/40W	VT	晶闸管	2P4M
VS	稳压管	2CW58	VU	单结晶体管	BT33F
R_1	电阻	2kΩ/1W	R_2	电阻	510Ω
R_3	电阻	510Ω/0.5W	R_4	电阻	510Ω
C_1	电容	0.47μF/50V	RP	电位器	150kΩ/2W
VD1	二极管	1N4007			

（三）任务实施步骤

1. 准备工作

1）准备好示波器、万用表等实训仪器。

2）按电路图准备一套电子元器件，并备妥如下工具：电烙铁（包括烙铁架）、尖嘴钳、斜口钳、焊锡、松香、镊子、万能板等。

2. 安装

（1）设计连线图　根据电路原理图和万能板的尺寸，设计连线图。设计时应注意引出输入、输出线和测试点。也可按照图3-4-5装配电路。

（2）安装元器件　将检验合格的元器件按照连线图安装在万能板上。安装时注意元器件的极性不能接错。

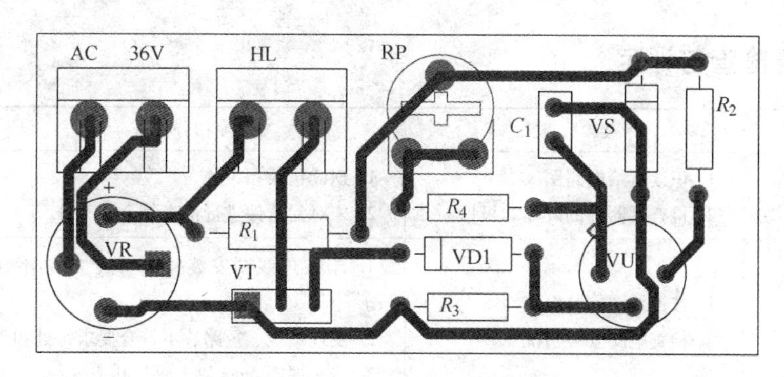

图 3-4-5　直流调光电路装配图

3. 调试

（1）不通电检查　电路安装完毕后，对照电路原理图和连线图，认真检查接线是否正确，以及焊点有无虚、假焊。特别要注意桥堆、晶闸管、稳压管等器件的极性不能接错。

（2）调试　接通电源后，首先观察有无异常现象，若无，则可以观察结果和测量数据了。如果出现异常，应立即关闭电源，重新进行不通电检查。

电路的正常现象是调节电位器 RP，灯可以由暗到亮（或由亮到暗）连续可调。

（3）故障的诊断与处理　当电路出现不正常时，可根据电路的不同状态进行故障排除。

该电路的故障大致有：灯不亮、灯亮但不可调节等几种情况。下面以电路连接正确的情况下，灯亮但亮度不可调为例进行分析。

检查晶闸管的好坏：将晶闸管的门极断开后通电，看灯是否亮。若亮，则说明晶闸管坏；若不亮，恢复晶闸管的门极，测量稳压管上的压降有多大，调节 RP，检查电容 C_1 上的电压是否有变化，再测量单结晶体管 E、B1 之间的电压是否在 1V 左右，B2、B1 之间的电压有无变化（注意选用万用表的直流电压档位），如单结晶体管 E、B1 之间的电压较高或电压为零，则单结晶体管坏。

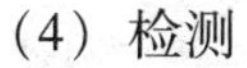
（4）检测

1）用万用表测量图 3-4-5 中 A ~ E 各点对地电压，填入表 3-4-2 中。

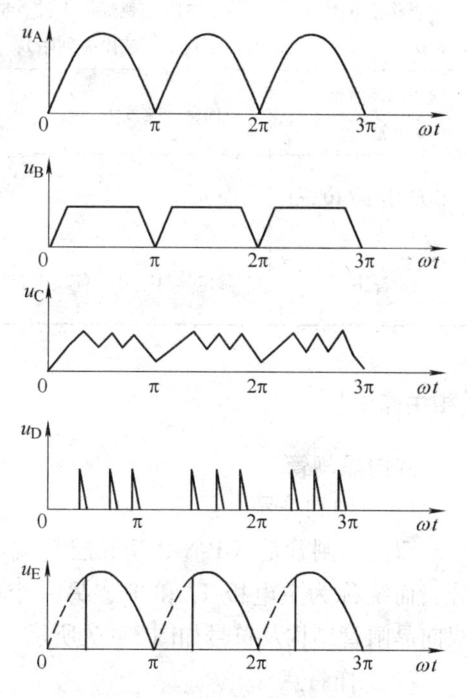

图 3-4-6　各点电压波形参考图

表 3-4-2　对地电压测量

测试点	U_A	U_B	U_C	U_D	U_E
电压值/V					

2）用示波器观测各点波形。各点电压波形参考图 3-4-6 所示。

五、任务检查与评定

任务内容及配分	要　求	扣分标准	得分
安装准备（10 分）	1. 识读所给电路图 2. 检查元器件的好坏和极性	1. 识读错误扣 5 分 2. 未对元器件进行检查每个扣 1 分	
按图安装电路（20 分）	1. 按连线图安装电路 2. 检查电路安装情况	1. 未按连线图安装扣 10 分；布局不合理扣 3 分 2. 发现错线、短路、不符合要求每处扣 3 分 3. 线头裸露 2mm 以上每处扣 2 分	
通电试验（10 分）	接入白炽灯，再接通电源，调节电位器使白炽灯出现明暗变化	1. 带电接线扣 4 分 2. 白炽灯或交流电源接入位置错误扣 4 分	
测电压观察波形（30 分）	1. 测量变压器二次绕组电压 U_2（万用表交流电压档） 2. 测量整流、稳压后的电压（万用表直流电压档）	1. 所测电压值不符合要求扣 4 分 2. 使用示波器方法不正确扣 5 分 3. 波形观测不出扣 5 分	
检查移相范围（10 分）	调节电阻，观察锯齿波，应满足灯由暗到亮（或由亮到暗）	1. 方法错误扣 10 分 2. 调整操作不正确扣 10 分	
检查脉冲宽度（10 分）	正向脉冲宽度为 5ms	所得数据不符合要求扣 5 分	
定额时间（10 分）	45min	训练不允许超时，每超 5min（不足 5min 以 5min 记）扣 5 分	
备注	除定额时间外，各项内容的最高扣分不得超过配分分数	成绩	

【相关知识】

双向晶闸管

1. 结构和符号

双向晶闸管是 N-P-N-P-N 五层三端半导体器件，也有三个电极，但它没有阴、阳极之分，而统称为主电极 T_1 和 T_2，另一个电极 G 也称为门极，双向晶闸管结构及符号如图 3-4-7 所示。

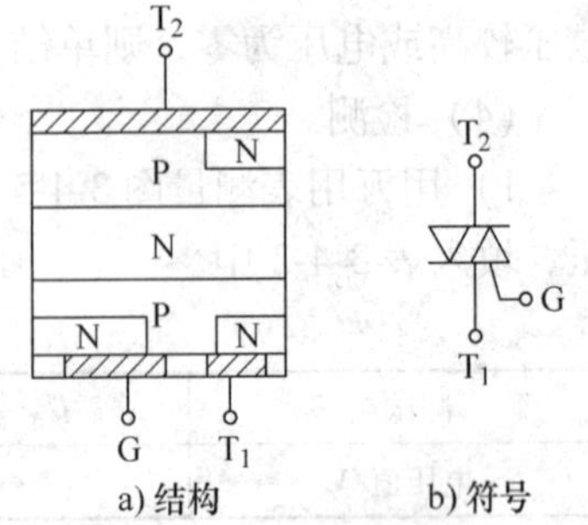

图 3-4-7　双向晶闸管的结构及符号

2. 工作特点

双向晶闸管的主电极 T_1 和 T_2 无论加正向电压还是反向电压，其门极 G 的触发信号无论是正向还是反向，它都能被“触发”导通。

3. 双向晶闸管的电极识别及质量判别

（1）首先确定 T_2　门极 G 与 T_1 之间的距离较近，其正、反向电阻都很小，用万用表“$R\times1$”档测量 G 与 T_1 间的电阻仅几十欧，而 G 与 T_2、T_1 与 T_2 之间的反向电阻均为无穷大。那么，当测出某脚和其他两脚都不通，就能确定该脚为 T_2 极。有散热板的双向晶闸管 T_2 极往往与散热板相通。

（2）区分 G 与 T_1 极　确定 T_2 后，剩下两脚中一脚为 T_1 极，另一脚为 G 极。用万用表黑表笔接 T_1 极，红表笔接 T_2 极，把 T_2 与 G 极瞬时短接一下（给 G 加上负触发信号），电阻值如为 10Ω 左右，证明管子已导通，导通方向为 $T_1 \rightarrow T_2$，上述假设正确。如万用表没有指示，电阻值仍为无穷大，说明管子没有导通，假设错误，可改变两极连接表笔再测。如果把红表笔接 T_1 极，黑表笔接 T_2 极，然后将 T_2 与 G 极瞬时短接一下（给 G 加上正触发信号），电阻值如为 10Ω 左右，管子为导通，导通方向为 $T_2 \rightarrow T_1$。

【任务小结】

单结晶体管是一种具有负阻特性的器件，可以利用它组成弛张振荡器、自激多谐振荡器、阶梯波发生器以及定时电路等多种脉冲单元电路。晶闸管的基本特性：当晶闸管阳极加正向电压，门极加适当的正向控制电压时，晶闸管处于正向导通状态；当通过晶闸管的电流小于维持电流或阳极电压接近于零，晶闸管阳极加上反向电压时，不管门极怎样，晶闸管都处于反向阻断状态。以日常见到较多的调光电路作为实例进行技能训练，能较好地把理论与实际结合起来，达到学以致用的目的。

【习题及思考题】

1. 晶闸管导通的条件是什么？维持晶闸管导通的条件是什么？怎样使晶闸管由导通变为关断？
2. 晶闸管从阻断转化为导通的条件是：________；________；________。
3. 根据任务实施中示波器测试的 C 点波形，试读出单结晶体管峰点电压 U_P 和谷点电压 U_V。
4. 如出现调光台灯亮度不能变化，试分析引起故障的原因。
5. 试简述用万用表快速区分 B1 和 B2 的方法与步骤。
6. 当单结晶体管发射极电位 U_E 大于________时，单结晶体管导通，导通后当发射极电流小于________时，单结晶体管才恢复截止。

项目四 机床电气故障与检修

任务一　机床电气设备检修

能力目标：

1. 掌握分析问题、解决问题的能力和正确的检修方法。
2. 能根据故障现象，熟练使用电压法、电阻法排除机床电气故障。

知识目标：

1. 电气设备发生故障后检查与分析方法。
2. 电气设备维修要求及日常维护知识点。

一、任务引入

机床电气控制电路是各种各样的，有的简单，有的复杂。电路故障种类很多，它们的故障又往往和机械、液压交错在一起，难以判别。而一种故障症状可对应多种引起故障的原因；同一种故障原因也可能有多种故障症状的表现形式。但机床电气电路不论是简单的还是复杂的，对其检修都有一定的规律和方法可循。所以从事维修工作，首先要学懂电气设备的工作原理，并应掌握正确的维修方法，机床电气控制就是在一定的条件下，实现机床的起动、停止、调速、正反转以及保持各种运动状态。机床电气控制电路由若干个电气控制环节组成，每个控制环节由若干元器件组成。故障往往只是由于某个或某几个元器件、部件或接线有问题。只要我们善于学习，不断总结经验，掌握正确的维修方法，就能迅速准确地排除故障。

二、任务分析

电气故障现象是检修电气故障的基本依据，因而要对故障现象进行仔细观察，分析找出故障现象中最主要的、最典型的方面，搞清故障发生的时间、地点、环境等。

三、必备知识

（一）电气设备的维修要求

1）维修步骤和方法必须正确，切实可行。

2）选择正确的电工工具，操作时不得损坏元器件。

3）不得随意更换元器件及连接导线的型号规格。

4）对机床的控制电路不得擅自改动。

5）损坏的电器应尽量修复使用，但不得降低其固有的性能。

6）电气设备的各种保护功能必须完善，应能满足使用要求。

7）电气绝缘合格，通电试车能满足电路的各种功能，控制环节的动作程序符合要求。

8）检修后的电气设备必须满足其质量标准要求，电气设备的检修标准是：

①元器件外观整洁，无损坏和碳化现象。

②接触器、继电器等电器的触点应完好、光洁，接触良好。

③触点压力弹簧和反作用力弹簧应具有足够的弹力。

④操纵、复位机构灵活可靠。

⑤各种电器的衔铁（动铁心）运动灵活，无卡阻现象。

⑥接触器、刀开关等低压电器的灭弧罩完整、清洁，安装牢固。

⑦继电器的动作整定值应符合控制电路的使用要求。

⑧各指示装置能正常发出信号。

⑨检修完后，导线应整齐放进线槽，并盖好线槽盖。

（二）电气设备的日常维护

为了保证各种电气设备的安全运行，应经常加强对设备的维护保养，电气设备的维护有日常维护和故障检修。通过经常的维护，即能减少故障的发生，又能及时发现隐藏着的故障，并能进行及时的处理，从而防止故障的扩大，将故障消灭在萌芽状态，减小故障对设备造成的损失，保证设备的正常运行。电气设备的日常维护包括电动机和控制设备电路的日常维护保养。维护时，应注意设备安全和人身安全，电气设备的接地或接零必须可靠。

（1）电动机的日常维护　电动机是机床设备的心脏，在日常维护中应对电动机外表进行清扫，检查电动机运转声音是否正常，三相电流是否平衡，绝缘电阻应大于0.5MΩ，接地良好，温升正常，绕线式异步电动机、直流电动机电刷火花应在允许范围内。

（2）控制设备电路的日常维护

1）电气柜的门、盖应关闭严密，要经常清扫电气柜内部的灰尘、异物和油污，特别要清除铁粉之类有导电性能的灰尘。

2）操纵台上所有操纵按钮、主令开关的手柄、信号指示灯、照明装置及仪表护罩都应保持清洁完好。

3）检查接触器、继电器等所有电器触点接触是否良好，吸合是否正常，有无噪声、卡住或迟滞现象；接线端子是否松动、损坏，接线是否脱落等。

4）检查各位置开关是否起限位保护作用，电器的操作机构是否灵活可靠。

5）维护时，不得随意改变热继电器、电流继电器、自动空气开关的整定值；熔体的更换，必须按要求选配，不得过大或过小。

（三）机床电气故障的检修

机床电气故障有两种类型，一类故障有明显的外表特征容易被发现，例如电动机的绕组过热、冒烟，甚至发生焦臭味或火花等，在排除这类故障时，除了更换损坏了的电动机绕组或线圈之外，还必须找出造成上述故障的原因；另一类故障没有外表特征，例如在控制电路中由于元器件调整不当、机械运作失灵、触点及压接线端子接触不良、小零部件损坏、导线断裂等原因引起的故障，这类故障在机床电路中经常碰到，由于没有外表特征，需要用各类测量仪表和工具才能找到故障点。因此，找出故障点是机床电气设备检修工作中的一个重要步骤。

电气设备发生故障后检查和分析方法如下：

1. 修理前的故障调查

（1）问　故障发生后，向操作者了解故障发生的前后情况，有利于根据电气设备的工作原理来判断发生故障的部位，分析故障的原因，找出故障发生地点。

（2）看　有些故障有明显的外观征兆，如各种信号不正常、有指示装置的熔断器亮红灯、热继电器脱扣、接线脱落、触点熔焊、线圈烧毁，操作机构的位置不合适，位置开关没有被压上，操作者的操作程序不正确等。

（3）听　在电路还能运行和不扩大故障范围、不损坏设备的前提下，可通电试车，细听电动机、接触器和继电器等电器的运行声音是否正常，从而找到故障部位。

（4）摸　用手触摸检查电动机、变压器和电磁线圈是否有过热现象，电动机有无振动等。

（5）闻　辨别有无异味，在机床运行部件发生剧烈摩擦、电气绝缘烧损时，会产生油、烟气、绝缘材料的焦煳味；放电会产生臭氧味，还能听到放电的声音。

2. 用逻辑检查法缩小故障范围

所谓逻辑检查法就是根据机床控制电路的工作原理、控制环节的动作程序以及它们之间的联系，结合调查结果及故障现象进行电路分析，迅速缩小检查范围，然后判断故障所在部位。这是一种准确快速的检查方法，特别适用于大中型复杂电路的故障检查。

分析电路时，结合故障现象，从电气原理图主电路中，分析主拖动电动机和各辅助拖动电动机的作用，再从主电路所用元器件的文字符号，到控制电路中去找它对应的线圈，进一步分析主拖动电动机和各辅助拖动电动机的控制方式。再进行认真排查，迅速判定故障可能发生的范围。当故障的可疑范围较大时，不必按部就班地逐级进行检查，可以在故障范围内的中间环节进行，来判断故障究竟是发生在哪个部分。这样便缩小了检修范围，加快了检修速度，采用逻辑检查法，就是在排除故障时，根据电路的基本原理，进行逻辑推理，使貌似复杂的问题，变得条理清晰，从而迅速准确地找到故障部位。

3. 测量法

测量法是维修电工工作中用来准确确定故障点的检查方法。常用的测试工具和仪表有试灯、验电笔、万用表、钳形电流表、绝缘电阻表（摇表）、示波器以及电桥等。这些工具或仪表可用来测量电路中电压、电流、电阻，检查元器件的好坏和检查设备的绝缘情况及线路的通断，依据测量结果查找出故障。测量法分为断电检查法和通电检查法两种。

（1）断电检查法　断电检查法测量前先断开电源，可以用万用表的电阻档对故障进行检查，也叫电阻法。在继电接触器控制系统中，当电路存在断路和元器件触点接触不良等故障时，利用电阻法进行检查，可以找到故障点。采用电阻法查找故障的优点是安全，缺点是测量电阻值不准确时易产生误判断，准确性比电压法低。如被测电路与其他电路并联连接时，应将该电路与其他并联电路断开，否则会产生误判断；测量高电阻值的元器件时，万用表的选择开关应旋至合适的电阻档。它分为电阻分阶测量法、电阻分段测量法两种。

1）电阻分阶测量法。如果控制回路电源正常，按下起动按钮，接触器不吸合，表明控制电路存在断路故障。电阻法测量前先断开电源，将万用表转换开关置于“$R\times10$”（或

"$R\times100$"）档，以一点为基准，分别对各段电阻进行测量。

2）电阻分段测量法。用万用表电阻档逐段测量相邻点之间的电阻。

（2）通电检查法　通电检查法就是在外部检查发现不了故障时，根据故障现象，在不扩大故障范围，不损坏电气和机械设备的前提下，对电气设备进行通电检查。此方法提高了故障识别的准确性，是故障检测采用最多的方法。

1）试电笔检查法。试电笔是检验导线和电气设备是否带电的一种常用检测工具，但只适用于检测对地电位高于氖管启辉电压（60~80V）的场所，只能作定性检测，不能作定量检测。当电路接有控制和照明变压器时，用试电笔无法判断电源是否缺相，因此只能作为验电工具。

2）电压法。电压法是用万用表电压档测量电路的电压。它的测量范围很大，交直流电压均能测量，是维修电工使用最多的一种测量方法。检测前应将万用表的转换开关拨至合适的电压倍率档，将测量值与正常值比较，然后做出分析判断。常用的电压法是电压分阶测量法、电压分段测量法、电压交叉测量法。

3）短接法。就是在怀疑导线或触点断路的部位用一根绝缘良好的导线短接，若短接处电路接通，则表明该处存在断路故障。此方法是带电作业，一定要注意安全，短接前要看清电路，防止短接错误，烧坏电器设备。短接法只适用于检查连接导线及触点一类的断路故障，绝对不能将导线跨接在负载两端，如线圈、绕组、电阻等。不能在主回路使用，以免造成人为短路和触电事故。

机床电气设备的故障，不是千篇一律的，就是同一故障现象，发生的部位也会不同。所以在维修中，不可生搬硬套，而应理论与实践相结合灵活处理。在排除机床设备故障时要注意掌握电气控制电路的一些基本环节，例如在车、铣、镗床和其他一些机床中，采用速度继电器来控制机床的反接制动，以便迅速停车。那么反接制动方面的故障，也就大同小异。掌握了这些基本环节，就能举一反三。当然，也要掌握不同类型机床电气控制电路的特点，如铣床机械与电气的密切配合，摇臂钻床摇臂夹紧与升降，M7120型、M7130型及M7475B型平面磨床的工作台的运动是液压传动控制。检查电气控制电路的同时还要根据实际情况检查液压传动控制电路，这样才能迅速准确地判断和排除故障。

总之机床电气故障是多种多样的，我们应根据具体的故障现象进行故障分析与检查。故障是出在整体部分，还是局部，在排除故障时记住都不动找公用，哪条支路不动，就找哪条支路。在操作时应做到：看清故障、原理清楚、线路熟悉、方法正确。

四、任务实施

（一）任务要求

1）用试电笔法检查电路断路故障。

2）用短接法检查电路断路故障。

3）用电阻法检查电路断路故障。

4）用电压法检查电路断路故障。

（二）任务准备

1）工具：试电笔、电工刀、尖嘴钳、斜口钳、剥线钳等。

2）仪表：500型万用表。

3）材料：导线、绝缘胶布、绝缘透明胶布若干。

（三）任务实施步骤

1. 试电笔法检查断路故障

试电笔法检查断路故障的方法如图 4-1-1 所示，按下按钮 SB2，用试电笔依次测试 1、2、3、4、5、6、0 各点，测量到哪一点试电笔不亮即为断路处。此方法适合检查 380V 电路。

2. 短接法检查断路故障

检查时，用一根绝缘良好的导线，将所怀疑的断路部位短接，如短接到某处，电路接通，说明该处断路。短接法可分为局部短接法和长短接法。

（1）局部短接法　按下起动按钮 SB2 时，若 KM1 不吸合，说明该电路有故障。检查时，先用万用表测量 1-6 两点间电压，若电压正常，可按下起动按钮 SB2 不放，然后用一根绝缘良好的导线，分别短接标号相邻的两点，如 1-2、2-3、3-4、4-5、5-6，当短接到某两点时，接触器 KM1 吸合，说明断路故障就在这两点之间，如图 4-1-2a 所示。

（2）长短接法　当 FR 的常闭触点和 SB1 的常闭触点同时接触不良时，若用局部短接法短接 1-2 点，按下 SB2，KM1 仍不能吸合，则可能造成判断错误；而用长短接法将 1-6 短接，如果 KM1 吸合，说明 1-6 这段电路上有断路故障，然后再用局部短接法逐段找出故障点。长短接法的另一个作用是可把故障点缩小到一个较小的范围。例如第一次先短接 3-6 点，KM1 不吸合，再短接 1-3 点，KM1 吸合，说明故障在 1-3 点范围内，如图 4-1-2b 所示。

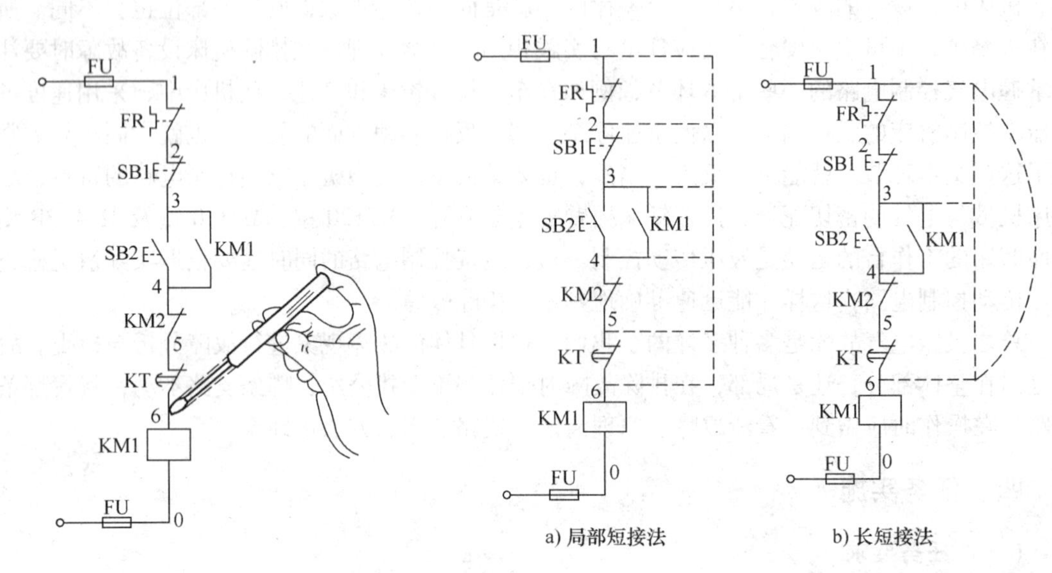

图 4-1-1　试电笔检查断路故障方法

图 4-1-2　短接检查法

3. 电阻法检查电路故障

利用万用表的电阻档对故障进行检查如图 4-1-3 所示。电阻法是在电路切断电源后用仪表测量两点之间的电阻值，通过对电阻值的对比，来检测电路故障的一种方法。

（1）电阻分阶测量法　按起动按钮 SB2，若接触器 KM1 不吸合，说明该电气回路有故障，检查时，先断开电源，把万用表扳到电阻档，按下 SB2 不放，测量 0-6 两点间的电阻。

如果电阻为无穷大，说明电路断路，然后逐段分阶测量1-2、1-3、1-4、1-5、1-6各点的电阻值。当测量到某标号时，若电阻突然增大，说明表棒刚跨过的触点或连接线接触不良或断路，如图4-1-3a所示。

（2）电阻分段测量法　检查时先切断电源，按下起动按钮SB2，然后逐段测量相邻两标号1-2、2-3、3-4、5-6的电阻。如测得某两点间电阻很大，说明该触点接触不良或导线断路。例如测得2-3两点间电阻很大时，说明停止按钮SB1接触不良，如图4-1-3b所示。

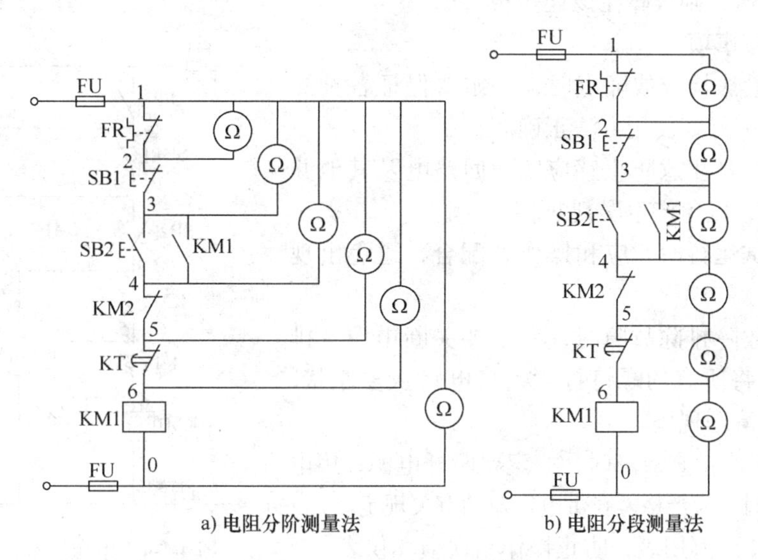

图4-1-3　电阻法检查电路故障

4. 电压法检查电路故障

电压法检查电路故障如图4-1-4所示，使用万用表的交流电压档逐级测量控制电路中各种元器件的输出端（闭合状态）电压，往往可以迅速查明故障点。检修时，用表测量1-0两点的电压，若电路正常，应为380V。然后按下起动按钮SB2不放，同时将黑色表棒接到0标号上，红色表棒依次向前移动接6、5、4、3、2标号，分别测量得到0-6、0-5、0-4、0-3、0-2各阶之间的电压均为380V。如测得0-6之间无电压，说明是断路故障，可将红色表棒前移。当移至某点（如2点）时电压正常，说明点2～6之间的触点或接线是完好的，此点（如2点）以后的触点或接线断路，一般是此点后第一个触点（即刚跨过的停止按钮SB1的触点）或连线断路。

电压法可向上测量即由0点向1点测量，也可向下测量，即依次1-2、1-3、1-4、1-5、1-6、1-0。但向下测量时，若各阶电压等于电源电压，则说明刚测过的触点或导线已断路。

电压法检查电路故障如图4-1-4所示，使用万用表的交流电压档逐级测量控制电路中各种元器件的输出端（闭合状态）电压，往往可以迅速查明故障点。按下启动按钮SB2时，接触器KM1不吸合，则说明电路有故障。先用表测量0-1两点之间电压，若无380V，故障在L1、L2及熔断器FU处，若有电压，则说明控制电路的电源正常。然后将一表棒接表0点上，用另一表棒依次测2、3点电压，按下启动按钮SB2，再测4、5、6点电压，若电路正常，各阶电压应为380V，若测到0-3点无电压，则按钮SB1触点有故障；若测得0-5之间无电压，说明故障在KM2常闭触头上。

还可以应用电压交叉测量的方法判断故障点，此方法无须按按钮。首先先用电压表测量0-1之间电压，若电压正常，则将万用表两表笔测按钮3-4两点间电压应为380V，若没有，则故障在按钮上端或下端的线路及元件上。将4点处表笔不动，另一表笔向4-2、4-1测量，如果有电压，则故障在下端，反过来将表笔放在3点处，另一表笔向3-5、3-6、3-0测量，查到那里无电压，则故障在该处。

（四）注意事项

1）用测量法检查故障点时，一定要保证各种测量工具和仪表完好，使用方法正确。

2）测量时要注意防止感应电、回路电及其他并联支路的影响，以免产生误判断。

3）通电试运行时，应和操作者配合，避免出现新的故障。

4）找出故障排除故障时，一定要关断电源，排除故障后，应将所有的螺钉拧紧，将电路恢复原状，盖好槽板，并清理现场。

5）用电阻法检查故障时，一定要断开电源；用电压法检查故障时，应严格遵守带电作业的有关规定。

6）正确使用万用表，防止操作错误损坏仪表。

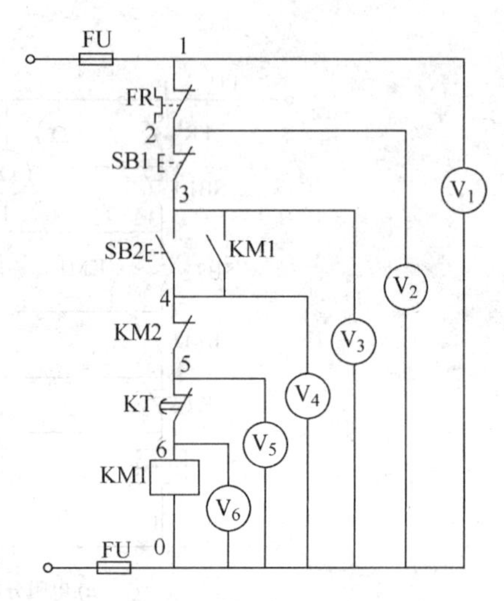

图4-1-4 电压法检查电路故障

五、任务检查与评定

任务内容及配分	要求	扣分标准		得分
故障分析（30分）	原理图分析及标出原理图故障范围	1. 在原理图上标不出故障回路或标错，每个故障点扣15分 2. 不能标出最小故障范围，每个故障点扣5分		
	故障分析思路	故障分析思路不清楚，每个故障点扣5分		
排除故障（60分）	试电笔测量法	1. 断电不验电扣5分 2. 工具及仪表使用不当，每次扣5分 3. 检查故障的方法不正确扣20分 4. 排除故障的方法不正确扣20分 5. 不能排除故障点，每个扣30分 6. 扩大故障范围或产生新故障，每个扣15分 7. 损坏元器件，每个扣20～40分 8. 排除故障后通电试车不成功扣50分 9. 违反文明安全生产，扣10～70分		
	短接法			
	万用表电阻档测量法			
	万用表电压档测量法			
定额时间（10分）	45min	训练不允许超时，在修复故障过程中才允许超时，每超5min（不足5min以5min记）扣5分		
备注	除定额时间外，各项内容的最高扣分不得超过配分分数		成绩	

【任务小结】

本任务主要介绍了电气设备发生故障后的检查和分析方法，可以通过断电检查法和通电检查法两种方法进行故障的检查和分析。断电检查法主要通过万用表的电阻档进行分段测量或分阶测量从而检查出故障范围。通电检查法可以运用试电笔检查法、电压法及短路法等。每次排除故障后，应及时总结经验，并做好维修记录。

【习题及思考题】

现场处理Y-△减压起动的继电器控制电路，故障现象如下：（1）只能Y联结起动不能△联结运行；（2）时间继电器不动作（一般要学生操作观察出故障现象，然后再进行故障检查及排除）。

任务二　M7120 型平面磨床电气电路故障与检修

☞能力目标：

1. 能够阅读及分析 M7120 型磨床的电气原理图、安装图。
2. 熟悉 M7120 型磨床的加工形式，能进行试车操作及安装与调试。
3. 掌握 M7120 型磨床的工作原理及故障分析处理方法与技巧。

☞知识目标：

1. 了解 M7120 型磨床结构特点及运动形式，懂得电路工作原理。
2. 掌握 M7120 型磨床液压系统控制工作台和砂轮架运动的基本知识。
3. 掌握 M7120 型磨床的常见故障案例分析。
4. 掌握常用的控制电路工作原理。

一、任务引入

磨床是用砂轮磨削加工各种零件表面的一种精密机床。磨床按用途可分为外圆磨床、内圆磨床、无心磨床、平面磨床、工具磨床、螺纹磨床、导轨磨床、万能磨床及精密磨床等。常见的是 M7130 型平面磨床、M1432A 型万能外圆磨床、M7475 型立轴圆台平面磨床，其中以平面磨床应用最为普遍。平面磨床利用装在工作台上的电磁吸盘将工件牢牢吸住，通过砂轮的旋转运动对被加工工件的平面进行磨削加工，它的磨削精度和光洁度都比较高，操作方便，适用于磨削精度高的零件，并可用作镜面磨削。磨床工作台的往复运动和砂轮架（磨头）的进给运动，都是由液压系统完成的。液压泵是提供一定流量、压力的液压能源，是将电动机（原动机）输出的机械能转变为液压能的一种能量转换装置，它是液压传动系统中的一个主要组成部分。在相关知识中，将对磨床的液压系统进行介绍。

M7120 型平面磨床型号的含义为：

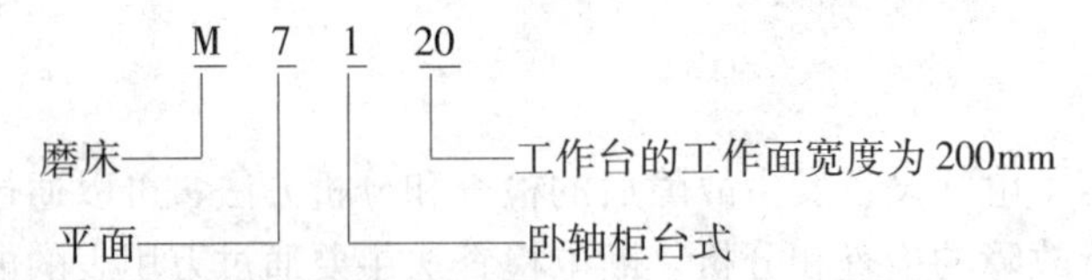

（一）M7120 型平面磨床的主要结构

M7120 型平面磨床是卧轴矩形工作台式，外形结构如图 4-2-1 所示。其主要由床身、工作台、电磁吸盘、砂轮箱（又称磨头）、滑座和立柱等部分组成。

图 4-2-1　M7120 型平面磨床外形图

（二）M7120 型平面磨床的运动形式

M7120 型平面磨床的工作台上装有电磁吸盘，用以吸持工件，工作台沿床身的轨道上做往复运动（纵向运动）。立柱固定在床身上通过导轨使滑座做垂直运动，砂轮箱装在滑座上，在滑座的导轨上做水平运动（横向运动）。砂轮箱内有电动机带动砂轮做旋转运动。因此 M7120 型平面磨床的运动形式如下所述。

（1）主运动　砂轮的旋转运动。

（2）进给运动　有垂直进给——滑座带动砂轮在立柱上的上、下运动。有横向进给——砂轮箱在滑座上的水平移动。有纵向进给——工作台沿床身的往复运动。

当工作台每完成一纵向往返行程时，砂轮做横向进给一次，实现连续地加工整个平面。当加工完整个平面后，砂轮做垂直进给。直至将工件磨削到所需的加工尺寸。

（3）辅助运动　砂轮箱的快速移动和工作台的调整运动等。

二、任务分析

（一）M7120 型平面磨床电力拖动形式

1）平面磨床对工件进行磨削加工中，砂轮不要求调速，所以通常采用三相笼形异步电动机来拖动，为了达到体积小、结构简单及机床精度高的目的，采用装入式异步电动机直接拖动，这样磨床的主轴就是电动机轴。

2）砂轮升降电动机使砂轮在立柱导轨上做垂直运动，用以调整砂轮与工件位置。

3）由于平面磨床是一种精密机床，为保证加工精度采用了液压传动。液压传动较平稳，能实现无级调速，换向时惯性小，换向平稳，这些都是电气-机械传动所不可比拟的。所以工作台的往复运动（纵向进给）和砂轮架的进给运动采用液压传动，通过液压泵电动机驱动液压泵提供压力油，经液压传动装置使工作台做垂直于砂轮的纵向运动。在工作台纵向进给完毕时，通过工作台上的撞块碰击床身上的液压换向开关，工作台便反向进给，这样来回换向就实现了工作台往复运动。砂轮架的横向进给运动由液压传动装置自动完成，也可由手轮来操作。

4）为消除工作台运动对导轨的摩擦，工作台导轨的润滑由液压泵电动机提供。

5）为了在磨削过程中使工件得到良好的冷却，以及减少磨削粉尘对环境的污染，需采用冷却泵为磨削过程输送冷却液。

6）为提高生产率及加工精度，磨床中采用多电动机拖动系统，使磨床有最简单的机械传动系统。M7120 型平面磨床共有四台电动机，即砂轮电动机、砂轮升降电动机、液压泵电动机及冷却泵电动机。

（二）控制要求

1）砂轮电动机、液压泵电动机和冷却泵电动机都只要求单方向运转。

2）砂轮升降电动机要求正反向运转。

3）冷却泵电动机随砂轮电动机开动，当不用冷却液时也可单独断开冷却泵电动机。

4）具有完善的保护环节，各电路的短路、欠电压和失电压保护，电动机的过载保护，电磁吸盘的欠电流保护，电磁吸盘的阻容保护等。

5）具有使电磁吸盘吸牢工件或放开工件并去磁的控制环节。

6）具有必要的机床照明和指示信号。

三、必备知识

M7120 型平面磨床电气原理图如图 4-2-2 所示。整个机床电气设备安装在床身后部的控制箱内。控制按钮安装在床身前部的电气操纵盒中。整个电路分为主电路、电磁吸盘控制电路、控制电路及照明和指示电路。

（一）主电路分析

主电路有四台电动机：M1 是液压泵电动机，实现工作台的往复运动；M2 是砂轮电动机，带动砂轮旋转磨削加工工件；M3 是冷却泵电动机，为砂轮磨削工件时输送冷却液；M4 是砂轮升降电动机，用以调整砂轮与工件的位置。由熔断器 FU1 和接触器对电动机进行短路、欠电压和失电压保护，分别由 FR1、FR2、FR3 对 M1、M2、M3 进行过载保护。砂轮升降电动机是短时工作，故不设过载保护。

（二）电磁吸盘控制电路分析

1. 电磁吸盘的构造和工作原理

电磁吸盘又称电磁工作台，它是固定加工工件的一种夹具，利用导体通电产生磁场吸牢铁磁材料的工件，以便进行磨削加工。它与机械夹紧装置相比较，具有夹紧迅速，不损伤工件，工作效率高，一次能吸牢若干个小工件，工件在加工中发热可以自由伸缩等优点。

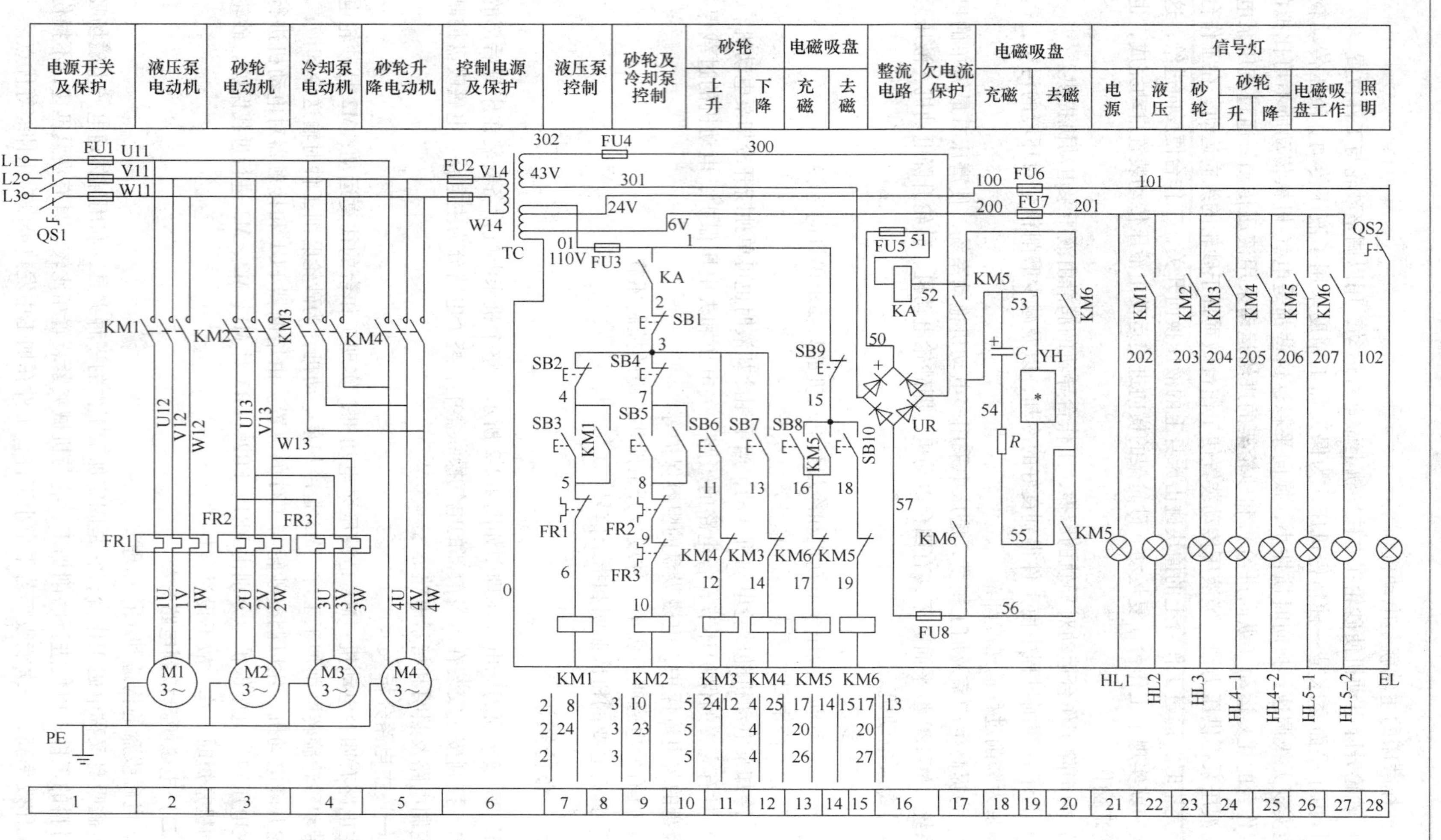

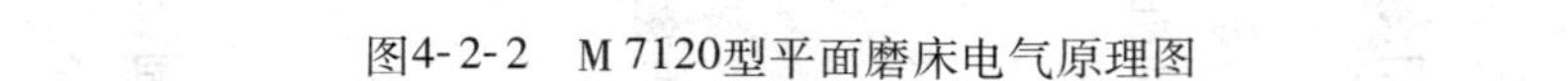
图4-2-2 M7120型平面磨床电气原理图

电磁吸盘的外形和结构如图 4-2-3 所示。电磁吸盘实质上是一个直流电磁铁，由铁心、线圈和工作台三部分组成。电磁吸盘的外壳为一钢制的箱体，箱内装有一排凸起的铁心。铁心上绕着励磁线圈，吸盘的面板用钢板制成，钢板用绝磁材料如铅锡合金等隔成若干个小块。从而把面板划分为许多 N 区和 S 区。当通入直流励磁电流后，磁通 Φ 由铁心进入面板的 N 区，穿过被加工的工件而进入 S 区，然后由箱体外壳再返回铁心，形成如图 4-2-3 虚线所示的磁路。于是，被加工的工件就被紧紧吸在面板上。切断励磁电流后，由于剩磁的影响，工件仍将被吸在工作台上，要取下工件必须在励磁线圈中通入反向电流去磁。电磁吸盘有矩形和圆形两种，线圈额定电压有 24V、40V、110V 和 220V 等级别，吸力为 0.2 ~ 1.3MPa。

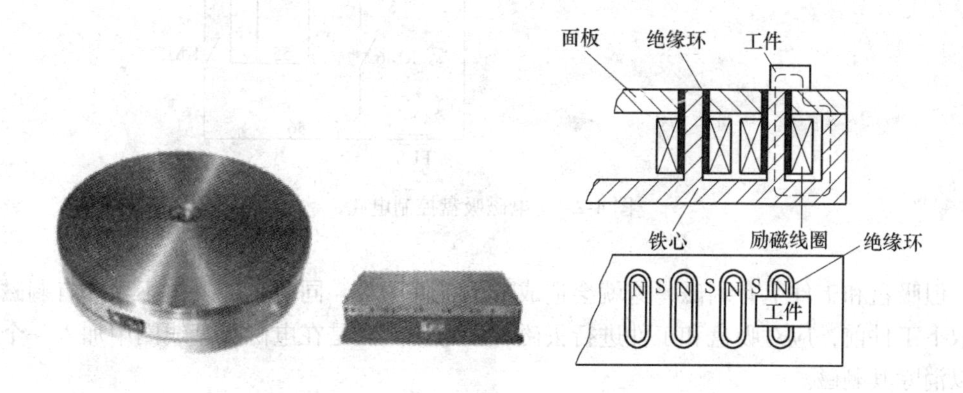

图 4-2-3　电磁吸盘外形和结构示意图

2. 电磁吸盘控制电路

电磁吸盘的文字符号用 YH 表示，图形符号与接触器线圈的符号相同。电路由整流装置、控制装置和保护装置三部分组成，如图 4-2-4 所示。电磁吸盘电压通过变压器输出 127V 电压再通过整流装置整流输出 110V 直流电源。控制装置由 KM5、KM6 构成，KM5 组成充磁回路，KM6 组成去磁回路。保护装置由电阻 R、电容 C 以及欠电流继电器 KA 组成。电阻 R 和电容 C 的作用是：由于电磁吸盘线圈是一个大电感，在电磁吸盘工作时，线圈中储存着大量磁场能量；当电磁吸盘断电的瞬间，将会在吸盘 YH 两端产生一个很高的自感电动势，若没有放电电路，会造成电磁吸盘线圈绝缘及其他电器损坏，故采用 RC 组成放电回路，使吸盘断电瞬间线圈中所储存的能量通过 RC 进行放电。欠电流继电器的作用是：在磨削加工过程中，当电磁吸盘或整流装置故障，使吸盘吸力不够或无吸力时，欠电流继电器 KA 因欠电流而释放，使串联在液压、砂轮、砂轮升降电动机控制电路中的常开触点 KA（1-2）断开，从而使砂轮和工作台都停止运动。这就可防止工件因失去足够的吸力而被高速旋转的砂轮碰击飞出，造成人身或设备事故。

3. 电磁吸盘充磁与去磁的控制

电磁吸盘的充磁：按下充磁按钮 SB8，接触器 KM5 线圈通电吸合并自锁，KM5 主触点闭合，电磁吸盘 YH 通入 110V 的直流电压，同时欠电流继电器 KA 吸合，若装上工件，便将工件牢牢吸住。

加工完毕，需将工件取下，应先按下停止按钮 SB9，KM5 线圈断电释放，电磁吸盘 YH

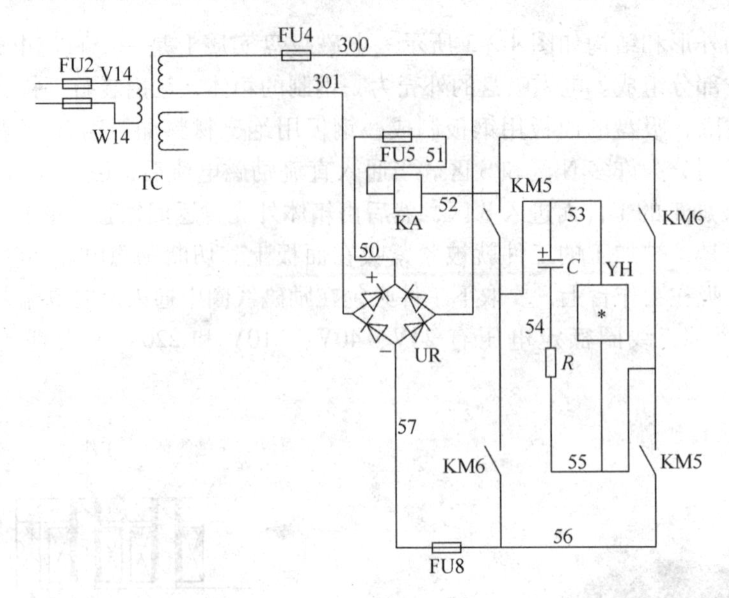

图 4-2-4 电磁吸盘控制电路

断电。但吸盘和工件上有剩磁，这就会造成取下工件困难，同时工件上也不允许有剩磁。所以在取下工件前，应对吸盘和工件进行去磁，去磁的方法是在电磁吸盘线圈中加入一个反向电流以消除其剩磁。

电磁吸盘的去磁：按下去磁按钮 SB10，接触器 KM6 线圈通电吸合，电磁吸盘 YH 通入 110V 的反向直流电压，同时欠电流继电器 KA 吸合，对工件和电磁吸盘去磁。若去磁时间太长将会反向磁化而仍不能取下工件，因此接触器 KM6 的控制电路采用点动控制。

（三）控制电路分析

控制电路控制电源为 110V 交流电压，磨床必须在电磁吸盘充磁时，欠电流继电器 KA 动作，其常开触点（1-2）闭合，才能接通控制电源。SB1 为紧急停车按钮。

1. 液压泵电动机 M1 的控制

由停止按钮 SB2、起动按钮 SB3、接触器 KM1、热继电器 FR1 组成液压控制电路。按下 SB3，KM1 线圈通电吸合，主触点 KM1 闭合，液压泵电动机 M1 起动运转，同时辅助触点 KM1 闭合自锁。若按下停止按钮 SB2，接触器 KM1 线圈断电，液压泵电动机 M1 停转。

2. 砂轮电动机 M2 及冷却泵电动机 M3 的控制

由停止按钮 SB4、起动按钮 SB5、接触器 KM2、热继电器 FR2 和 FR3 组成砂轮及冷却控制电路。按下起动按钮 SB5，接触器 KM2 线圈通电，KM2 主触点闭合，砂轮电动机 M2 起动运转，同时 KM2 辅助触点闭合自锁。

由于冷却泵电动机 M3 是由插座控制的，其电源与砂轮电动机 M2 的电源相连，因此，M2 与 M3 是联动控制的，M2 的控制电路就是 M3 的控制电路。当按下 SB5 时，M2 和 M3 同时起动运转。若按下停止按钮 SB4，接触器 KM2 线圈断电，则 M2 与 M3 同时停转。由于在使用时，冷却液中常混入污垢杂质，容易过载，故由热继电器 FR3 进行过载保护。

3. 砂轮升降电动机 M4 的控制

由上升起动按钮 SB6 和下降起动按钮 SB7、上升接触器 KM3 和下降接触器 KM4 来实现砂轮升降电动机 M4 点动正反控制。

按下上升起动按钮 SB6，接触器 KM3 线圈通电吸合，主触点闭合，砂轮升降电动机 M4 起动运转，砂轮上升，当上升到适当位置，松开 SB6，KM3 线圈断电，电动机 M4 停转，砂轮停止上升。

按下下降起动按钮 SB7，接触器 KM4 线圈通电吸合，主触点闭合，砂轮升降电动机 M4 反转，砂轮下降，当下降到适当位置松开按钮，电动机 M4 停转，砂轮停止下降。

（四）照明和指示电路分析

由照明变压器 TC 提供 36V、6V 电源作为工作照明和电路工作情况的指示。EL 为工作照明灯，HL1 为液压泵电动机工作指示，HL2 为砂轮和冷却泵电动机工作指示，HL3 和 HL4 为砂轮升降电动机工作指示，HL5 为电磁吸盘充磁工作指示。

M7120 型平面磨床元器件明细见表 4-2-1。

表 4-2-1　M7120 型平面磨床元器件明细表

序号	代　号	元器件名称	型　号	规　格
1	M1	液压泵电动机	J02-21-4	1.1kW，1410r/min
2	M2	砂轮电动机	J01-31-2	3kW，2860r/min
3	M3	冷却泵电动机	JCB-22	0.125kW，2790r/min
4	M4	砂轮升降电动机	J03-801-4	0.75kW，1420r/min
5	KM1	交流接触器	CJ10-10	10A，线圈电压 110V
6	KM2	交流接触器	CJ10-10	10A，线圈电压 110V
7	KM3	交流接触器	CJ10-10	10A，线圈电压 110V
8	KM4	交流接触器	CJ10-10	10A，线圈电压 110V
9	KM5	交流接触器	CJ10-10	10A，线圈电压 110V
10	KM6	交流接触器	CJ10-10	10A，线圈电压 110V
11	FU1	熔断器	RL1-60/25	熔体 25A
12	FU2	熔断器	RL1-15	熔体 5A
13	FU3 ~ FU7	熔断器	RL1-15	熔体 2A
14	FR1	热继电器	JR16-20/3D	2.71A
15	FR2	热继电器	JR16-20/3D	6.18A
16	FR3	热继电器	JR16-20/3D	0.25A
17	TC	控制变压器	BK-150	380/110V，127V，36V，6V
18	QS1 ~ QS2	电源开关	HZ1-25/3	25A
19	UR	硅整流器	GZH	1A，200V
20	YH	电磁吸盘		1.2A，110V
21	SB1 ~ SB10	按钮	LA2	
22	KA	欠电流继电器	JT3-11L	1.5A
23	*R*	电阻	GF	50W，500Ω
24	*C*	电容		600V，5μF
25	EL	工作照明灯	JC-25	6V
26	HL1 ~ HL5	指示灯		

（五）故障分析与处理方法

1. 磨床各电动机都不能起动

1）欠电流继电器 KA 上的触点（1-2）接触不良、接线松动脱落或断线，因此电动机控制电路不通，不能起动。检查欠电流继电器 KA 的常开触点（1-2）是否接通，线路是否脱落或断线，更换触点或线路就可排除故障。

2）总停按钮 SB1 触点接触不良或断线，也使控制电路不通，不能起动。检查按钮是否接触良好，线路是否有断线，更换按钮或线路就可排除此故障。

2. 电磁吸盘没有充磁或去磁

1）熔断器 FU1、FU2 或 FU4 熔丝烧断，接触器 KM5、KM6 或电磁吸盘 YH 不工作，检查充去磁控制电路，检查电磁吸盘电路，如熔丝烧断需更换熔丝。

2）电磁吸盘的插头插座接触不良，修理或更换插头插座。

3）硅整流器 VD 短路或断路，更换硅整流器 VD。

4）欠电流继电器 KA 线圈断开，更换欠电流继电器线圈。

5）电磁吸盘的线圈断开，查出故障位置进行修理。

6）控制变压器连接整流装置的二次绕组断路，无输入交流电压到整流器装置，修理或更换控制变压器。

7）与以上电器连接的线路断线故障，查出断线并进行更换。

3. 电磁吸盘没有充磁

1）充磁接触器 KM5 不吸合，检查充磁控制电路相关元器件及线路并进行修理。

2）电磁吸盘充磁电路接触器 KM5 触点接触不良，修理或更换触点。

4. 电磁吸盘没有去磁

1）去磁接触器 KM6 不吸合，检查去磁控制电路相关元器件及线路并进行修理。

2）电磁吸盘去磁电路接触器 KM6 触点接触不良，修理或更换触点。

5. 液压泵电动机不能起动

1）按钮 SB2 或 SB3 的触点接触不良，修理或更换触点。

2）接触器 KM1 线圈坏，更换线圈。

3）液压泵电动机绕组断路或烧坏，修理或更换电动机。

4）相关线路断线或接触不良，修理或更换线路。

6. 砂轮电动机不能起动

1）按钮 SB4 或 SB5 的触点接触不良，修理或更换触点。

2）接触器 KM2 线圈坏，更换线圈。

3）砂轮电动机绕组断路或烧坏，修理或更换电动机。

4）相关线路断线或接触不良，修理或更换线路。

7. 砂轮升降电动机只能上升不能下降

1）按钮 SB6 的触点接触不良，修理或更换触点。

2）接触器 KM3 线圈坏，更换线圈。

3）相关线路断线或接触不良，修理或更换线路。

8. 砂轮升降电动机只能下降，不能上升

1）按钮 SB7 的触点接触不良，修理或更换触点。

2）接触器 KM4 线圈坏，更换线圈。

3）相关线路断线或接触不良，修理或更换线路。

9. 工作台不能往复运动

1）液压泵电动机 M1 未工作，检查液压泵电动机控制线路。

2）液压传动部分故障，检查液压传动部分。

四、任务实施

（一）任务要求

1）分析 M7120 平面磨床电气故障的原因并说明故障范围。

2）用通电试验方法发现故障现象，进行故障分析，并在电气原理图中用虚线标出最小故障范围。

3）排除图 4-2-2 所示 M7120 平面磨床主电路或控制电路中，人为设置的两个电气自然故障点。

4）学生应根据故障现象，先在原理图中正确标出最小故障范围的线段，然后采用正确的检查和排故方法并在定额时间内排除故障。

5）排除故障时，必须修复故障点，不得采用更换元器件、借用触点及改动线路的方法，否则，按不能排除故障点扣分。

6）检修时，严禁扩大故障范围或产生新的故障，并不得损坏元器件。

（二）任务准备

1）工具：测电表、电工刀、尖嘴钳、斜口钳、剥线钳、螺钉旋具等。

2）仪表：500 型万用表。

3）材料：导线、绝缘胶布、绝缘透明胶布若干。

4）设备：M7120 平面磨床或模拟电气控制屏柜。

（三）任务实施步骤

1）熟悉 M7120 平面磨床的主要结构和运动形式，并进行实际操作，了解机床的各种工作状态及按钮的作用。

2）熟悉 M7120 平面磨床电气器件的安装位置、走线情况以及操作手柄处于不同位置时，位置开关的工作状态及运动部件的工作情况。

3）在有故障或人为设置故障的 M7120 平面磨床上，由教师示范检修，直至故障排除。

4）由教师设置让学生知道的故障点，指导学生如何从故障现象着手进行分析，逐步引导学生采用正确的检查步骤和检修方法排除故障。

5）教师设置人为的故障，由学生检修。

（四）注意事项

1）检修前要认真阅读 M7120 型平面磨床的电路图和接线图，熟练掌握各个控制环节的原理及作用，弄清有关电气元器件的位置、作用及走线情况。

2）由于 M7120 型平面磨床的电气控制与液压的配合十分密切，因此在出现故障时，应首先判明是液压故障还是电气故障，要认真仔细地观察教师的示范检修。

3）修复故障使磨床恢复正常时，要注意消除产生故障的根本原因，以避免频繁发生相同的故障。

4）停电要验电，带电检查时，必须有指导老师在现场监护，以确保用电安全，同时要做好训练记录。

5）工具仪表的使用要正确，检修时要认真核对导线的线号，以免出错。

五、任务检查与评定

任务内容及配分	要求	扣分标准	得分
故障分析（30分）	原理图分析及标出原理图故障范围	1. 在原理图上标不出故障回路或标错，每个故障点扣15分 2. 不能标出最小故障范围，每个故障点扣5分	
	故障分析思路	故障分析思路不清楚，每个故障点扣5分	
排除故障（60分）	磨床各电动机都不能起动	1. 断电不验电扣5分 2. 工具及仪表使用不当，每次扣5分 3. 检查故障的方法不正确扣20分 4. 排除故障的方法不正确扣20分 5. 不能排除故障点，每个扣30分 6. 扩大故障范围或产生新故障，每个扣15分 7. 损坏电器器件，每个扣20～40分 8. 排除故障后通电试车不成功扣50分 9. 违反文明安全生产，扣10～70分	
	电磁吸盘没有充磁或去磁		
	砂轮升降电动机只能上升不能下降		
	工作台不能往复运动		
	液压泵电动机不能起动		
定额时间（10分）	45min	训练不允许超时，在修复故障过程中才允许超时，每超5min（不足5min，以5min记）扣5分	
备注	除定额时间外，各项内容的最高扣分不得超过配分数	成绩	

【相关知识】

液压知识

我们在工业生产中，经常可以看到由轴、皮带、齿轮等零件组成的机械传动装置，如带传动、链传动、齿轮传动、蜗杆传动、螺旋传动等。液压传动是和机械传动有区别的一种传动装置。它的特点以液体——油为传动件。机床上采用液压传动是保证在工作过程中方便地实现无级调速、频繁换向和自动化。当前液压技术正向高压、高速、大功率、高效、低噪声、经久耐用、高度集成化的方向发展，随着原子能、空间技术、计算机技术的发展，液压技术必将更加广泛地应于各个工业领域，因此维修电工一定要了解相关的液压知识。

1. 液压系统的组成

（1）动力器件　液压泵。其作用是将原动机的机械能转换成液体的压力能，是一种能量转换装置。常用的有齿轮泵、叶片泵、柱塞泵等三种类型。

（2）执行机构　液压缸或液压马达。其作用是将液压泵输出的液体压力能转换成工作部件运动的机械能，它带动机床运动，也是一种能量转换装置。常用的是活塞式油缸。

（3）控制部分　各种液压阀。其作用是控制和调节油液的压力、流量及流动方向，以满足液压系统的工作需要。

控制压力的器件：称压力控制阀，在液压系统中是用来控制压力的，它是依靠液体压力和弹簧力平衡的原理进行控制的。压力控制阀有溢流阀、减压阀、顺序阀和压力继电器等。

控制流量的器件：称流量控制阀，是靠改变工作开口的大小和过电流通道的长短来控制通过阀的流量，从而调节执行机构运动速度的液压器件。流量控制阀有节流阀、调速阀和比例阀。

控制油流方向的器件：称方向控制阀，用于控制液压系统中油流方向和经由通路，以改变执行机构的运动方向和工作顺序。方向控制阀主要有单向阀和换向阀两大类。

（4）辅助装置　有油箱、油管、滤油器、蓄能器、压力表等。

（5）工作介质　液压油（通常为矿物油）。其作用是传递能量。

2. 液压传动的特点

1）功率密度（即单位体积所具有的功率）大，结构紧凑，体积小，质量轻。

2）运动平稳可靠，能无级调速，调速范围大。

3）能自动防止过载，实现安全保护。

4）机件在油中工作，有自动润滑及散热作用，使用寿命较长。

5）操作方便、省力，容易实现自动化。

6）反应快，冲击小，能高速起动、制动和换向。

7）液压器件易于实现标准化、系列化和通用化，有利于生产与设计。

但液压传动也有其不足之处，如液压传动效率低、速比不如机械传动准确、工作时受温度影响大、制造精度要求较高、成本较高等。

3. 常用液压系统图形符号

（1）液压泵　其作用是提供一定流量、压力的液压能源，它通过密封容积的变化来实现吸油和压油。从能量互相转换的观点来看，液压泵是将电动机（原动机）输出的机械能转变为液压能的一种能量转换装置。液压泵符号如图 4-2-5 所示。

（2）液压控制阀

1）止回阀。其作用是只允许油液往一个方向流动，不可倒流，止回阀符号如图 4-2-6 所示。

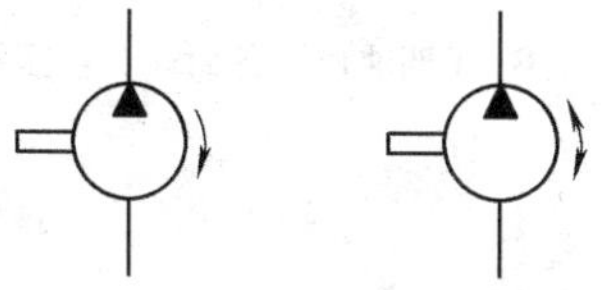

a) 单向定量液压泵　b) 双向定量液压泵

图 4-2-5　液压泵符号

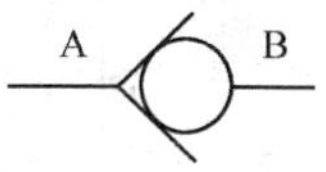

图 4-2-6　止回阀符号

2）换向阀。其作用是利用阀芯和阀体间相对位置的改变，来变换油流的方向、接通或关闭油路，从而控制执行器件的换向、起动或停止。换向阀有二位二通、二位三通、二位四通、二位五通、三位四通、三位五通等类型，常见换向阀的图形符号如表 4-2-2 所示。

表 4-2-2　常见换向阀的图形符号

名　称	符　号	名　称	符　号
二位二通	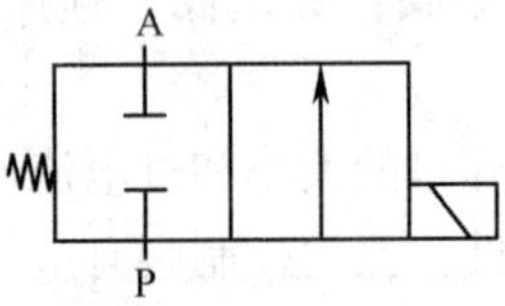 A P	二位五通	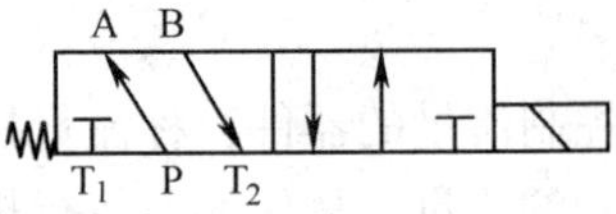 A B T_1 P T_2
二位三通	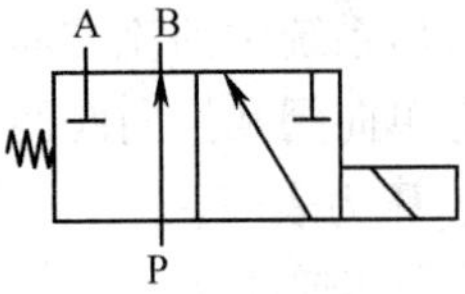 A B P	三位四通	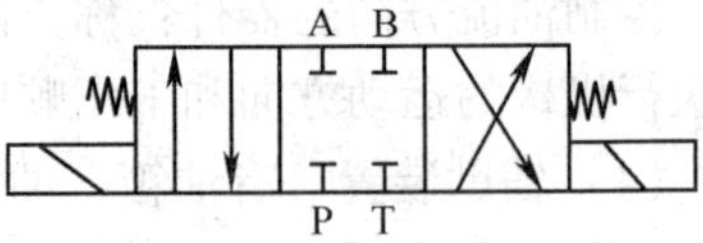 A B P T
二位四通	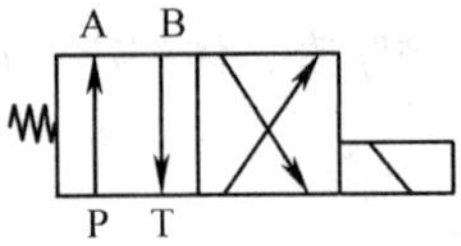 A B P T	三位五通	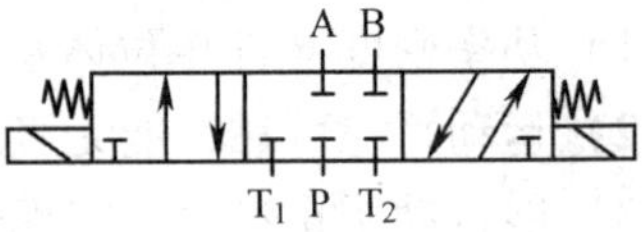 A B T_1 P T_2

换向阀的符号表示：位数用方格（一般为正方格，五通用长方格）数表示，二格即二位，三格即三位。在一个方格内，箭头或封闭符号“⊥”与方格的交点数为油口通路数，即“通”数。箭头表示两油口连通，但不表示流向；“⊤”表示该油口不通流。控制机构和复位弹簧的符号画在主体的任意位置上（通常位于一边或中间）。P 表示进油口，T 表示通油箱的回油口，A 和 B 表示连接其他设备的两个工作接油口。三位阀的中格、二位阀画有弹簧的一格为常态位。常态位应画出外部连接油口。三位阀常态位各油口的连通方式称为中位机能。中位机能不同，阀在中位时对系统的控制性能也不相同。三位四通换向阀常见的中位机能形式主要有“O”形、“H”形、“Y”形、“P”形、“M”形，其类型、符号及其特点见表 4-2-3。

表 4-2-3　三位四通换向阀的中位机能

机能形式	符号	中位油口状况、特点及应用
O 形	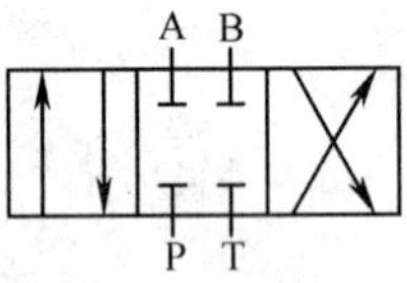 A B P T	P、A、B、T 四油口全部封闭，液压缸闭锁，液压泵不卸荷
H 形	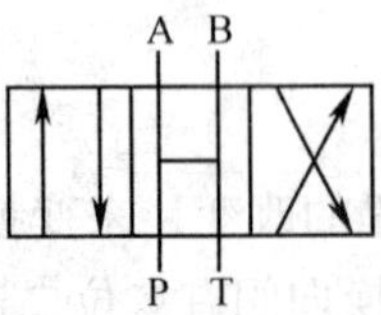 A B P T	P、A、B、T 四油口全部串通，液压缸活塞处于浮动状态，液压泵卸荷

（续）

机能形式	符号	中位油口状况、特点及应用
Y形		P油口封闭，A、B、T三油口相通，液压缸活塞浮动，液压泵不卸荷
P形		P、A、B三油口相通，T油口封闭，液压泵与两腔相通，可组成差动连接
M形		P、T相通，A、B封闭，液压缸闭锁，液压泵卸荷

3）电磁换向阀。它是利用电磁铁吸力操纵阀芯换位的方向控制阀，电磁换向阀符号如图4-2-7所示。

（3）溢流阀　它起溢流和稳压的作用，可控制和调整液压系统的压力，以保证系统在一定的压力或安全压力下工作，溢流阀符号如图4-2-8所示。

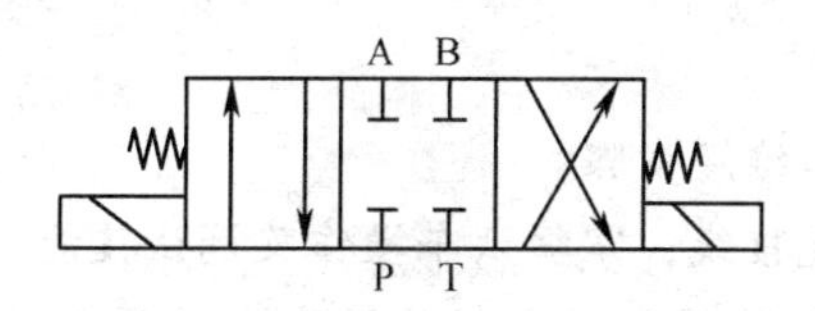

图4-2-7　电磁换向阀符号

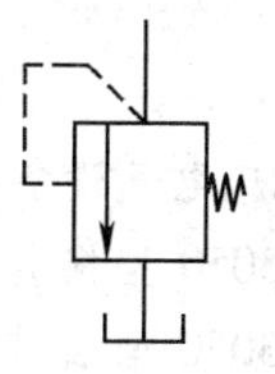

图4-2-8　溢流阀符号

（4）减压阀　其作用可以用来降低系统中某部分的压力，获得比液压泵的供油压力低而且稳定的工作压力，减压阀符号如图4-2-9所示。

（5）压力继电器　它利用液压系统中的压力变化来控制电路的通断，从而将液压信号转变为电气信号，以实现系统的程序控制或安全控制，压力继电器符号如图4-2-10所示。

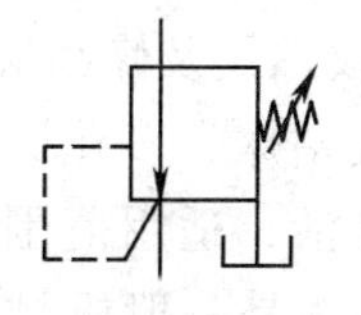

图4-2-9　减压阀符号

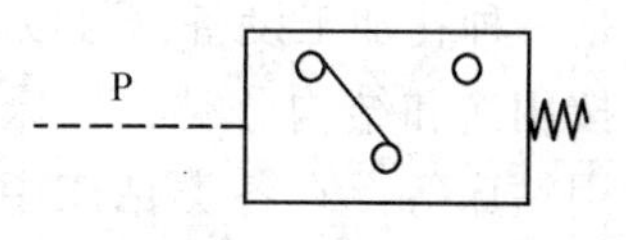

图4-2-10　压力继电器符号

（6）节流阀　调节液压系统中的液体流量，节流阀符号如图4-2-11所示。

（7）调速阀　可以使节流阀前后的压力差保持不变，稳定执行机构的运动速度，调速阀符号如图 4-2-12 所示。

图 4-2-11　节流阀符号

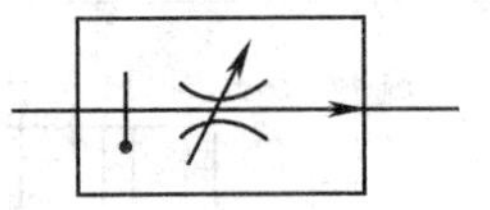

图 4-2-12　调速阀符号

【任务小结】

M7120 型平面磨床是用砂轮来磨削加工各种零件平面的应用最普遍的一种机床，本任务主要是分析其结构、组成、运动形式，并通过模拟 M7120 平面磨床的试验台使学生掌握该机床的操作使用方法和故障检修技能。

【习题及思考题】

现场处理 M7120 型平面磨床的继电器控制电路故障（根据 M7120 型平面磨床的工作原理图），故障现象如下：（1）电磁吸盘没有充磁有去磁；（2）砂轮升降电动机只能下降，不能上升。（一般要学生操作观察出故障现象）

任务三　Z3050 型摇臂钻床电气电路故障与检修

能力目标：

1. 掌握机床电气设备的维修要求、检修方法和维修步骤。
2. 熟悉 Z3050 型摇臂钻床元器件的位置、电气接线，掌握试车操作及调试技能。
3. 掌握 Z3050 型摇臂钻床动作原理，能根据故障现象，分析故障产生的原因及范围。

知识目标：

1. 了解 Z3050 型摇臂钻床的结构与运动形式。
2. 熟悉液压与电气紧密结合的工作特点，了解有关液压知识。

一、任务引入

钻床是一种孔加工设备，可以进行钻孔、扩孔、铰孔、攻螺纹及修刮端面等多种形式的加工。按用途和结构分类，钻床可以分为立式钻床、台式钻床、多孔钻床、摇臂钻床及其他专用钻床等。在各类钻床中，摇臂钻床操作方便、灵活，适用范围广，具有典型性，特别适用于单件或批量生产带有多孔大型零件的孔加工，是一般机械加工车间常见的机床。

本任务中的 Z3050 型摇臂钻床具有两套液压控制系统，一个是操纵机构液压系统；一个是夹紧机构液压系统。前者安装在主轴箱内，用以实现主轴正反转、停车制动、空档、预选及变速；后者安装在摇臂背后的电器盒下部，用以夹紧或松开主轴箱、摇臂及立柱。

Z3050 型摇臂钻床的含义为：

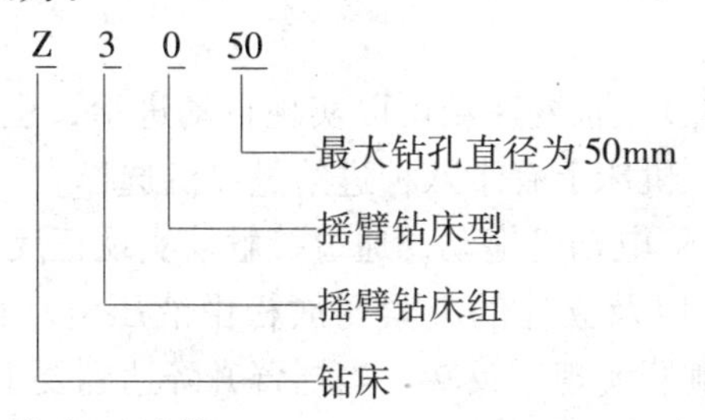

（一）Z3050 型摇臂钻床的主要结构

Z3050 型摇臂钻床主要由底座、内立柱、外立柱、摇臂、主轴箱、主轴、工作台等组成，Z3050 型摇臂钻床外形如图 4-3-1 所示。内立柱固定在底座上，在它外面套着空心的外立柱，外立柱可绕着内立柱回转一周，摇臂一端的套筒部分与外立柱滑动配合，借助于丝杆，摇臂可沿着外立柱上下移动，但两者不能进行相对转动，所以摇臂将与外立柱一起相对内立柱回转。

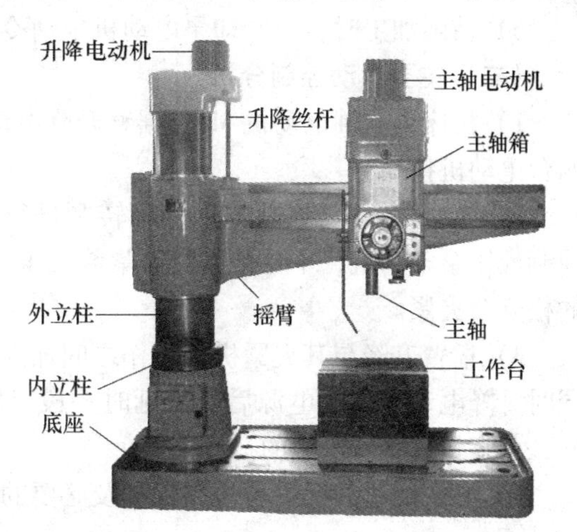

图 4-3-1　Z3050 型摇臂钻床外形

主轴箱是一个复合的部件，它具有主轴、主轴旋转部件、主轴进给的全部变速和操纵机构。主轴箱可沿着摇臂上的水平导轨进行径向移动。当进行加工时，可利用特殊的夹紧机构将外立柱紧固在内立柱上，摇臂紧固在外立柱上，主轴箱紧固在摇臂导轨上，然后进行钻削加工。

根据工件高度的不同，摇臂借助于丝杆可以靠着主轴箱沿外立柱上下升降，在升降之前，应自动将摇臂与外立柱松开，再进行升降，当达到升降所需要的位置时，摇臂能自动夹紧在外立柱上。

（二）摇臂钻床的运动形式

（1）主运动　主轴带动钻头的旋转运动。

（2）进给运动　钻头的上下移动。

（3）辅助运动　主轴箱沿摇臂径向（水平）移动，摇臂沿外立柱垂直方向（上下）移动，摇臂连同外立柱一起相对于内立柱回转运动。

二、任务分析

Z3050 型摇臂钻床的电力拖动特点和主要运动控制分析如下。

（一）电力拖动特点

1）由于摇臂钻床的运动部件较多，为简化传动装置，使用多电动机拖动。钻床对工件攻丝时，主轴要求能够实现电动机正反转与调速功能，主轴电动机拖动主轴正反转运动，主轴变速和变速系统的润滑都是通过操作机构与液压系统实现的。故电气线路上不需要实现主轴正反转的控制。

2）为了满足不同切削速度的要求，通过改变主轴箱中的齿轮传动比可达到十八种转速。

3）主轴的进给运动通过主轴变速箱可以实现自动进给，也可以采用手动进给。进给速度的大小，根据需要确定，机床上有十八种进给量以供选择。

4）摇臂升降由摇臂升降电动机拖动，通过接触器实现正反转。

5）摇臂的夹紧与放松以及立柱的夹紧与放松由液压电动机正反转配合液压装置来完成，液压电动机需通过接触器实现正反转。当摇臂升降达到要求位置时，摇臂自动夹紧在立柱上。摇臂的回转和主轴箱的径向移动在中小型摇臂钻床上都是在人力作用下进行，但必须首先将外立柱和主轴箱放松才可进行。

6）钻削加工时，由冷却泵电动机拖动冷却泵输送冷却液对刀具及工件进行冷却。

（二）主要运动控制分析

1）机床由主轴电动机 M1、摇臂升降电动机 M2、液压泵电动机 M3 和冷却泵电动机 M4 四台电动机拖动。

2）接触器 KM1 控制主轴的旋转和进行运动，KM2、KM3 控制摇臂升降，KM4、KM5 控制液压泵电动机，主要是供给夹紧装置压力油，实现摇臂的松开与夹紧以及立柱和主轴箱的松开与夹紧。

3）摇臂升降与其夹紧机构动作之间加入时间继电器 KT，使得摇臂升降得以自动完成。同时升降电动机切断电源后，需延时一段时间，才能使摇臂夹紧，避免了因升降机构的惯性，而直接夹紧所产生的抖动现象。

4）必要的过载保护与短路保护及必要的联锁保护。

三、必备知识

Z3050 型摇臂钻床电气原理图如图 4-3-2 所示。

（一）主电路分析

主电路共有四台电动机，除冷却泵电动机采用开关直接起动外，其余三台异步电动机均采用接触器直接起动。

M1 是主轴电动机，由交流接触器 KM1 控制，只要求单方向旋转，主轴的正反转由机械手柄操作。M1 装在主轴箱顶部，主要用来带动主轴及进给传动系统。热继电器 FR 是过载保护器件。

M2 是摇臂升降电动机，装于主轴顶部，用接触器 KM2 和 KM3 控制正反转。因为该电动机时间工作短，故不设过载保护电器。

M3 是液压泵电动机，可以做正向转动和反向转动。正向转动和反向转动的起动与停止由接触器 KM4 和 KM5 控制。热继电器 FR2 是液压泵电动机的过载保护电器。该电动机的主要作用是供给夹紧装置压力油、实现摇臂和立柱的夹紧与松开。

M4 是冷却泵电动机，功率很小，由转换开关 QS2 直接控制其起动和停止。

Z3050 型摇臂钻床电源的相序必须接对，可通过夹紧和松开动作与标牌的指示相符合进行检查，该机床没有回转集电环，为避免拉断电源线，摇臂不允许总沿一个方向旋转，电路有短路、过载、欠电压、失电压、联锁、限位等保护。

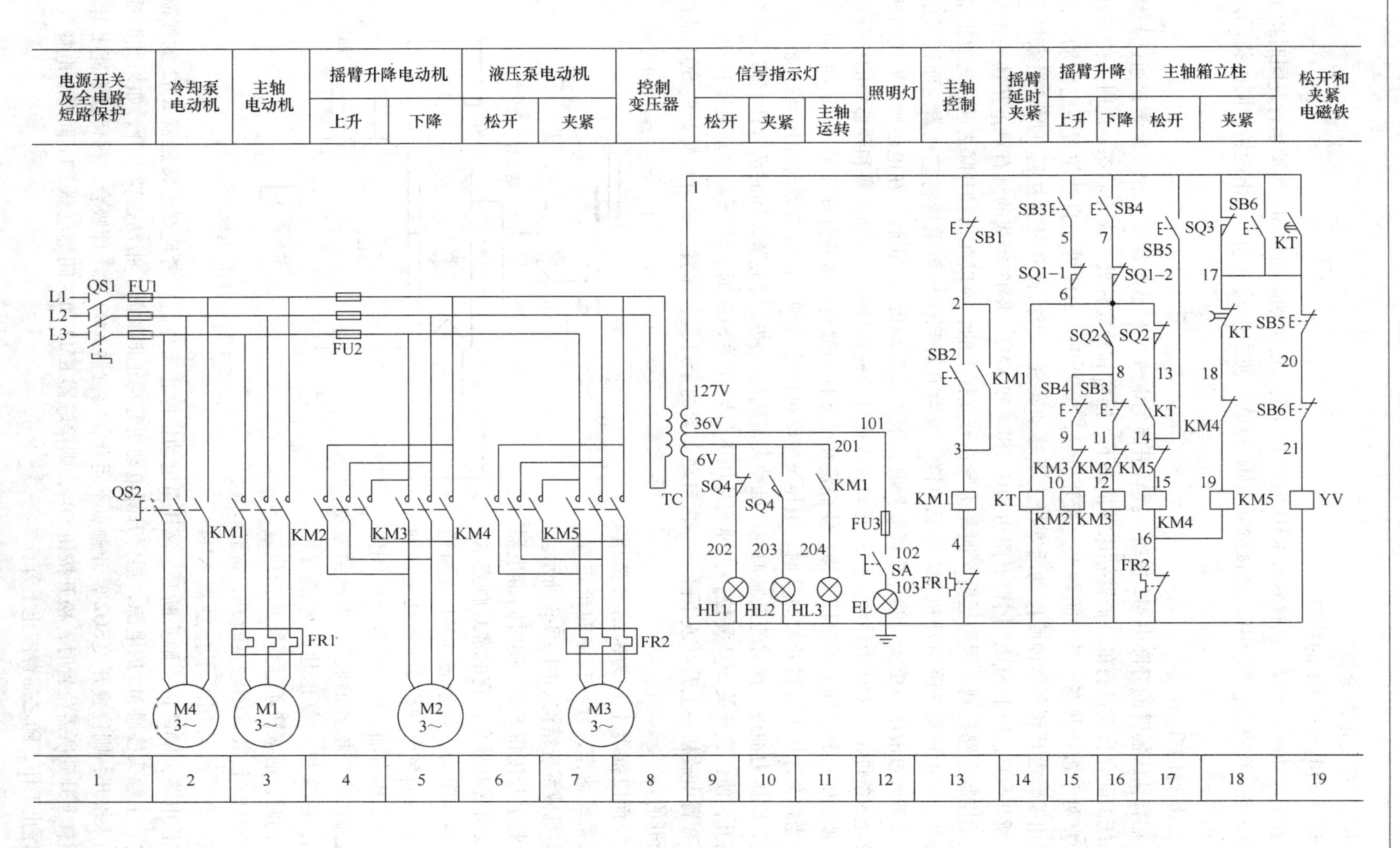

图4-3-2　Z3050型摇臂钻床电气原理图

（二）控制电路分析

1. 主轴电动机 M1 的控制

按下起动按钮 SB2，则接触器 KM1 吸合并自锁，使主轴电动机 M1 起动运行，同时指示灯 HL3 亮。按停止按钮 SB1，则接触器 KM1 释放，使主电动机 M1 停止旋转，同时指示灯 HL3 熄灭。

2. 摇臂的升降控制

摇臂钻床摇臂的升降由 M2 拖动，摇臂升降的电气控制是摇臂放松和夹紧装置通过与液压系统的配合自动进行的。摇臂钻床在常态下，摇臂和外立柱处于夹紧状态，此时，位置开关 SQ3 处于被压状态，其常闭触点为断开位置，位置开关 SQ2 处于自然位置，它们动作的控制由摇臂松开和夹紧油腔推动活塞杆上下移动实现。当摇臂和外立柱松开时，活塞杆下移，断开 SQ3，压下 SQ2。摇臂升降由 SB3、SB4 和 KM2、KM3 组成的具有双重互锁的正反转点动控制电路控制。因为摇臂平时是夹紧在外立柱上的，所以在摇臂升降之前，先要把摇臂松开，再由摇臂升降电动机 M2 驱动升降，摇臂升降到位后再重新将它夹紧。而摇臂的松、紧是通过液压系统实现的，摇臂放松时，液压泵电动机 M3 正转，在电磁阀 YV 线圈通电吸合的条件下，使压力油经二位六通阀进入摇臂的松开油腔，推动活塞和菱形块的松开机构，使摇臂松开，同时活塞杆下移，使固定在活塞杆的弹簧片离开位置开关 SQ3，使 SQ3 复位，当弹簧片压下位置开关 SQ2 时，液压泵电动机停止转动。摇臂夹紧时液压泵电动机 M3 反转，则压力油进入摇臂的夹紧油腔，推动夹紧机构，使摇臂夹紧，同时活塞杆上移，弹簧片离开，使位置开关 SQ2 复位，当弹簧片压下位置开关 SQ3 时，液压泵电动机停转动。完成了摇臂由放松→上升（或下降）→再自动夹紧的全过程，摇臂夹紧时位置开关 SQ3 是被压断开的。

下面以摇臂上升为例结合液压-机械系统动作，分析控制的全过程，液压-机械系统结构如图 4-3-3 所示。

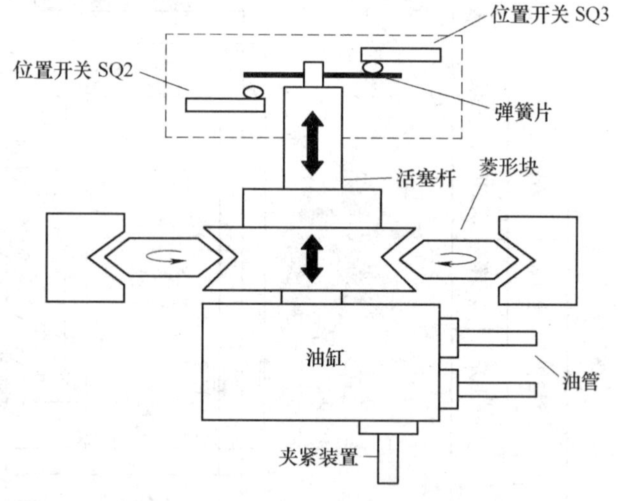

图 4-3-3　液压-机械系统结构

按上升按钮 SB3，则时间继电器 KT 线圈通电吸合，它的常开触点 KT（13-14）闭合，接触器 KM4 线圈通电，液压油泵电动机 M3 起动正向旋转，供给压力油。压力油经分配阀体进入摇臂的“松开油腔”，推动活塞移动，活塞推动菱形块，将摇臂松开。同时，活塞杆通过弹簧片使位置开关 SQ2，使其常闭触点断开，常开触点闭合。前者切断了接触器 KM4 的线圈电路，KM4 的主触头断开，液压泵电动机停止工作。后者使交流接触器 KM2 的线圈通电，主触头接通 M2 的电源，摇臂升降电动机起动正向旋转，带动摇臂上升，如果此时摇臂尚未松开，则位置开关 SQ2 常开触点不闭合，接触器 KM2 就不能吸合，摇臂就不能上升。当摇臂上升到所需位置时，松开按钮 SB4，则接触器 KM2 和时间继电器 KT1 同时断电释放，M2 停止工作，随之摇臂停止上升。

由于时间继电器 KT 断电释放，经 1～3s 时间的延时后，其延时闭合的常闭触点（17-18）闭合，使接触器 KM5 吸合，液压泵电动机 M3 反向旋转，随之泵内压力油经分配阀进入摇臂的“夹紧油腔”，摇臂夹紧。在摇臂夹紧的同时，活塞杆通过弹簧片使位置开关 SQ3 的常闭触点断开，KM5 断电释放，最终 M3 停止工作，完成了摇臂的松开→上升→夹紧的整套动作。

摇臂的下降由 SB4 控制 KM3、M2 反转来实现，动作过程与摇臂上升类似，自动完成松开→下降→夹紧的整套动作。组合开关 SQ1 是摇臂升降的超限位保护开关。

为了防止液体夹紧系统出现故障，不能自动夹紧摇臂，或由于 SQ3 调整不当，在摇臂夹紧后不能使 SQ3 常闭触点断开，使液压泵电动机 M3 长时间过载运行而损坏，为此装设热继电器 FR2 进行过载保护。摇臂上升、下降电路中采用接触器和按钮复合联锁保护，以确保电路安全工作。

3. 主轴箱和立柱松开与夹紧的控制

主轴箱和立柱的松紧是同时进行的，SB5 和 SB6 分别为松开与夹紧控制按钮，松开与夹紧采用双重联锁，实现 KM4、KM5 对液压泵电动机 M3 的正反点动，同时切断电磁阀 YV 电路。M3 工作时，压力油进入主轴箱和立柱的松开与夹紧油腔，推动松紧机构，实现主轴箱和立柱的松开与夹紧，并由行程开关 SQ4 控制指示灯发出信号；夹紧时 SQ4 动作，其触点（201-202）断开，（201-203）闭合，指示灯 HL1 灭、HL2 亮；反之，在松开时 SQ4 复位，HL1 亮而 HL2 灭。松紧状态也可通过推动摇臂或转动主轴箱上手轮得知，能推动摇臂或能转动手轮表明立柱和主轴箱处于松开状。

4. 辅助电路

照明、指示电路的电压为由控制变压器 TC 降压后提供的 36V、6V 安全电压，EL 为机床工作照明灯，电压为 36V；信号指示灯的工作电压为 6V，HL3 为主轴电动机运行指示灯。HL1、HL2 为立柱和主轴箱放松与夹紧指示灯。

Z3050 型摇臂钻床元器件明细表见表 4-3-1。

表 4-3-1　Z3050 型摇臂钻床元器件明细表

序号	代　号	元器件名称	型　号	规　格
1	M1	主轴电动机	Y112M-4	4kW，1400r/min
2	M2	摇臂升降电动机	Y90L-4	1.5kW，1400r/min
3	M3	液压泵电动机	Y802-4	0.75kW，1390r/min
4	M4	冷却泵电动机	AOB-25	90W，2800r/min
5	KM1	交流接触器	CJ20-20	20A，线圈电压 110V
6	KM2～KM5	交流接触器	CJ20-10	10A，线圈电压 110V
7	FU1	熔断器	BZ-001A	15A
8	FU2	熔断器	BZ-001A	5A
9	FU3	熔断器	BZ-001A	2A
10	FR1	热继电器	JR16-20/3D	6.8～11A
11	FR2	热继电器	JR16-20/3D	1.5～2.4A
12	KT	时间继电器	JS7-4A	线圈电压 110V
13	QS1	组合开关	HZ10-25	3 极，25A
14	QS2	组合开关	HZ10-10	3 极，25A
15	YV	二位六通电磁阀	MFJ1-3	线圈电压 110V
16	TC	控制变压器	BK-150	380/110V，36V，6V

（续）

序号	代　号	元器件名称	型　号	规　格
17	SB1	按钮	LA19-11	红色
18	SB2	按钮	LA19-11D	带指示灯（HL1 ~ HL5）按钮，绿色
19	SB5、SB6	按钮	LA19-11D	
20	SB3、SB4	按钮	LA19-11	
21	SQ1	上下限位开关	HZ4-22	
22	SQ2、SQ3	位置开关	LX5-11	
23	EL	工作照明灯	JC-25	40W，36V

（三）故障分析与处理方法

1. 摇臂不能上升也不能下降

1）摇臂上升或下降时，首先应将摇臂放松，如不能放松，可先检查立柱与主轴箱能否放松，若也不能放松，故障在放松接触器 KM4 线圈支路，若能放松，应检查时间继电器 KT、电磁阀 YV 线圈是否得电动作，KT 的瞬时闭合常开触点、位置开关 SQ2 常闭触点和热继电器 FR2 的常闭触点是否接触良好，还应检查线路是否断线。

2）若摇臂可以放松，故障一般在位置开关 SQ2 上，如 SQ2 的常开触点（6-8）接触不良，SQ2 安装位置移动或损坏。若安装或大修后，按 SB3 摇臂上升按钮，液压泵电动机反转，使摇臂没有松开而是夹紧，压不上 SQ2 则可能是电源相序接反。若摇臂升降电动机 M2 不起动，则可能是 SQ2 常开触点进出线断线。

2. 摇臂不能上升但能下降

摇臂可以下降但不能上升，说明摇臂和立柱松开电路正常，故障发生在接触器 KM2 主回路或控制回路摇臂上升电路中。检查摇臂向上按钮 SB3 常开触点、向上限位 SQ1-1 常闭触点、联锁按钮 SB4 常闭触点、互锁接触器常闭触点 KM3、接触器 KM2 的线圈；检查与上述元器件连接的导线。

3. 摇臂升降后摇臂与立柱夹不紧

摇臂升降后的夹紧过程是自动进行的，若升降后没有夹紧动作过程，故障可以从三个方面分析：一是主回路夹紧接触器 KM5 主触点坏或接触不良；二是控制回路中接触器 KM5 支路的相关元器件及线路有问题，如摇臂夹紧动作的结束是由位置开关 SQ3 被活塞杆上的弹簧片压住来完成的，如果安装的 SQ3 位置不准确，摇臂尚未完全夹紧之前就过早地压下 SQ3，切断了 KM5 线圈，使液压泵电动机 M3 过早停转引发故障；三是液压系统出现故障。首先判断松开 SB2（或 SB3）1 ~ 3s 后接触器 KM5、液压泵电动机 M3 是否动作；检查相关回路的元器件及线路；打开侧壁龛箱盖判断是液压系统故障（如活塞杆阀芯卡死或油路堵塞造成的夹紧力不够），还是电气方面 SQ3 动作距离不当或 SQ3 固定螺钉松动故障。

4. 摇臂升降后夹紧过度（液压泵电动机 M3 一直运转）

摇臂升降完毕，自动夹紧过程不停，表明位置开关没有正常动作或损坏，时间继电器 KT 触点坏。打开侧壁龛箱盖，检查活塞杆的弹簧片是否将 SQ3 压住，如果已被压住，说明 SQ3 触点没有断开，或时间继电器 KT 触点粘连。若未被压住，通过调整板调整 SQ3 位置或固紧松动的螺钉排除故障。

5. 立柱、主轴箱不能夹紧或松开

1）按钮SB5、SB6接线脱落或松动，接触器KM4或KM5电路故障，接触器主触点接触不良。检查按钮SB5、SB6和接触器KM4、KM5触点是否良好。

2）液压系统和机械故障，使油路堵塞。检查液压系统和机械部分，检查油路是否有堵塞。

3）相关线路断线。检查相关线路。

6. 按SB6按钮，立柱、主轴箱能夹紧，但放开按钮后，立柱、主轴箱却松开

1）菱形块或承压块的角度不匹配，或者距离不适合。调整菱形块或承压块的角度与距离。

2）菱形块立不起来，是由于夹紧力调得太大或夹紧液压系统压力不够所致。调整夹紧力或液压系统压力。

7. 摇臂上升或下降行程开关失灵

1）行程开关触点不因开关动作而闭合或良好接触，线路断开后，信号不能传递。检查行程开关接触情况。

2）行程开关损坏、不动作或触点粘连，使线路始终呈接通状态（此情况下，当摇臂上升或下降到极限位置后，摇臂升降电动机堵转，发热严重，会导致电动机绝缘损坏）。更换行程开关。

8. 主轴电动机刚起动运转，熔断器就熔断

1）机械机构卡住或钻头被铁屑卡住。检查卡住原因。

2）负荷太重或进给量太大，使电动机堵转造成主轴电动机电流剧增，热继电器来不及动作。退出主轴，根据空载情况找出原因，予以调整与处理。

3）电动机故障或损坏。检查电动机故障原因。

四、任务实施

（一）任务要求

1）分析并说明Z3050型摇臂钻床电气故障的原因。

2）用通电试验方法发现故障现象，进行故障分析，并在电气原理图中用虚线标出最小故障范围。

3）排除图4-3-2所示摇臂钻床主电路或控制电路中，人为设置的两个电气自然故障点。

4）学生应根据故障现象，先在原理图中正确标出最小故障范围的线段，然后采用正确的检查和排故方法并在定额时间内排除故障。

5）排除故障时，必须修复故障点，不得采用更换元器件、借用触点及改动线路的方法，否则，当作不能排除故障点扣分。

6）检修时，严禁扩大故障范围或产生新的故障，并不得损坏元器件。

（二）任务准备

1）工具：测电表、电工刀、尖嘴钳、斜口钳、剥线钳、螺钉旋具等。

2）仪表：500型万用表。

3）材料：导线、绝缘胶布、绝缘透明胶布若干。

4）设备：Z3050 型摇臂钻床或模拟电气控制屏柜。

（三）任务实施步骤

1）熟悉摇臂钻床的主要结构和运动形式，并进行实际操作，了解摇臂钻床的各种工作状态及按钮的作用。

2）熟悉摇臂钻床电气器件的安装位置、走线情况以及操作手柄处于不同位置时，位置开关的工作状态及运动部件的工作情况。

3）在有故障或人为设置故障的 Z3050 型摇臂钻床上，由教师示范检修，直至故障排除。

4）由教师设置让学生知道的故障点，指导学生如何从故障现象着手进行分析，逐步引导学生采用正确的检查步骤和检修方法排除故障。

5）教师设置人为的故障，由学生检修。

（四）注意事项

1）检修前要认真阅读 Z3050 型摇臂钻床的电路原理图和接线图，熟练掌握各个控制环节的原理及作用，弄清有关元器件的位置、作用及走线情况。

2）由于摇臂钻床的电气控制与机械结构的配合十分密切，因此在出现故障时，应首先判明是机械故障还是电气故障，要认真仔细地观察教师的示范检修。

3）修复故障使钻床恢复正常时，要注意消除产生故障的根本原因，以避免频繁发生相同的故障。

4）停电要验电，带电检查时，必须有指导老师在现场监护，以确保用电安全，同时要做好训练记录。

5）工具仪表的使用要正确，检修时要认真核对导线的线号，以免出错。

五、任务检查与评定

<table>
<tr><th>任务内容及配分</th><th>要求</th><th colspan="2">扣分标准</th><th>得分</th></tr>
<tr><td rowspan="2">故障分析
（30 分）</td><td>原理图分析及在原理图中标出故障范围</td><td colspan="2">1. 在原理图上标不出故障回路或标错，每个故障点扣 15 分
2. 不能标出最小故障范围，每个故障点扣 5 分</td><td rowspan="2"></td></tr>
<tr><td>故障分析思路</td><td colspan="2">故障分析思路不清楚，每个故障点扣 5 分</td></tr>
<tr><td rowspan="4">排除故障
（60 分）</td><td>摇臂不能上升也不能下降</td><td colspan="2" rowspan="4">1. 断电不验电扣 5 分
2. 工具及仪表使用不当，每次扣 5 分
3. 检查故障的方法不正确扣 20 分
4. 排除故障的方法不正确扣 20 分
5. 不能排除故障点，每个扣 30 分
6. 扩大故障范围或产生新故障，每个扣 15 分
7. 损坏元器件，每个扣 20 ~ 40 分
8. 排除故障后通电试车不成功扣 50 分
9. 违反文明安全生产，扣 10 ~ 70 分</td><td></td></tr>
<tr><td>立柱、主轴箱不能夹紧或松开</td><td></td></tr>
<tr><td>摇臂升降后夹紧过度</td><td></td></tr>
<tr><td>主轴电动机刚起动运转，熔断器就熔断</td><td></td></tr>
<tr><td>定额时间
（10 分）</td><td>45min</td><td colspan="2">训练不允许超时，在修复故障过程中才允许超时，每超 5min（不足 5min，以 5min 记）扣 5 分</td><td></td></tr>
<tr><td>备注</td><td colspan="2">除定额时间外，各项内容的最高扣分不得超过配分分数</td><td>成绩</td><td></td></tr>
</table>

【相关知识】

（一）顺序控制

一般机床是由多台电动机来实现机床的机械拖动与辅助运动控制的，用于满足机床的特殊控制要求，如 X62W 型万能铣床上要求主轴电动机起动后，进给电动机才能起动；M7120 型平面磨床的冷却泵，要求当砂轮电动机起动后才能起动。像这种要求几台电动机的起动或停止必须按一定的先后顺序来完成的控制方式，叫作电动机的顺序控制。

1. 多台电动机起动与停车的顺序控制电路

（1）先起后停控制电路　对于某处机床，要求机床在加工前，应先给机床提供液压油，可使机床床身导轨进行润滑，或是提供机械运动的液压动力，这就要求先起动液压泵后再起动机床的工作台拖动电动机或主轴电动机，当机床停止时要求先停止拖动电动机或主轴电动机，才能让液压泵停止。其原理图如图 4-3-4 所示。

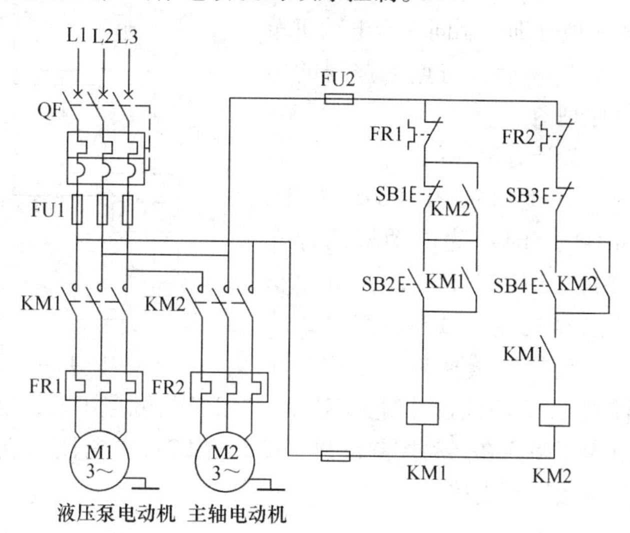

图 4-3-4　电动机先起后停控制电路原理图

（2）先起先停控制电路　在有的特殊控制中，要求电动机 A 先起动后再起动电动机 B，当电动机 A 停止后电动机 B 才能停止。其电气控制原理图如图 4-3-5 所示。

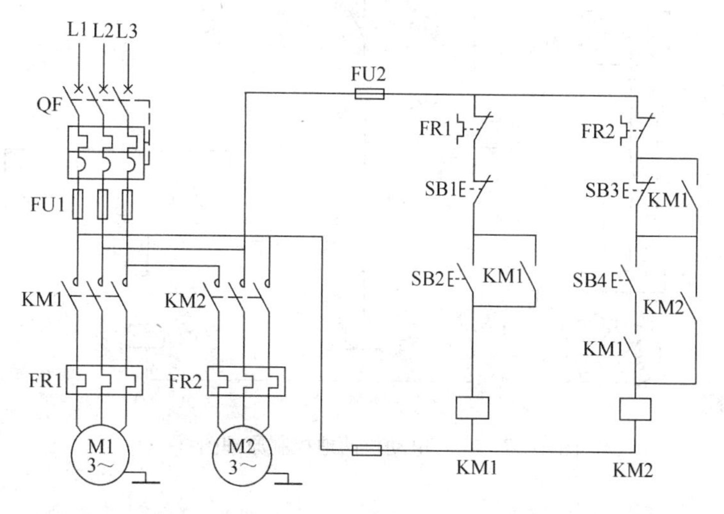

图 4-3-5　电动机先起先停控制电路原理图

2. 多地控制

大多数机床因加工需要，操作人员须在机床正面和侧面均能进行操作，故需要设置多地控制电路。如图 4-3-6 所示为两地控制电动机正反转原理图，SB1、SB2 为机床上正、侧面两地总停按钮；SB3、SB4 为 M1 电动机的两地正转起动按钮，SB5、SB6 为 M2 电动机的两地反转起动按钮。

可见，多地控制的原则是：起动按钮并联，停车按钮串联。

（二）应用举例

1. 一台电动机的两地点动连续控制

设计一控制电路，能在 A、B 两地分别控制同一台电动机单方向连续运行与点动控制的电气原理图。

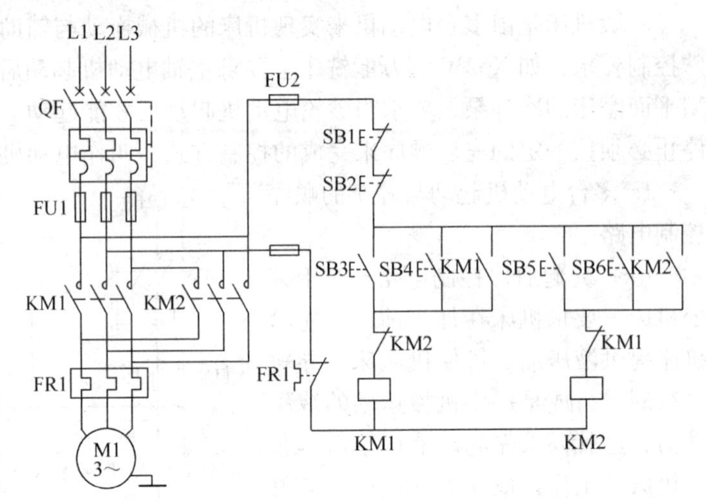

图 4-3-6　两地控制电动机正反转原理图

设计方法一：

原理图如图 4-3-7 所示，SB1-1、SB1-2 为电动机的停车控制，SB2-1、SB2-2 为电动机的点动控制，SB3-1、SB3-2 为电动机的连续控制（也称长车控制）。在电路设计时，将停止按钮常闭触点串联，起动按钮常开触点并联，KM 的常开触点由于串联在点动控制按钮 SB2-1、SB2-2 的常闭触点上，故在电动机点动控制时使电动机连续运转不受控制。

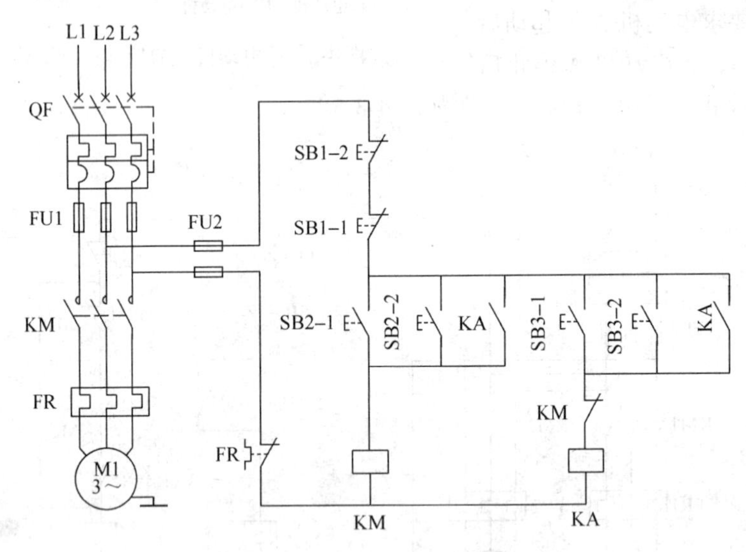

图 4-3-7　一台电动机两地控制原理图（一）

设计方法二：

图 4-3-8 在设计时使用了一个中间继电器进行控制，也可不用中间继电器进行控制，这样可使电路器件减少，也使电路可靠、故障率下降，在生产现场就是这样设计的。在电路设计时，将停止按钮 SB1-1、SB1-2 常闭触点串联，起动按钮 SB2-1、SB2-2、SB3-1、SB3-2 常开触点并联，起动按钮 SB2-1、SB2-2 的常闭触点串联在接触器自锁支路中，使电动机在点

动控制时自锁支路不起作用。

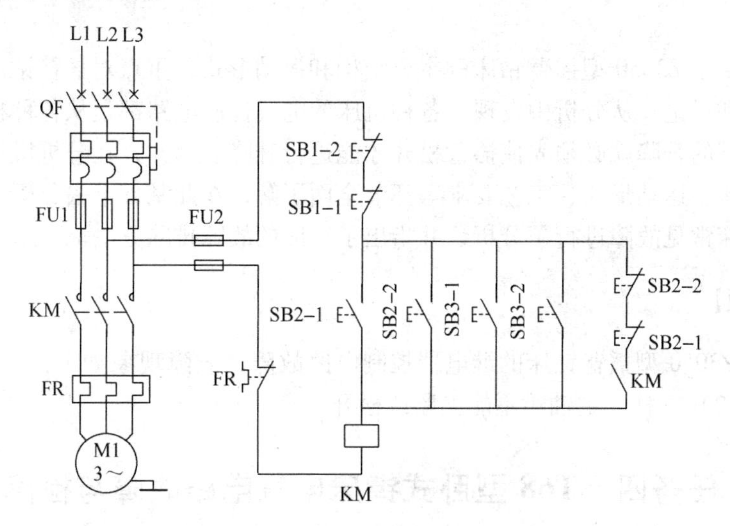

图 4-3-8　一台电动机两地控制原理图（二）

2. 两台电动机不同控制方法的控制电路

设计一控制电路，要求如下：

1）能使两台电动机同时起动和停止。

2）还能分别使两台电动机起动和停止。

电气原理图如图 4-3-9 所示，图中中间继电器控制两台电动机的同时起动，SB6 控制两台电动机的同时停止。

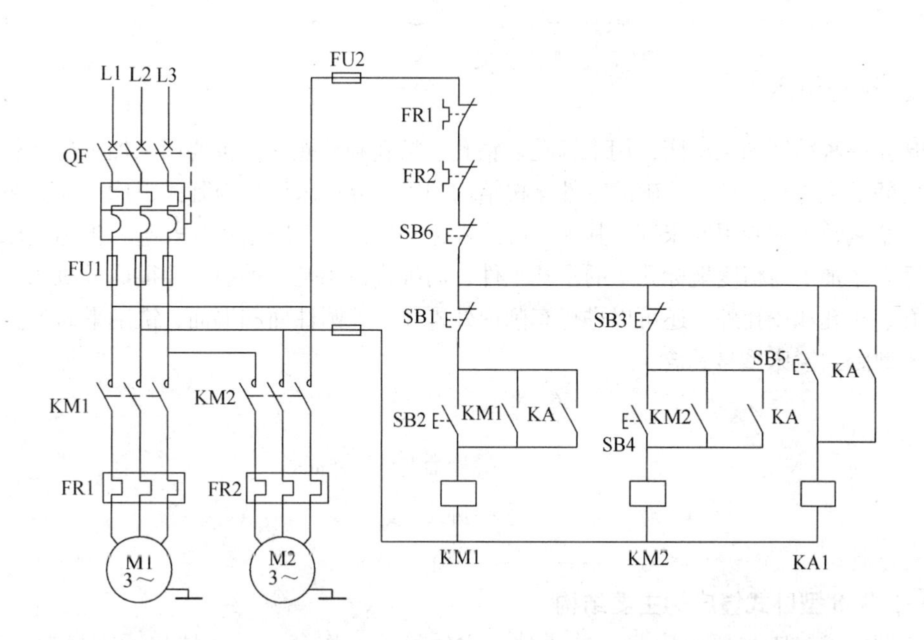

图 4-3-9　两台电动机顺序控制原理图

【任务小结】

本任务介绍了 Z3050 型摇臂钻床的主要结构和运动形式，重点对摇臂钻床的电气控制电路进行了分析和讨论，从分析中发现，各种机床的电气控制电路都是从各种机床加工工艺出发，如钻床摇臂的升降就必须先使摇臂松开才能进行升降。因此，在分析机床电路时应先对机床的基本结构、运动形式、工艺要求等环节全面了解，在此基础上去分析控制电路。任务最后对摇臂钻床常见故障进行了分析，并指出了一般的故障排除方法。

【习题及思考题】

现场处理 Z3050 型摇臂钻床的继电器控制电路故障，故障现象如下：（1）摇臂不能上升但能下降；（2）立柱、主轴箱不能夹紧或松开。

任务四　T68 型卧式镗床电气电路故障与检修

能力目标：

1. 能够阅读及分析 T68 型卧式镗床的电气原理图。
2. 熟悉 T68 型卧式镗床的电气控制开关位置，会进行试车操作及安装与调试。
3. 掌握 T68 型卧式镗床电路工作原理及故障分析处理方法与技巧。

知识目标：

1. 掌握 T68 型卧式镗床的组成与运动规律及电气控制要求。
2. 掌握 T68 型卧式镗床的常见故障案例。

一、任务引入

镗床是一种精密加工机床，用来镗孔、钻孔、扩孔和铰孔等，主要用来加工精度较高的孔和两孔之间的距离要求较为精确的零件。按结构和用途分镗床可分为卧式镗床、立式镗床、坐标镗床、金刚镗床和专用镗床等，其中，卧式镗床和坐标镗床应用较为普遍。坐标镗床加工精度高，适合于加工高精度坐标孔距的多孔工件，而卧式镗床是一种通用性很广的机床，除了镗孔、钻孔、扩孔和铰孔外，还可以进行车削内外螺纹、外圆柱面和端面，铣削平面等。

T68 型卧式镗床型号的含义为：

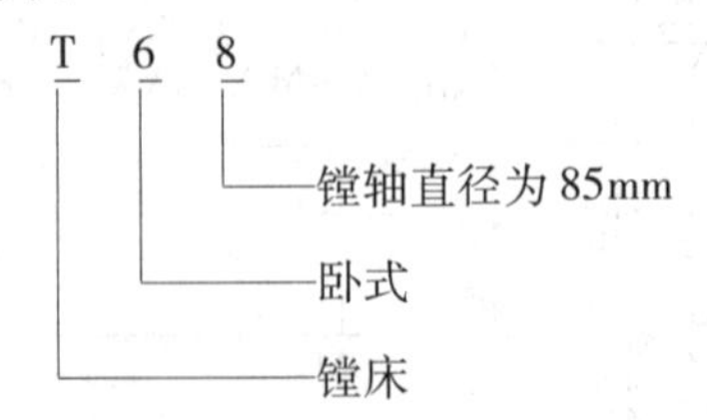

（一）T68 型卧式镗床的主要结构

T68 型卧式镗床主要由床身、前立柱、主轴箱、工作台、后立柱和后支撑架等部分组成。其结构示意图如图 4-4-1 所示。

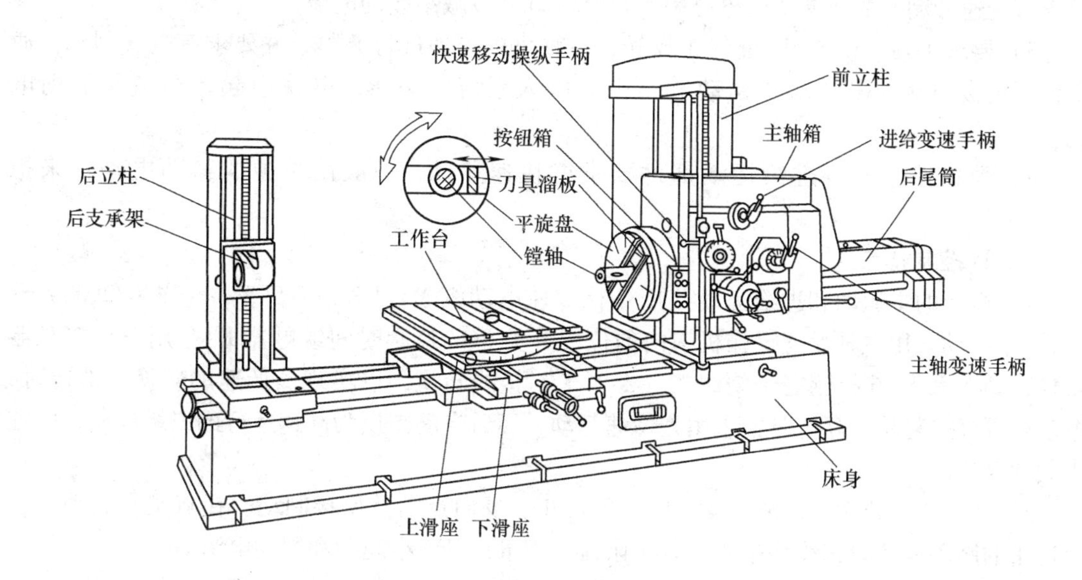

图 4-4-1　卧式镗床结构示意图

（二）T68 型卧式镗床的运动形式

T68 型卧式镗床的运动形式主要有三种。

（1）主运动　为镗轴和平旋盘（花盘）的旋转运动。

（2）进给运动　包括：

1）轴的轴向（向前、向后）进给运动。

2）平旋盘（花盘）上刀具溜板的径向进给运动。

3）主轴箱的垂直（上、下）进给运动。

4）工作台的纵向（前、后）和横向（左、右）进给运动。

（3）辅助运动　包括：

1）主轴箱、工作台等的进给运动上的快速移动。

2）后立柱的纵向（水平）移动。

3）后支承架（尾架）与主轴箱的升降（垂直）移动。

4）工作台的转位运动。

二、任务分析

T68 型卧式镗床的电力拖动形式和控制特点如下。

（一）电力拖动形式

1）为了适应各种形式和各种工件的加工，要求镗床的主轴有较宽的调速范围，机床采用双速异步电动机作为主拖动电动机的机电联合调速，即用变速箱进行机械调速，用交流双速电动机完成电气调速。目前，采用电力电子器件控制的异步电动机无级调速系统已在镗床上获得了广泛的应用。

2）镗床的主运动和进给运动都采用机械滑移齿轮变速，为有利于变速后齿轮的啮合，要求有变速冲动。变速冲动时电路串入限流电阻 R 以减小起动电流。

3）要求主轴电动机 M1 能够正反转，主轴可以点动进行调整，并要求有电气制动，通常采用反接制动。在点动和制动电路中均串入限流电阻 R，以减小起动电流和制动电流。

4）卧式镗床的各进给运动部件要求能快速移动，一般由单独的移动电动机来拖动。

（二）控制特点

1）机床的主运动和进给运动共用一台双速电动机 M1［5.5/7.5kW，（1440/2900）r/min］来拖动。用主轴变速操作机构内的位置开关 SQ7 控制时间继电器 KT，用三个接触器 KM4、KM5 和 KM6 控制定子绕组的“Δ-YY”接线转换，以实现高低速的转换。低速时，电动机可直接起动；高速时，采用先低速起动，而后自动转换为高速运行的二级控制，以减小起动电流。

2）主轴电动机 M1 能正、反运行，并可正、反向点动及反接制动。在点动、制动以及变速中的脉动慢转时，线路中均串入了限流电阻 R，以减小起动和制动电流。

3）主轴和进给变速均可在运行中进行。只要进行变速，主轴电动机 M1 就脉动缓慢旋转（即主轴电动机 M1 的冲动），以利于齿轮啮合。主轴变速时，主轴电动机 M1 的冲动是通过位置开关 SQ4 和 SQ6 来控制的，进给变速冲动是通过位置开关 SQ3 和 SQ5 以及速度继电器 KS 共同完成的。

4）为缩短机床加工的辅助工作时间，主轴箱、工作台、主轴以单独的电动机 M2（2.2kW）拖动其快速移动，它们之间的机动进给有机械和电气联锁保护。

三、必备知识

T68 型卧式镗床电气控制电路原理图如图 4-4-2 所示。

（一）主电路分析

T68 型卧式镗床电气控制电路有两台电动机：一台是主轴电动机 M1，作为主轴旋转及常速进给的动力，同时还带动润滑油泵；另一台为快速进给电动机 M2，作为各进给运动的快速移动的动力。

M1 为双速电动机，由接触器 KM4、KM5 控制：低速时 KM4 吸合，M1 的定子绕组为三角形联结，$n_N = 1460$r/min；高速时 KM5 吸合，KM5 为两只接触器并联使用，定子绕组为双星形联结，$n_N = 2880$r/min。KM1、KM2 控制 M1 的正反转。KS 为与 M1 同轴的速度继电器，在 M1 停车时，由 KS 控制进行反接制动。为了电动机 M1 限制起动、制动电流和减小机械冲击，M1 在制动、点动、主轴和进给的变速冲动时串入了限流电阻 R，运行时由 KM3 短接。热继电器 FR 做 M1 的过载保护。

M2 为快速进给电动机，由 KM6、KM7 控制正反转。由于 M2 是短时工作制，所以不需要用热继电器进行过载保护。

QS 为电源引入开关，FU1 提供全电路的短路保护，FU2 提供 M2 及控制电路的短路保护。

（二）控制电路分析

由控制变压器 TC 提供 110V 工作电压，FU3 提供变压器二次侧的短路保护。控制电路

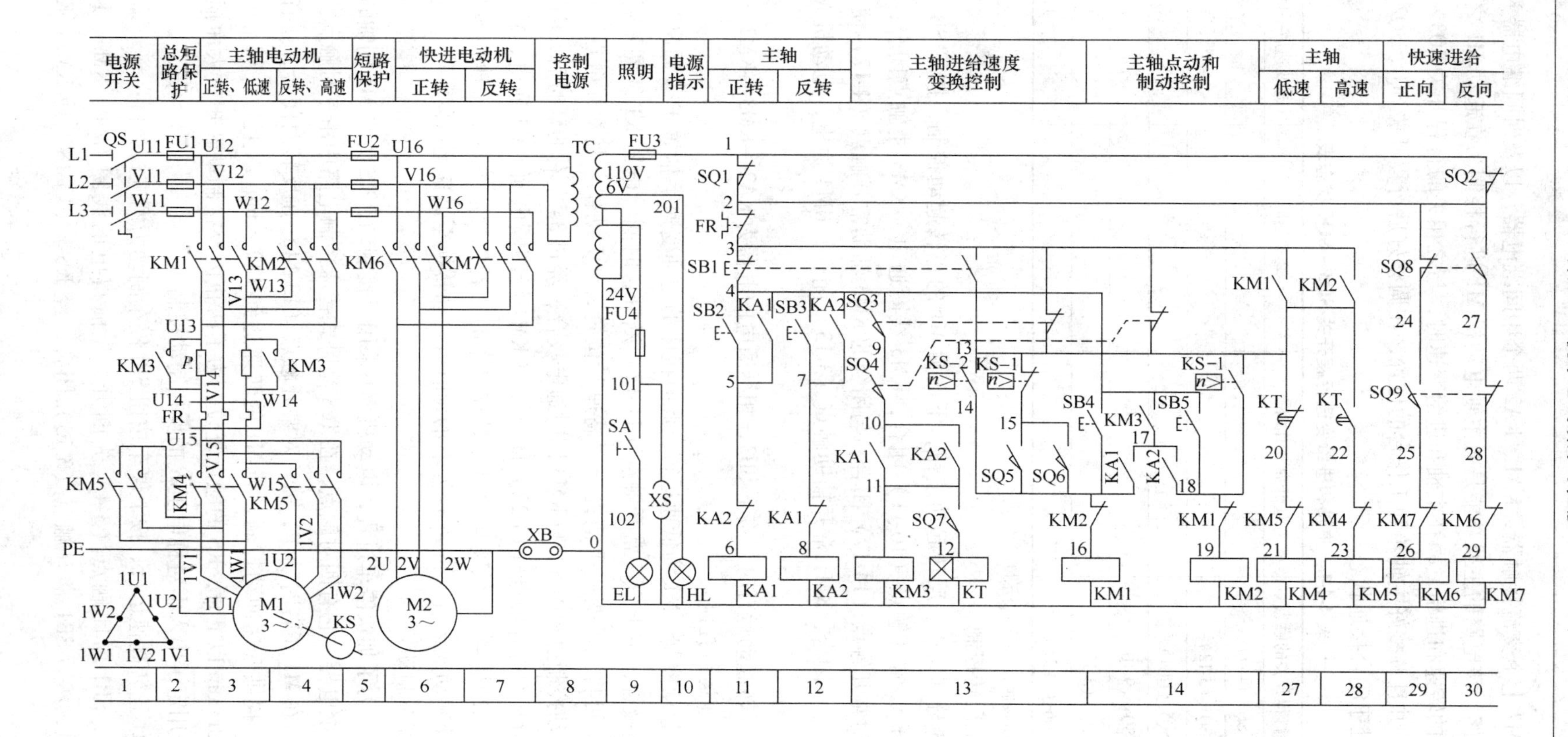

图4-4-2　T68型卧式镗床电气控制电路原理图

包括 KM1 ~ KM7 七个交流接触器，KA1、KA2 两个中间继电器，以及时间继电器 KT 共十个电器的线圈支路，该电路的主要功能是对主轴电动机 M1 进行控制。在起动 M1 之前，首先要选择好主轴的转速和进给量，在主轴和进给变速时，与之相关的行程开关 SQ3 ~ SQ6 的状态见表 4-4-1，并且调整好主轴箱和工作台的位置，在调整好后行程开关 SQl、SQ2 的常闭触点（1-2）均处于闭合接通状态。

表 4-4-1 主轴和进给变速行程开关 SQ3 ~ SQ6 状态表

	相关行程开关的触点	①正常工作时	②变速时	③变速后手柄推不上时
主轴变速	SQ3（4-9）	+	-	-
	SQ3（3-13）	-	+	+
	SQ5（14-15）	-	-	+
进给变速	SQ4（9-10）	+	-	-
	SQ4（3-13）	-	+	+
	SQ6（14-15）	-	-	+

注：“+”表示接通，“-”表示断开。

1. M1 的正反转控制

SB2、SB3 分别为正、反转起动按钮，下面为 M1 的正转起动控制：按下 SB2→KA1 线圈通电自锁→KA1 常开触点（10-11）闭合，KM3 线圈通电→KM3 主触点闭合，短接电阻 *R*；KA1 另一对常开触点（14-17）闭合，与闭合的 KM3 辅助常开触点（4-17）使 KM1 线圈通电→KM1 主触点闭合；KM1 常开辅助触点（3-13）闭合，KM4 通电，电动机 M1 低速起动。

同理，在反转起动运行时，按下 SB3，相继通电的电器为 KA2→KM3→KM2→KM4。

2. M1 的高速运行控制

若按上述起动控制，M1 为低速运行，此时机床的主轴变速手柄置于“低速”位置，微动开关 SQ7 不吸合，由于 SQ7 常开触点（11-12）断开，时间继电器 KT 线圈不通电。要使 M1 高速运行，可将主轴变速手柄置于“高速”位置，SQ7 动作，其常开触点（11-12）闭合，这样在起动控制过程中 KT 与 KM3 同时通电吸合，经过 3s 左右的延时后，KT 的常闭触点（13-20）断开而常开触点（13-22）闭合，使 KM4 线圈断电而 KM5 通电，M1 为丫丫联结高速运行。无论是当 M1 低速运行时还是在停车时，若将变速手柄由低速档转至高速档，M1 都是先低速起动或运行，再经 3s 左右的延时后自动转换至高速运行。

3. M1 的停车制动

当停车时，为了加快停车过程，电动机 M1 采用反接制动，KS 为与 M1 同轴的反接制动控制用的速度继电器，它有四对触点，在 T68 型卧式镗床控制电路中用三对触点：一对常开触点（13-18）在 M1 正转时动作，另一对常开触点（13-14）在反转时闭合，还有一对常闭触点（13-15）提供变速冲动控制。当 M1 的转速达到 120 r/min 以上时，KS 的触点动作；当转速降至 40r/min 以下时，KS 的触点复位。为了防止因反接制动转矩过大而损伤机械传动装置，故采用定子串入不对称电阻 *R* 的反接制动控制。

下面以 M1 正转高速运行、按下停车按钮 SBl 停车制动为例进行分析：

按下 SB1，SB1 常闭触点（3-4）先断开，先前得电的线圈 KA1、KM3、KT、KM1、KM5 相继断电，然后 SB1 常开触点（3-13）闭合，经 KS-1（13-18）使 KM2、KM4 通电，

电动机 M1 以三角形接法串电阻反接制动，电动机 M1 转速迅速下降至 KS 的释放值，KS-1（13-18）常开触点断开，KM2 线圈断电，KM2 常开触点（3-13）断开，KM4 线圈断电，切断了反接制动电源，主轴电动机制动结束。

如果是 M1 反转时进行制动，则由 KS-2（13-14）闭合，控制 KMl、KM4 进行反接制动。

4. M1 的点动控制

SB4 和 SB5 分别为正反转点动控制按钮。当需要进行点动调整时，可按下 SB4（或 SB5），使 KM1 线圈（或 KM2 线圈）通电，KM4 线圈也随之通电，由于此时 KA1、KA2、KM3、KT 线圈都没有通电，所以 M1 串入电阻低速转动。当松开 SB4（或 SB5）时，由于没有自锁作用，所以 M1 为点动运行。

5. 变速控制

T68 型卧式镗床主轴的各种速度是通过变速操作盘改变传动链的传动比来实现的。由于采用了双速电动机，电动机有两个速度，变速传动链机械齿轮有 9 个速度，共有 18 种转速。变速时，主电动机可获得低速瞬时冲动，以利于齿轮顺利啮合。主轴和进给变速可以在停车时进行，也可以在运转中进行，变速后可自行恢复到变速前的运行状态。

主轴的各种转速是由变速操纵盘来调节变速传动系统而取得的。在主轴运转时，如果要变速，可不必按下停止按钮 SB1 停车，只要将主轴变速操纵盘的操作手柄拉出，与变速手柄有机联系的位置开关 SQ3 不再受压而分断（即将手柄拉至②位置），如图 4-4-3 所示，这就使 SQ3 复位，位置开关 SQ5 受压而闭合（见表 4-4-1），主轴的变速控制过程如下（以正转低速运行为例）。

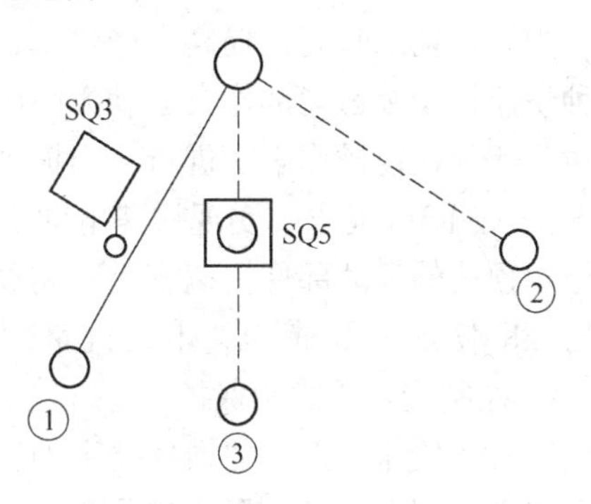

图 4-4-3　主轴变速手柄位置示意图

将主轴变速手柄拉出→SQ3 复位→SQ3 常开触点（4-9）断开→KM3 线圈断电而释放→KM1 线圈也随之断电释放→接着 KM4 线圈断电释放，主轴电动机 M1 断电后在惯性下继续旋转。速度继电器 KS-1 常开触点（13-18）保持闭合状态→由于 SQ3 复位，SQ3 常闭触点（3-13）处于闭合状态，所以使 KM2 线圈通电吸合→KM4 通电吸合，电动机 M1 在低速下（△接法）串电阻 R 进行反接制动，当制动结束，KS 恢复到复位值→KS-1 常开触点（13-18）断开，KM2、KM4 断电，断开 M1 反向电源。此时便可转动变速盘进行变速，变速后，将手柄推回原位→SQ3 动作→SQ3 常闭触点（3-13）断开，常开触点（4-9）闭合，KM3、KM1、KM4 线圈相继重新通电吸合，主轴电动机 M1 按原来的转向启动，而主轴则在新选定的转速下起动。

由以上分析可知，如果变速前主电动机处于停转状态，那么变速后主电动机也处于停转状态。若变速前主电动机处于正向低速（三形联结）状态运转，由于中间继电器仍然保持通电状态，变速后主电动机仍处于三形联结下运转。同样道理，如果变速前电动机处于高速（YY）止转状态，变速时，KT 和 KM3 线圈同时断开，主电动机在三角形联结下先制动，变速后，主电动机仍先联结成三角形起动，再经 3s 左右的延时，才进入YY联结高速运转状态。

6. 主轴的变速冲动

SQ5 为主轴变速冲动行程开关，由表 4-4-1 可见，在不进行变速时，SQ5 的常开触点（14-15）是断开的；在变速时，如果齿轮未啮合好，变速手柄就合不上，即在图 4-4-3 中处于③的位置，则 SQ5 被压合→SQ5 的常开触点（14-15）闭合→KM1 线圈由（13-15-14-16）支路通电→KM4 线圈支路也通电→M1 低速串电阻起动→当 M1 的转速升至 120r/min 时→KS 动作，其常闭触点（13-15）断开→KM1、KM4 线圈支路断电→KS-1 常开触点（13-18）闭合→KM2 通电→ KM4 通电，M1 进行反接制动，转速下降→当 M1 的转速降至 KS 复位值时，KS-1 复位，其常开触点（13-18）断开，M1 断开制动电源；常闭触点（13-15）又闭合→KM1、KM4 线圈支路再次通电→M1 转速再次上升……，这样使 M1 的转速在 KS-1 复位值和动作值之间反复升降，进行连续低速冲动，直至齿轮啮合好以后，方能将手柄推合至图 4-4-3 中①的位置，使 SQ3 被压合，而 SQ5 复位，变速冲动才告结束。

7. 进给变速控制与进给的变速冲动

与上述主轴变速冲动控制的过程基本相同，只是在进给变速控制时，拉动的是进给变速手柄，动作的位置开关是 SQ4。SQ5 为进给变速冲动行程开关。

8. 快速移动电动机 M2 的控制

为缩短辅助时间，提高生产效率，由移动电动机 M2 经传动机构拖动镗头架和工作台做各种快速移动。运动部件及运动方向的预选由装在工作台前方的操作手柄进行，而控制则是由镗头架的快速操作手柄进行。当扳动快速操作手柄时，将压合位置开关 SQ8 或 SQ9，接触器 KM7 或 KM6 通电，实现快速电动机 M2 快速正转或快速反转。电动机带动相应的传动机构拖动预选的运动部件快速移动。将快速移动手柄扳回原位时，行程开关 SQ8 或 SQ9 不再受压，KM7 或 KM6 断电，电动机 M2 停转，快速移动结束。

9. 控制线路的联锁保护

为防止机床或刀具的损坏，主轴箱和工作台的自动进给与主轴和花盘刀架的自动进给在电路上必须相互联锁，即不能同时接通。故采用自动进给的位置开关 SQ1（装在工作台后面）和 SQ2（装在主轴箱上的操作按钮盒内）来控制，当工作台及主轴箱进给手柄在进给位置时，SQ1 被压下，SQ1 的常闭触点（1-2）断开；而当主轴及花盘刀架的进给手柄在进给位置时，SQ2 被压下，SQ2 常闭触点（1-2）断开。如果两个手柄都处在进给位置，则 SQ1、SQ2 的触点都断开，从而达到联锁保护之目的。此时控制电路断电，机床不能工作，保护了机床的安全。

10. 照明电路和指示灯电路

由变压器 TC 提供 24V 安全电压供给照明灯 EL，EL 的一端接地，SA 为灯开关，由 FU4 提供照明电路的短路保护。XS 为 24V 电源插座。HL 为 6V 的电源指示灯。

T68 型卧式镗床电气元器件明细见表 4-4-2。

表 4-4-2　T68 型卧式镗床元器件明细表

符　　号	器件名称	型号规格	用　　途	数量
M1	主轴电动机	JDO252-4/2　5. 5/7. 5kW	主轴旋转与进给	1
M2	快速电动机	JDO2-31-4　2. 2kW	快速移动	1
QS	电源开关	HZ10-60/3　60A　380V	三相电源引入	1

（续）

符　　号	器件名称	型号规格	用　　途	数量
SA	照明开关	HZ10-10/3　10A　380V	工作照明灯控制	1
FU1	熔断器	RL1-60　40A	主电路短路保护	3
FU2	熔断器	RL1-15　15A	快速电路短路保护	3
FU3、RU4	熔断器	RL1-15　4A、2A	控制与照明电路短路保护	2
KM1、KM2	交流接触器	CJ20-40　40A　110V	主轴正、反转	2
KM3、KM4、KM5	交流接触器	CJ20-20　20A　110V	主轴电动机制动、低速运行和高速运行	3
KM6、KM7	交流接触器	CJ20-20　20A　110V	快速移动电动机正、反转	2
FR	热继电器	JR16-20/3D　整定 14.5A	主轴电动机过载保护	1
KA1、KA2	中间继电器	JZ4-44　110V	接通主轴正反转	2
KT	时间继电器	JS7-2　110V 延时 3S	主轴低速转高速运行	1
KS	速度继电器	JY-1	主轴反接制动	1
SB1 ~ SB5	按钮	LA2	主轴停止、正反转与正反点动	5
SQ1	位置开关	LX1-11J　防溅式	工作台和主轴箱自动进刀互锁	1
SQ2	位置开关	LX3-11JK　开启式	主轴和花盘刀架自动进刀互锁	1
SQ3	位置开关	LX1-11K　开启式	主轴变速时自动停车与起动	1
SQ4	位置开关	LX1-11K　开启式	进给变速时自动停车与起动	1
SQ5	位置开关	LX1-11K　开启式	主轴变速时齿轮啮合冲动	1
SQ6	位置开关	LX1-11K　开启式	进给变速时齿轮啮合冲动	1
SQ7、SQ8	位置开关	LX1-11K　开启式	快速移动电动机正、反转起动	2
SQ9	位置开关	LX5-11	主轴电动机高速压合	1
R	电阻	ZB1-0.9	主轴电动机反接制动电阻	2
	控制变压器	K-100 380/110V、24V、6.3V	控制线路 110V 电源	1
	手提工作灯		工作照明	1
	指示灯		电源指示	1
	插座		手提照明灯电源插座	1

（三）T68 型卧式镗床常见电气故障的诊断与检修

镗床常见电气故障的诊断与检修与前面讲述的钻床大致相同，但由于镗床的机-电联锁较多，且采用双速电动机，所以会有一些特有的故障，现举例分析如下。

1. 主轴的转速与标牌的指示不符

这种故障一般有两种现象：第一种是主轴的实际转速比标牌指示转数增加一倍或减少一半，第二种是 M1 只有高速或只有低速。前者大多是由于安装调整不当而引起的。T68 型镗床有 18 种转速，是由双速电动机和机械滑移齿轮联合调速来实现的。第 1、2、4、6、8、…档是由电动机以低速运行驱动的，而 3、5、7、9、…档是由电动机以高速运行来驱动的。由以上分析可知，M1 的高低速转换是靠主轴变速手柄推动微动开关 SQ7，由 SQ7 的常开触点（11-12）通、断来实现的。如果安装调整不当，使 SQ7 的动作恰好相反，则会发生第一种故障。而产生第二种故障的主要原因是 SQ7 损坏（或安装位置移动）：如果 SQ7 的常开触点（11-12）总是接通，则 M1 只有高速；如果总是断开，则 M1 只有低速。此外，KT 的损坏（如线圈烧断、触点不动作等），也会造成此类故障发生。

2. M1 能低速起动，但置“高速”档时，不能高速运行且自动停机

M1 能低速起动，说明接触器 KM3、KM1、KM4 工作正常；而低速起动后不能换成高速运行且自动停机，又说明时间继电器 KT 是工作的，其常闭触点（13-20）能切断 KM4 线圈支路，而常开触点（13-22）不能接通 KM5 线圈支路。因此，应重点检查 KT 的常开触点（13-22）。此外，还应检查 KM4 的互锁常闭触点（22-23）。按此思路，接下去还应检查 KM5 有无故障。

3. M1 不能进行正反转点动、制动及变速冲动控制

其原因往往是上述各种控制功能的公共电路部分出现故障，如果伴随着不能低速运行，则故障可能出在控制电路 13-20-21-0 支路中有断开点。否则，故障可能出在主电路的制动电阻 R 或引线上有断开点。如果主电路仅断开一相电源，电动机还会伴有断相运行时发出的“嗡嗡”声。

四、任务实施

（一）任务要求

1. 分析并说明 T68 型卧式镗床电气故障的原因。

2. 用通电试验方法发现故障现象，进行故障分析，并在电气原理图中用虚线标出最小故障范围。

3. 排除图 4-4-2 T68 型卧式镗床主电路或控制电路中，人为设置的两个电气自然故障点。

4. 学生应根据故障现象，先在原理图中正确标出最小故障范围的线段，然后采用正确的检查和排故方法并在定额时间内排除故障。

5. 排除故障时，必须修复故障点，不得采用更换元器件、借用触点及改动线路的方法，否则，做不能排除故障点扣分。

6. 检修时，严禁扩大故障范围或产生新的故障，并不得损坏元器件。

（二）任务准备

1. 工具：测电表、电工刀、尖嘴钳、斜口钳、剥线钳、螺钉旋具等。

2. 仪表：500 型万用表。

3. 材料：导线、绝缘胶布、绝缘透明胶布若干。

4. 设备：T68 型卧式镗床或 T68 型卧式镗床模拟电气控制屏柜。

（三）任务实施步骤

1）熟悉镗床的主要结构和运动形式，对镗床进行实际操作，了解镗床的各种工作状态及按钮的作用。

2）熟悉镗床元器件的安装位置、走线情况以及操作手柄处于不同位置时，位置开关的工作状态及运动部件的工作情况。

3）在有故障或人为设置故障的 T68 型卧式镗床上，由教师示范检修，边操作边讲述检修步骤及要求，直至故障排除。

4）由教师设置让学生知道的故障点，指导学生如何从故障现象着手进行分析，逐步引

导学生采用正确的检查步骤和检修方法排除故障。

5）教师设置人为的故障，由学生检修。

（四）注意事项

1）检修前要认真阅读T68型卧式镗床的电路原理图和接线图，熟练掌握各个控制环节的原理及作用，弄清有关元器件的位置、作用及走线情况。

2）由于该类镗床的电气控制与机械结构的配合十分密切，因此在出现故障时，应首先判明是机械故障还是电气故障，要认真仔细地观察教师的示范检修。

3）修复故障使镗床恢复正常时，要注意消除产生故障的根本原因，以避免频繁发生相同的故障。

4）停电要验电，带电检查时，必须有指导老师在现场监护，以确保用电安全，同时要做好训练记录。

5）工具仪表的使用要正确，检修时要认真核对导线的线号，以免出错。

五、任务检查与评定

任务内容及配分	要求	扣分标准	得分
故障分析（30分）	原理图分析及在原理图中标出故障范围	1. 在原理图上标不出故障回路或标错，每个故障点扣15分 2. 不能标出最小故障范围，每个故障点扣5分	
	故障分析思路	故障分析思路不清楚，每个故障点扣5分	
排除故障（60分）	主轴的转速与标牌的指示不符	1. 断电不验电扣5分 2. 工具及仪表使用不当，每次扣5分 3. 检查故障的方法不正确扣20分 4. 排除故障的方法不正确扣20分 5. 不能排除故障点，每个扣30分 6. 扩大故障范围或产生新故障，每个扣15分 7. 损坏元器件，每个扣20～40分 8. 排除故障后通电试车不成功扣50分 9. 违反文明安全生产，扣10～70分	
	M1能低速起动，但置“高速”档时，不能高速运行且自动停机		
	M1不能进行正反转点动、制动及变速冲动控制		
定额时间（10分）	45min	训练不允许超时，在修复故障过程中才允许超时，每超5min（不足5min，以5min记）扣5分	
备注	除定额时间外，各项内容的最高扣分不得超过配分分数	成绩	

【相关知识】

电磁铁

1. 电磁铁的构成、工作原理及类型

电磁铁由励磁线圈、铁心和衔铁三个基本部分构成。线圈通电后产生磁场，因此称之为励磁线圈，用直流电励磁的称为直流电磁铁，用交流电励磁的则称为交流电磁铁。直流电磁铁的铁心根据不同的剩磁要求选用整块的铸钢或工程纯铁制成，交流电磁铁的铁心则用相互绝缘的硅钢片叠成。衔铁是铁磁物质，与机械装置相连，所以，当线圈通电，衔铁被吸合时，就带动机械装置完成一定的动作，把电磁能转化为机械能。图 4-4-4 所示是常用电磁铁的外形和结构形式。

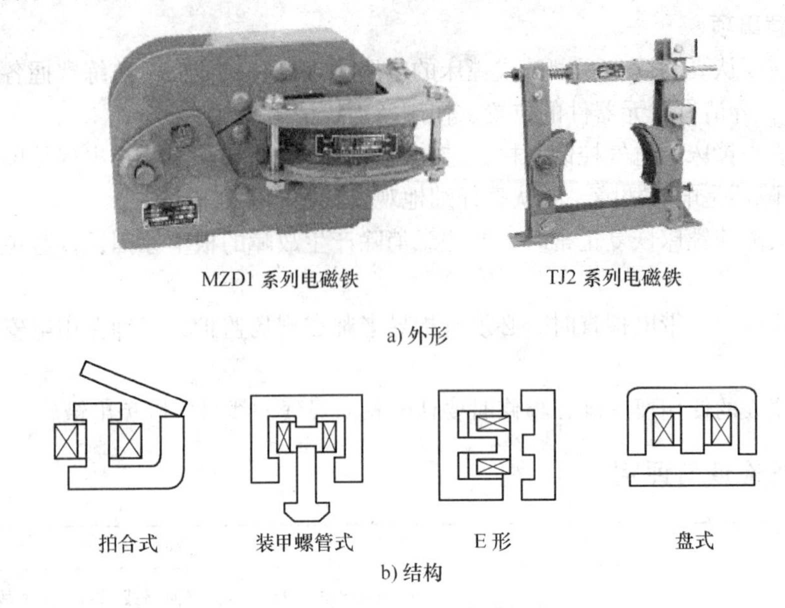

图 4-4-4　常用电磁铁的外形和结构形式

选用电磁铁时，应考虑用电类型（交流或直流）、额定行程、额定吸力及额定电压等技术参数。

2. 直流电磁铁的特点

1）励磁电流的大小仅取决于励磁线圈两端的电压及本身的电阻，而与衔铁的位置无关。

2）直流电磁铁的吸力在衔铁起动时最小，而在吸合时最大，因此，吸力与衔铁的位置有关。直流电磁铁的这一特点的优点表现在：一旦机械装置被卡住，衔铁无法被铁心吸动时，励磁电流不会因此而增加，保证了线圈不因机械装置失灵而烧毁。缺点是：在起动时，因衔铁位置较远，吸力较小。另外，直流电磁铁的工作可靠性好，动作平稳，寿命比交流电磁铁长，它适用于动作频繁或工作平稳可靠的执行机构。

常用的直流电磁铁有：MZZ1A、MZZ2S 系列直流制动电磁铁和 MW1、MW2 系列起重电磁铁。

3. 交流电磁铁的特点

1）励磁电流与衔铁位置有关，当衔铁处于起动位置时，电流最大；当衔铁吸合后，电流就降到额定值。

2）吸力与衔铁位置有关，但影响比直流电磁铁小得多，随着气隙的减小，其吸力将逐渐增大，最后将达到 1.5 ~2 倍的初始吸力。因此，交流电磁铁的优点是起动电流大；而缺点是：当机械装置被卡住而衔铁无法吸合时，励磁电流将大大超过额定电流，时间一长，会烧毁线圈。交流电磁铁适用于操作不太频繁、行程较大和动作时间短的执行机构。

常用的交流电磁铁有：MQ2 系列牵引电磁铁、MZD1 系列单相制动电磁铁和 MZS1 系列三相制动电磁铁。

4. 电磁铁的选择

在实际应用中，要根据机械设计上的特点选择交流或直流电磁铁。此外，还必须考虑：

1）衔铁在起动时与铁心的距离，即额定行程是否合适。

2）衔铁处于额定行程时的吸力，即额定吸力必须大于机械装置所需的起动拖动力。

3）额定电压（励磁线圈两端的电压）应尽量与机械设备的电控系统所用电压相符。电磁铁的文字符号用 YA 表示，图形符号与接触器线圈的符号相同。

【任务小结】

T68 型卧式镗床是冷加工中使用比较普遍的设备，它主要用于加工精度、光洁度较高的孔以及各孔间的距离要求较为精确的零件（如一些箱体零件），属于精密机床。本任务主要是分析其结构、组成、运动形式并通过模拟 T68 型卧式镗床的试验台使学生掌握该机床的操作使用方法和故障检修技能。

【习题及思考题】

现场处理 T68 型卧式镗床的继电器控制电路故障，故障现象如下：（1）M1 能低速起动，但置“高速”档时，不能高速运行而自动停机；（2）M1 不能进行正反转点动、制动及变速冲动控制。

任务五　X62W 型万能铣床电气电路故障与检修

能力目标：

1. 了解 X62W 型万能铣床的主要结构与运动形式，懂得试车操作。
2. 熟悉 X62W 型万能铣床的电气控制开关位置，能独立完成安装与调试工作。
3. 掌握 X62W 型万能铣床电路工作原理及故障分析处理方法与技巧。
4. 能根据故障现象，熟练分析故障原因；用正确手段排除铣床故障。

知识目标：

1. 了解电磁离合器的结构、工作原理及其在机床电气控制中的应用。
2. 掌握不同类型机床的特点，熟悉有关机械系统的工作原理。

一、任务引入

铣床的种类很多，按照结构形式和加工性能的不同，可分为卧铣床、立铣床、龙门铣床、仿形铣床和各种专用铣床等。而 X62W 型万能铣床是一种通用的多用途机床，铣削是一种高效率的加工方式，可用来加工工作平面、斜面和沟槽等。装上分度头还可以铣切直齿齿轮和螺旋面，如果装上圆工作台可以铣切凸轮和弧形槽等。

铣床的控制是机械与电气一体化的控制，其电气线路与机械系统配合十分密切。电气线路的正常工作往往和机械系统正常工作分不开。这就是铣床电气控制线路的特点，能否正确判断是电气还是机械故障，机电部分配合的好不好，这是迅速排除故障的关键，因此我们学习铣床不仅要熟悉电气线路的工作原理，而且还要熟悉有关机械系统的工作原理。

（一）主要构造

X62W 型万能铣床型号的含义为：

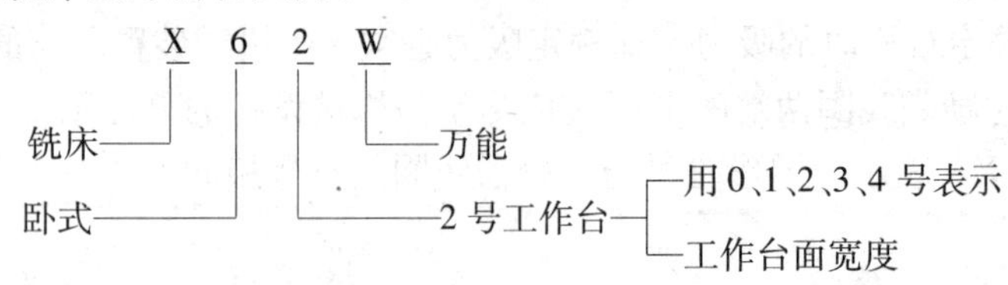

X62W 型万能铣床的主要构造如图 4-5-1 所示，其主要由床身、主轴、底座、悬梁、刀架支架、升降台、回转盘、横向溜板和工作台等几部分组成。在床身的前面有垂直导轨，升降台可沿垂直导轨上下移动；在升降台上面的水平导轨上，装有可在平行主轴线方向移动（前后移动）的溜板；溜板上部有可转动的回转盘，工作台装于溜板上部回转盘上的导轨上，做垂直于主轴线方向的移动（左右移动），工作台上有 T 形槽来固定工件，因此，安装在工件台上的工件可以在三个坐标的 6 个方向（上下、左右、前后）调整位置或进给。

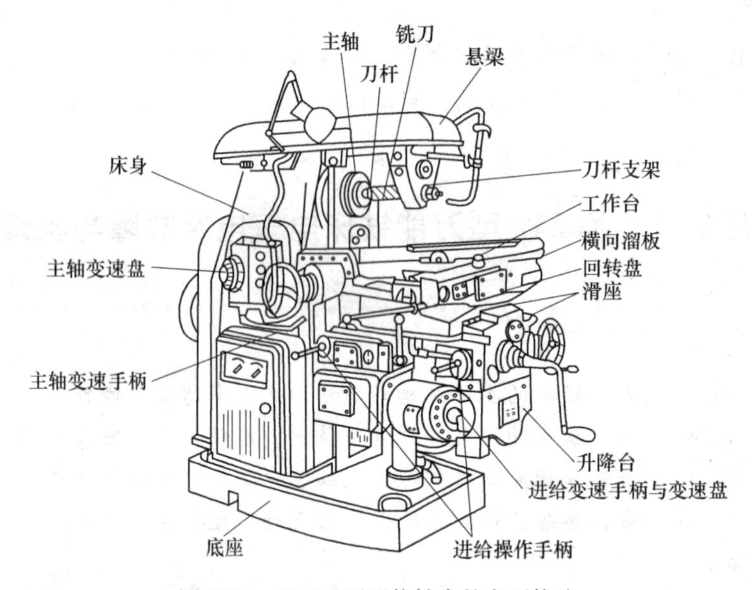

图 4-5-1　X62W 型万能铣床的主要构造

（二）运动形式

（1）主体运动　铣床主轴带动铣刀的旋转运动。

（2）进给运动　铣床工作台的横向（前后）、纵向（左右）和垂直（上下）6 个方向的运动。

（3）辅助运动　工作台、主轴箱的快速移动。

二、任务分析

X62W 型万能铣床的电力拖动形式和控制要求如下。

（一）电力拖动形式

1）铣床配有 3 台电动机，M1 为主轴电动机，是通过主轴变速箱控制主轴的旋转；M2

为进给电动机，是控制工作台的进给运动和辅助运动；M3 为冷却泵电动机，将冷却液输送到机床切削部位。

2）在 X62W 型万能铣床的电气设备中，用牵引电磁铁控制工作台的快速移动，用速度继电器控制主轴反接制动。主轴轴承由于容易损坏，因此对机床的电气控制进行了改进，将主轴的反接制动改为电磁离合器制动，进给系统也由电磁离合器传动；进给拖动的快速移动也用电磁离合器代替了原设备中的牵引电磁铁。

3）由于铣削分为顺铣和逆铣两种加工方式，分别使用顺铣刀和逆铣刀，所以要求主轴电动机能够正反转，但只要求预先选定主轴电动机的转向，在加工过程中则不需要主轴反转。

（二）控制要求

1）进给运动及快速移动，也要求能够正反转，以实现 6 个方向的正反向进给运动；通过进给变速箱，可获得不同的进给速度。6 个方向的进给运动在同一时间只允许有一个方向的运动，为此由一台进给电动机来拖动。电动机不同方向的运动是通过方向手柄和位置开关的方式相互联锁来实现的，进给运动由进给电磁离合器 YC2 控制，快速移动由快速移动电磁离合器 YC3 控制。

2）为了防止在主轴未转动时，工作台将工件送到主轴的过程中可能造成损坏刀具或工件的危险，故要求工作台的进给运动应在主轴开动后才能进行。

3）主轴和进给运动用变速盘进行速度选择，为保证变速齿轮能更多地啮合，减小齿轮端面的冲击，要求电动机稍微转动一下，因此调整变速盘时采用变速冲动控制。

4）为扩大加工能力，升降台上可加装圆形工作台，圆形工作台的回转运动由进给电动机经传动机构驱动。

5）为了更换铣刀方便、安全，设置换刀专用开关 SA1。换刀时 SA1-1 的触点（4-6）将控制电路切断，SA1-2 的触点（105-107）将主轴制动，避免出现人身事故。

6）三台电动机分别用 FR1、FR2、FR3 作过载保护。

三、必备知识

（一）电磁离合器

电磁离合器又称电磁联轴器，它是利用表面摩擦和电磁感应原理，在两个旋转运动的物体间传递力矩的执行电器，常用的电磁离合器有摩擦片式离合器、电磁粉末离合器、电磁转差离合器。X62W 型万能铣床上采用的是摩擦式电磁离合器，它具有远距离控制、控制能量小、动作迅速、可靠、结构简单和操作方便等优点，多片摩擦式电磁离合器外形图如图 4-5-2 所示。

a) 固定式

b) 滑动式

图 4-5-2　多片摩擦式电磁离合器外形图

摩擦式电磁离合器由主轴、主动摩擦片、从动摩擦片、从动齿轮、套筒、线圈、铁心、衔铁、滑环等组成。摩擦式电磁离合器按摩擦片数量可以分为单片式与多片式两种，机床上普遍采用多片式电磁离合器，图 4-5-3 为多片摩擦式电磁离合器的结构图，在主轴 1 的花键轴端，装有主动摩擦片 2，它可以沿轴向自由移动，但因是花键连接，故随主轴一起转动，从动摩擦片 3 与主动摩擦片交替叠装（不相连），其外缘凸起部分卡在与从动齿轮 4 固定在一起的套筒 5 内，因而可以随从动齿轮一起转动，在主轴转动时它可以不转。当线圈 6 通电后产生磁场，将摩擦片吸向铁心 7，衔铁 8 也被吸住，紧紧压住各摩擦片，于是依靠主动摩擦片与从动摩擦片之间的摩擦力，使从动齿轮随主轴转动，实现力矩的传递。线圈一端通过电刷和滑环 9，输入直流电，而另一端可接地。当电磁离合器线圈电压达到额定值时的 85% ~105% 时，离合器就能可靠地工作。当线圈断电时，装在内外摩擦片之间的圆桩弹簧使衔铁和摩擦片复原，离合器便失去传递力矩的作用。

多片式电磁离合器的片数为 2 ~12 片，随着摩擦片数的增加，传递转矩也增大，但片数大于 12 片后，将使磁路增长，磁阻增大，磁通减小，这时反而会使传递的转矩减小。因此多片式电磁离合器的摩擦片以 2 ~12 片最为合适。

多片式电磁离合器传递转矩大，体积小，易于安装在机床内部，并能在工作中接入和切除，便于实现自动化，因此在机床自动控制中应用较广泛。

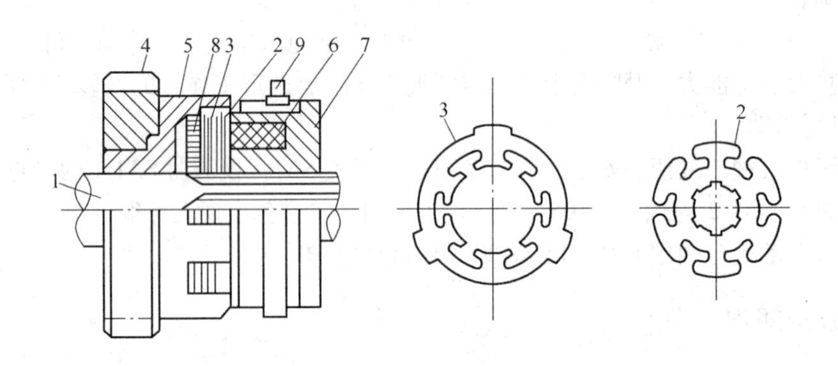

图 4-5-3　多片摩擦式电磁离合器

1—主轴　2—主动摩擦片　3—从动摩擦片　4—从动齿轮　5—套筒

6—线圈　7—铁心　8—衔铁　9—滑环

（二）主电路分析

铣床电气原理图如图 4-5-4 所示。

QS1 为电源总开关，熔断器 FU1 为总电源的短路保护。主电路共有三台电动机，除冷却泵电动机采用开关直接起动外，其余两台异步电动机均采用接触器直接起动。

M1 为主轴电动机，电动机 M1 的起动与停止由交流接触器 KM1 控制，主轴的正反转由转换开关 SC3 预先选择。转换开关 SC3 各触点在三个不同位置时各触点的通断情况见表 4-5-1。热继电器 FR1 是电动机 M1 的过载保护器件。

M2 为进给电动机，由交流接触器 KM2 和 KM3 控制正反转。热继电器 FR2 是电动机 M2 的过载保护器件。

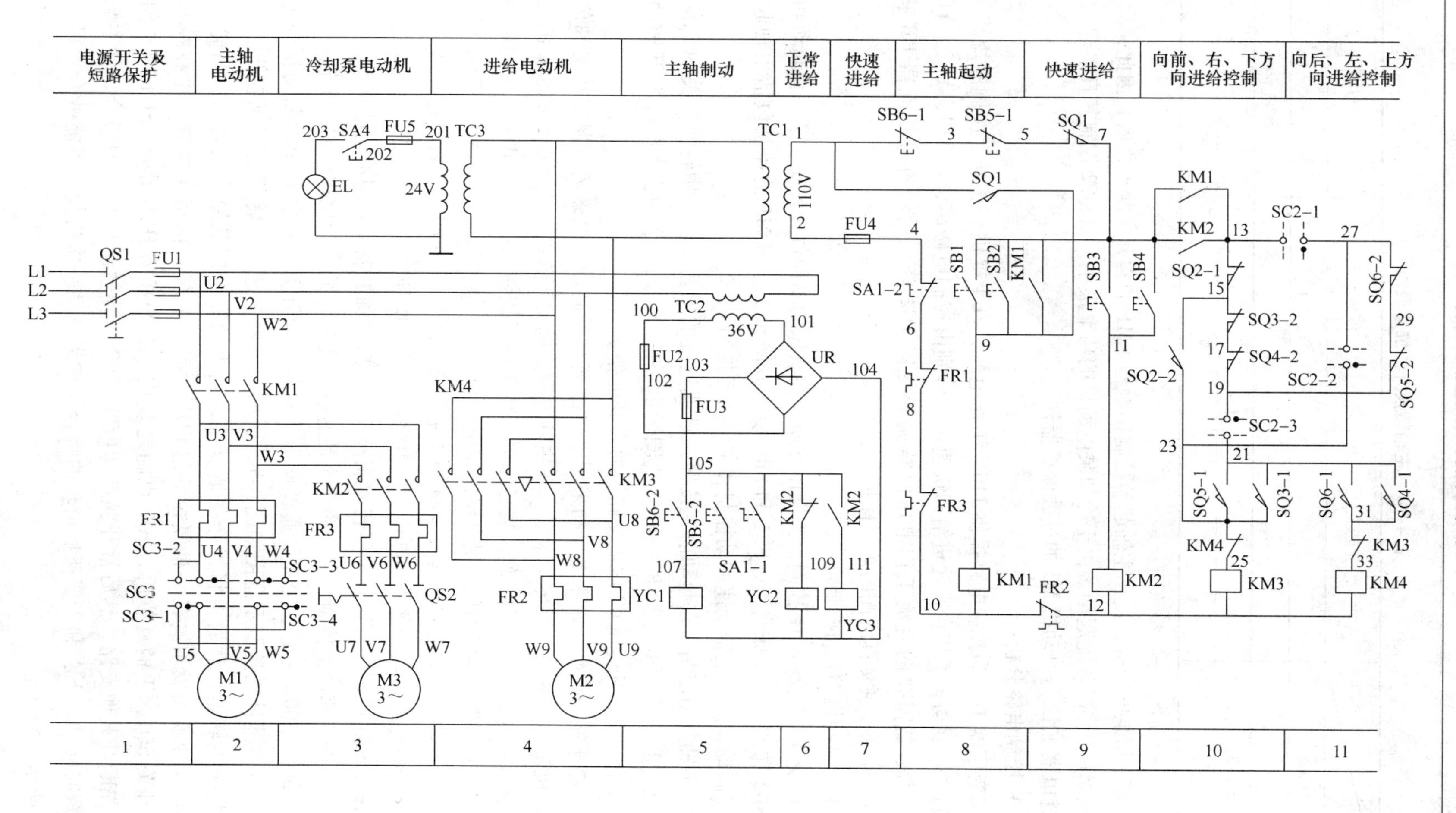

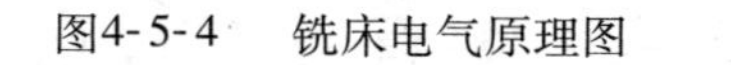
图4-5-4　铣床电气原理图

表 4-5-1　主轴转换开关位置表

触点 \ 位置	正转	停止	反转
SC3-1	—	—	+
SC3-2	+	—	—
SC3-3	+	—	—
SC3-4	—	—	+

注：“+”表示闭合，“—”表示断开。

M3 为冷却泵电动机，接在主轴起动控制接触器 KM1 的常开主触点之后，因此，只有主轴电动机 M1 工作时才能起动。由于冷却泵电动机的功率很小，由 QS2 控制其直接起动和停止。热继电器 FR3 是电动机 M3 的过载保护器件。

（三）控制电路分析

控制变压器 TC1 为控制电路提供 110V 工作电压，FU4 提供变压器二次侧的短路保护。该电路的主轴制动、工作台常速进给和快速进给分别由控制电磁离合器 YCl、YC2、YC3 实现，电磁离合器需要的直流工作电压由整流变压器 TC2 降压后经桥式整流器 UR 提供，FU2、FU3 分别提供交直流侧的短路保护。

1. 主轴电动机 M1 的控制

M1 由交流接触器 KM1 控制，为操作方便，在机床的不同位置各安装了一套起动和停止按钮：SB2 和 SB6 装在床身上，SB1 和 SB5 装在升降台上。对 M1 的控制包括主轴起动控制、停车制动控制、主轴变速冲动控制和主轴换刀控制。

（1）主轴起动控制　在起动前先按照顺铣或逆铣的工艺要求，用转换开关 SC3 预先确定 M1 的转向。按下 SB1 或 SB2→KM1 线圈通电→M1 起动运行，同时 KM1 常开辅助触点（7-13）闭合，为 KM3、KM4 线圈支路接通做好准备。

（2）停车制动控制　铣床主拖动采用了电磁离合器制动。电磁离合器装在主轴传动链中与电动机轴相连的第一根传动轴上。在主轴电动机起动工作时，由于电磁离合器的电磁线圈 YC1 没有通电，离合器不工作。要停车时，按下停车按钮 SB5-1 或 SB6-1，常闭触点（3-5）或（1-3）切断接触 KM1 线圈电路，使电动机定子电源切断，常开触点 SB5-2 或 SB6-2（105-107）闭合，使电磁离合器的线圈 YC1 通入 24V 直流电压吸合，将摩擦片压紧，实现制动。松开按钮时，离合器线圈断电，结束强迫制动。这种制动方式比较平稳而迅速，停转时，应按住 SB5 或 SB6 直至主轴停转才能松开，一般主轴的制动时间不超过 0. 5s。

（3）主轴变速冲动控制　主轴的变速是通过改变齿轮的传动比进行的。主轴有 18 种不同转速（30 ~ 1500r/min）。变速是通过操作手柄与冲动开关 SQ1 机械上的联动机构进行控制的，主轴变速冲动控制示意图如图 4-5-5 所示。需要变速时，将操作手柄拉出，转动变速盘至所需的转速，然后再将操作手柄复位，当手柄完全回到原来位置时，齿轮就顺利啮合好，变速就完成了。在手柄复位的过程中，有一个与手柄相连接的凸轮在瞬间压动了行程开关 SQ1，手柄复位后，SQ1 也随之复位。在 SQ1 动作的瞬间，SQ1 的常闭触点（5-7）先断开其他支路，然后常开触点（1-9）闭合，接触器 KM1 短时吸合，使主轴电动机 M1 短时转动一下，利于变速后齿轮的啮合。如果点动一次齿轮还不能啮合，可重复进行上述动作。

(4) 主轴换刀控制　当上刀或换刀时，为了安全，主轴应处于制动状态，以避免发生事故。上刀时只要将换刀制动开关SA1拨至“接通”位置，其常闭触点SA1-2（4-6）断开控制电路，保证在换刀时机床没有任何动作；其常开触点SA1-1（105-107）接通YC1，使主轴处于制动状态。换刀结束后，要记住将SA1扳回“断开”位置，方可进行主轴起动。

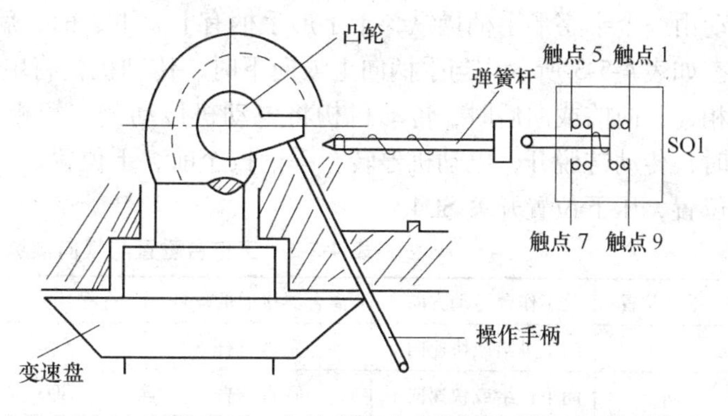

图4-5-5　主轴变速冲动控制示意图

2. 进给运动控制

工作台的进给运动分为工作进给和快速进给，工作进给必须在主轴电动机M1起动后才能进行，而快速进给属于辅助运动，是点动控制，可以在M1不起动的情况下进行，也可以在工作进给中进行快速移动。工作台在六个方向上的进给运动是由操作手柄和机械联动机构带动相关的位置开关SQ3~SQ6，通过控制接触器KM3、KM4来控制进给电动机M2正反转来实现的。在工作进给运动控制时，圆工作台控制转换开关SC2应转至断开位置，位置开关SQ5和SQ6分别控制工作台的向右和向左运动，而SQ3和SQ4则分别控制工作台的向前、向下、向后和向上运动。

进给拖动系统使用的两个电磁离合器YC2和YC3都安装在进给传动链中的第四根传动轴上。当YC2吸合而YC3断开时，为工作进给；当YC3吸合而YC2断开时，为快速进给。

(1) 工作台的纵向进给运动　工作台的纵向（左、右）运动是由“工作台纵向操纵手柄”来控制的。手柄有三个位置：向左、向右、零位（停止），其控制关系如表4-5-2所示。

表4-5-2　工作台纵向进给开关位置

触点＼位置	左	停	右
SQ5-1	—	—	+
SQ5-2	+	+	—
SQ6-1	+	—	—
SQ6-2	—	+	+

注：“+”表示闭合，“—”表示断开。

起动主轴，将纵向进给操作手柄扳向右边，联动机构将进给电动机M2的传动链拨向工作台下面的丝杠，使电动机的动力通过该丝杠作用于工作台→位置开关SQ5被压下→其常闭触点SQ5-2（27-29）先断开，常开触点SQ5-1（21-23）后闭合→接触器KM3线圈通过（13-15-17-19-21-23-25）路径通电→进给电动机M2正转→工作台向右运动。

若将操作手柄扳向左边，则位置开关SQ6被压下→接触器KM4线圈通电→进给电动机M2反转→工作台向左运动。

若将操作手柄扳至中间位置，SQ5或SQ6复位，KM3或KM4线圈断电，电动机M2停转。若在工作台左右极限位置装设限位挡铁，当挡铁碰撞到手柄连杆时，把手柄推至中间位置，电动机M2停转，实现终端保护。

（2）工作台的垂直与横向进给运动　工作台垂直（上、下）与横向（前、后）进给运动由一个十字形手柄操纵，十字形手柄有上、下、前、后和中间五个位置，其对应的运动状态如表 4-5-3 所示。当手柄向上或向下时，传动机构将电动机传动链和升降台上下移动丝杠相连；向前或向后时，传动机构将电动机传动链与溜板下面的丝杠相连；手柄在中间位置时，传动链脱开，电动机停转。手柄扳至前、下位置，压下位置开关 SQ3；手柄扳至后、上位置，压下位置开关 SQ4。

表 4-5-3　工作台垂直与横向操纵手柄功能

手柄位置	工作台运动方向	离合器接通的丝杆	行程开关动作	接触器动作	电动机运转
向上	向上进给或快速向上	垂直丝杆	SQ4	KM4	M2 反转
向下	向下进给或快速向下	垂直丝杆	SQ3	KM3	M2 正转
向前	向前进给或快速向前	横向丝杆	SQ3	KM3	M2 正转
向后	向后进给或快速向后	横向丝杆	SQ4	KM4	M2 正转
中间	升降或横向停止	横向丝杆	–	–	停止

将手柄扳至向上（或向后）位置时，压动位置开关 SQ4，接触器 KM4 线圈通过（13-27-29-19-21-31-33）线路得电，电动机 M2 反转，并通过机械传动机构使工作台分别向上（或向后）运动。

而当手柄扳至向下（或向前）位置时，压动位置开关 SQ3，接触器 KM3 线圈通过（13-27-29-19-21-23-25）线路得电，电动机 M2 正转，并通过机械传动机构使工作台分别向下（或向前）运动。

当手柄在中间位置时，机械机构都已脱开，位置开关 SQ3 和 SQ4 复位，接触器 KM3 和 KM4 释放，进给电动机 M2 停止，工作台也停止。

3. 进给变速冲动

进给变速与主轴变速时一样，变速时也需要使电动机 M2 短时转动一下，使齿轮易于啮合。进给变速冲动由位置开关 SQ2 控制，在操纵进给变速手柄和变速盘时，瞬间压动了位置开关 SQ2，在 SQ2 通电的瞬间，其常闭触点 SQ2-1（13-15）先断开而常开触点 SQ2-2（15-23）后闭合，使接触器 KM3 线圈经（13-27-29-19-17-15-23-25）路径通电，电动机 M2 正向点动。由接触器 KM3 的通电路径可见：只有在进给操作手柄均处于零位（即 SQ3 ~ SQ6 均不动作）时，才能进行进给变速冲动。

4. 工作台快速进给的操作

要使工作台在六个方向上快速进给，在按工作进给的操作方法操纵进给控制手柄的同时，还要按下快速进给按钮开关 SB3 或 SB4（两地控制），使接触器 KM2 线圈通电，其常闭触点（105-109）切断电磁离合器 YC2 线圈支路，将齿轮传动链与进给丝杠分离；常开触点（105-111）接通电磁离合器 YC3 线圈支路，将电动机直接驱动丝杠套，使机械传动机构改变传动比，工作台按进给手柄的方向快速进给。由于与接触器 KM1 的常开触点（7-13）并联了接触器 KM2 的一个常开触点，所以在主轴电动机 M1 不起动的情况下，也可以进行快速进给。

5. 圆工作台的控制

SA2 为圆工作台控制开关，此时应处于“断开”位置，其三组触点状态为：SA2-1、

SA2-3 接通，SA2-2 断开。

在需要加工弧形槽、弧形面和螺旋槽时，可以在工作台上加装圆工作台。圆工作台的回转运动也是由进给电动机 M2 拖动的。在使用圆工作台时，将控制开关 SA2 扳至“接通”的位置，此时 SA2-2 接通而 SA2-1、SA2-3 断开。在主轴电动机 M1 起动的同时，接触器 KM3 线圈经（13-15-17-19-29-27-23-25）路径通电，使进给电动机 M2 正转，带动圆工作台旋转（圆工作台只需要单向旋转）。由接触器 KM3 线圈的通电路径可见，只要扳动工作台进给操作的任何一个手柄，SQ3 ~ SQ6 中任一个行程开关的常闭触点断开，都会切断 KM3 线圈支路，使圆工作台停止运动，这就实现了工作台进给和圆工作台运动的联锁关系。

圆工作台转换开关 SC2 情况说明如表 4-5-4 所示。

表 4-5-4　圆工作台转换开关说明

位置 / 触点	圆工作台	
	接通	断开
SC2-1	—	+
SC2-2	+	—
SC2-3	—	+

注：“+”表示闭合，“-”表示断开。

6. 冷却泵控制与机床照明电路

主轴电动机 M1 起动后，合上 QS2，冷却泵电动机转动，为刀具和工件提供冷却液。

机床照明灯 EL 由照明变压器 TC3 提供 24V 的工作电压，SA4 为灯开关，FU5 作为照明电路的短路保护。

X62W 型万能铣床元器件明细表如表 4-5-5 所示。

表 4-5-5　X62W 型万能铣床元器件明细表

序号	代号	器件明称	型号	规格	数量
1	M1	主轴电动机	Y132M-4-R3	7.5kW，1450r/min	1
2	M2	进给电动机	Y90L-4	1.5kW，1440r/min	1
3	M3	冷却泵电动机	JOB-22	125W，2790r/min	1
4	KM1	交流接触器	CJ20-20	20A，线圈电压 110V	1
5	KM2 ~ KM4	交流接触器	CJ20-10	10A，线圈电压 110V	3
6	FU1	熔断器	RL1-60	60A，熔体 50A	3
7	FU2、FU4	熔断器	RL1-15	15A，熔体 4A	2
8	FU3、FR5	熔断器	RL1-15	15A，熔体 2A	2
9	FR1	热继电器	JR16-20/3D	10 ~ 16A 整定为 16A	1
10	FR2	热继电器	JR16-20/3D	2.2 ~ 5A 整定为 3.4A	1
11	FR3	热继电器	JR16-20/3D	0.32 ~ 0.5A 整定为 0.43A	1
12	QS1	开关	HZ10-60/3J	3 极，60A　380V	1
13	QS2	开关	HZ10-60/3J	3 极，10A　380V	1
14	SC1	换刀制动开关	HZ10-60/3J	3 极，10A　380V	1
15	SC2	圆工作台开关	HZ10-60/3J	3 极，60A　380V	1

（续）

序号	代号	器件明称	型号	规格	数量
16	SC3	主轴换向开关	HZ10-60/3J	3 极，60A　380V	1
17	TC1	控制变压器	BK-150	150V · A　380/110V	1
18	TC2	整流变压器	BK-100	100V · A　380/36V	1
19	TC3	照明变压器	BK-50	50V · A　380/24V	1
22	UR	整流器	2CZ ×4	6A，50V	4
23	SB1 ~ SB6	按钮	LA2		6
24	SQ1 ~ SQ2	位置开关	LX3-11K	开启式	2
24	SQ5 ~ SQ6	位置开关	LX3-11K	开启式	2
24	SQ3 ~ SQ4	位置开关	LX3-131	单轮自动复位	2
27	YC1 ~ YC3	电磁离合器	BIDL-Ⅱ		3
28	EL	照明灯	JC-25	40W，24V	1

（四）故障分析与处理方法

X62W 型万能铣床的主轴运动由主轴电动机 M1 拖动，采用齿轮变换实现调速。电气原理上不仅保证了主轴运动的要求，而且在主轴变速过程中采用了电动机的冲动和制动。

铣床的工作台能够进行前、后、左、右、上、下六个方向的常速和快速进给运动，同样，工作台的进给速度也需要变速，变速也是采用变换齿轮来实现的，电气控制原理与主轴变速相似。进给运动控制是由电气和机械系统配合进行的，在出现工作台进给运动的故障时，若对机、电系统的部件逐个进行检查，是难以尽快查出故障所在的，可依次进行其他方向的常速进给、快速进给、进给变速冲动和圆工作台的进给控制试验，来逐步缩小故障范围，分析故障原因，然后再在故障范围内逐个对元器件、触点、接线和接点进行检查。在检查时，还应考虑机械磨损或移位使操纵失灵等非电气的故障原因。

由于万能铣床的机械操纵与电气控制配合十分密切，因此调试与维修时，不仅要熟悉电气原理，同时还要对机床的操作与机械结构，特别是机电配合应有足够的了解。下面对 X62W 型万能铣床常见电气故障分析与故障处理的一些方法与经验进行归纳与总结。

1. 主轴电动机不能起动

1）控制电路熔断器 FU4 熔丝烧断，更换熔丝。

2）换刀转换开关 SC1 扳在制动位置。

3）主轴冲动开关 SQ1 常闭触点接触不良或损坏。

4）主轴换向开关 SC3 扳在停止位置。

5）停车按钮 SB5-1、SB6-1 触点接触不良。

6）热继电器 FR1、FR2 损坏或过载跳开。

7）接触器 KM1 线圈坏或主触点接触不良。

8）相关线路断路或接触不良。

2. 主轴停车没有制动

1）电磁离合器 YC1 线圈烧坏。

2）线路 105、107、104 断线或接触不良。

3. 主轴换刀时无制动

1）转换开关 SC1 损坏或触点接触不良。

2）线路 105 或 107 断线或接触不良。

4. 主轴电动机没有变速冲动

1）位置开关 SQ1 位置改变、撞坏或触点接触不良。

2）线路 1 或 9 断线或接触不良。

5. 按下主轴停车按钮后主轴电动机不能停车

接触器 KM1 的主触点熔焊。注意：如果在按下停车按钮后，KM1 不释放，则可断定故障是由 KM1 主触点熔焊引起的。应注意此时电磁离合器 YC1 正在对主轴起制动作用，会造成 M1 过载，并产生机械冲击。所以一旦出现这种情况，应马上松开停车按钮，进行检查，否则会很容易烧坏电动机。

6. 工作台没有进给

1）电动机 M2 不能起动，电动机接线脱落或电动机绕组断线。

2）接触器 KM1 不吸合，常开辅助触点（7-13）坏或接触不良。

3）进给电磁离合器 YC2 烧坏。

4）接触器 KM2 辅助常闭触点（105-109）坏或接触不良。

5）圆工作台选择开关 SC2-3 触点坏或接触不良。

6）热继电器 FR2 触点坏或接触不良。

7）线路 7、13、21、12 断线或接触不良。

7. 进给电动机没有变速冲动。

1）变速冲动开关 SQ2 位置移动、撞坏或触点接触不良。

2）进给操作手柄不是都在零位。

3）线路 15、23 断线或接触不良。

8. 工作台能向左、向右进给，但不能向前、向后、向上、向下进给

1）纵向（左、右）操作手柄的位置开关 SQ5-2 或 SQ6-2 位置移动、撞坏或触点接触不良。

2）圆工作台选择开关 SC2-1 触点坏或接触不良。

3）线路 13、37、29、19 断线或接触不良。

9. 工作台能向前、向后、向上、向下进给，但不能向左、向右进给

1）横向（前、后）、垂直（上、下）操作手柄的位置开关 SQ3-2 或 SQ4-2 位置移动、撞坏或触点接触不良。

2）进给变速冲动开关 SQ2-1 常闭触点坏或接触不良。

3）线路 13、15、17、19 断线或接触不良。

10. 工作台向左、向右、向前和向下进给正常，没有向上和向后进给

1）向上和向后位置开关 SQ4-1 常开触点坏或接触不良。

2）线路 21、31 断线或接触不良。

11. 工作台没有快速移动

1）快速电磁离合器 YC3 线圈烧坏。

2）接触器 KM2 辅助常闭触点（105-111）坏或接触不良。

3）接触器 KM2 坏，常开触点（7-13）坏或接触不良。

4）线路 1、13、21、12、10 断线或接触不良。

5）圆工作台选择开关 SA2-3 触点坏或接触不良。

6）热继电器 FR2 触点坏或接触不良。

12. 主轴没有制动，工作台没有进给和快速进给

1）整流变压器 TC2 一次绕组、二次绕组坏。

2）熔断器 FU2、FU3 熔丝烧断。

3）硅整流桥 UR 损坏。

4）线路 100、101、102、103、104、105 断线或接触不良。

四、任务实施

（一）任务要求

1）分析 X62W 型万能铣床的电气故障并说明产生故障的原因。

2）用通电试验方法发现故障现象，进行故障分析，并在电气原理图中用虚线标出最小故障范围。

3）按电气原理图排除 X62W 型万能铣床主电路或控制电路中，人为设置的两个电气自然故障点。

4）学生应根据故障现象，先在原理图中正确标出最小故障范围的线段，然后采用正确的检查和排故方法并在定额时间内排除故障。

5）排除故障时，必须修复故障点，不得采用更换元器件、借用触点及改动线路的方法，否则，做不能排除故障点扣分。

6）检修时，严禁扩大故障范围或产生新的故障，并不得损坏元器件。

（二）任务准备

1）工具：测电表、电工刀、尖嘴钳、斜口钳、剥线钳、螺钉旋具等。

2）仪表：500 型万用表。

3）材料：导线、绝缘胶布、绝缘透明胶布若干。

4）设备：X62W 型万能铣床或模拟电气控制屏柜。

（三）任务实施步骤

1）熟悉 X62W 型万能铣床的主要结构和运动形式，并进行实际操作，了解机床的各种工作状态及按钮的作用。

2）熟悉 X62W 型万能铣床元器件的安装位置、走线情况以及操作手柄处于不同位置时，位置开关的工作状态及运动部件的工作情况。

3）在有故障或人为设置故障的 X62W 型万能铣床上，由教师示范检修，直至故障排除。

4）由教师设置让学生知道的故障点，指导学生如何从故障现象着手进行分析，逐步引导学生采用正确的检查步骤和检修方法排除故障。

5）教师设置人为的故障，由学生检修。

（四）注意事项

1）检修前要认真阅读 X62W 型万能铣床的原理图和接线图，熟练掌握各个控制环节的

原理及作用，弄清有关元器件的位置、作用及走线情况。

2）由于X62W型万能铣床的电气控制与液压控制的配合十分密切，因此在出现故障时，应首先判明是液压故障还是电气故障，要认真仔细地观察教师的示范检修。

3）修复故障使磨床恢复正常时，要注意消除产生故障的根本原因，以避免频繁发生相同的故障。

4）停电要验电，带电检查时，必须有指导老师在现场监护，以确保用电安全，同时要做好训练记录。

5）工具仪表的使用要正确，检修时要认真核对导线的线号，以免出错。

五、任务检查与评定

任务内容及配分	要求	扣分标准	得分
故障分析（30分）	原理图分析及标出原理图故障范围	1. 在原理图上标不出故障回路或标错，每个故障点扣15分 2. 不能标出最小故障范围，每个故障点扣5分	
	故障分析思路	故障分析思路不清楚，每个故障点扣5分	
排除故障（60分）	主轴电动机不能起动	1. 断电不验电扣5分 2. 工具及仪表使用不当，每次扣5分 3. 检查故障的方法不正确扣20分 4. 排除故障的方法不正确扣20分 5. 不能排除故障点，每个扣30分 6. 扩大故障范围或产生新故障，每个扣15分 7. 损坏元器件，每个扣20～40分 8. 排除故障后通电试车不成功扣50分 9. 违反文明安全生产，扣10～70分	
	按下主轴停车按钮后主轴电动机不能停车		
	工作台向左、向右、向前和向下进给正常，没有向上和向后进给		
	工作台没有快速移动		
	进给电动机没有变速冲动		
定额时间（10分）	45min	训练不允许超时，在修复故障过程中才允许超时，每超5min（不足5min，以5min记）扣5分	
备注	除定额时间外，各项内容的最高扣分不得超过配分分数	成绩	

【相关知识】

转换开关

转换开关又称组合开关，常用于交流50Hz、380V以下及直流220V以下的电气线路中，一般用于手动不频繁的接通和分断电路中，或控制5kW以下小容量异步电动机的起动、停止和正反转，各种用途的转换开关如图4-5-6所示。

转换开关的常用产品有：HZ6、HZ10、HZ15系列。一般在电气控制线路中普遍采用的是HZ10系列的转换开关。

转换开关有单极、双极和多极之分。普通类型的转换开关各极是同时通断的，特殊类型的转换开关各极交替通断，以满足不同的控制要求。

1. 无限位型转换开关

无限位型转换开关手柄可以在360°范围内旋转，无固定方向。常用的是全国统一设计

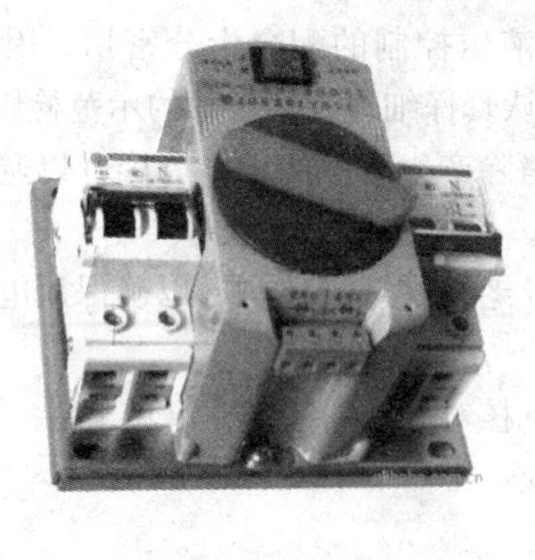
a) 自动电源转换开关

b) 可逆转换开关

c) HZ 转换开关

d) 万能转换开关

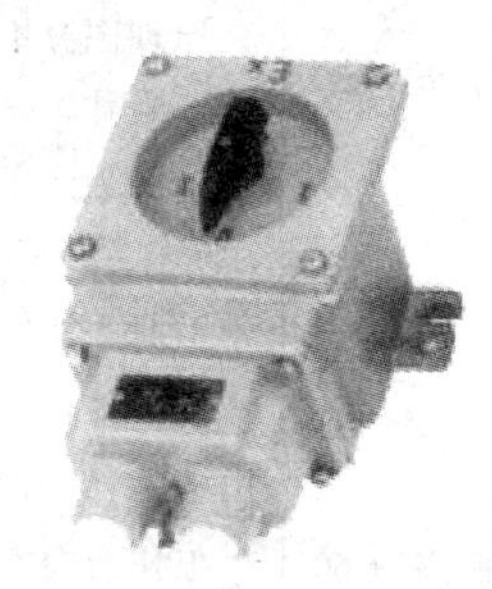
e) 防爆转换开关

图 4-5-6　各种用途的转换开关

的产品 HZ10 系列，HZ10-10/3 型转换开关的外形与结构如图 4-5-7 所示。它实际上就是由多节触点组合而成的刀开关。与普通闸刀开关的区别是转换开关用动触片代替闸刀，操作手柄在平行于安装面的平面内可左右转动。开关的三对静触点分别装在三层绝缘垫板上，并附有接线柱，用于与电源及用电设备相接。动触点是用磷铜片（或硬纯铜片）和具有良好灭弧性能的绝缘钢纸板铆合而成的，并和绝缘垫板一起套在附有手柄的方形绝缘转轴上。手柄和转轴能在平行于安装面的平面内沿顺时针或逆时针方向每次转动 90°，带动三个动触点分别与三对静触点接触或

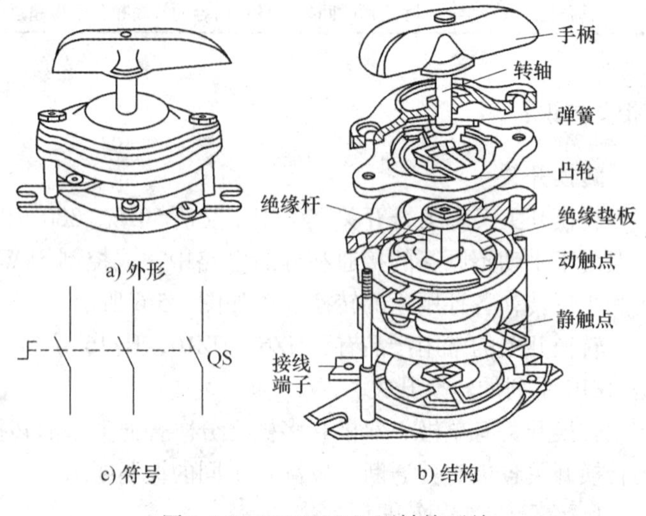

图 4-5-7　HZ10-10/3 型转换开关

分离，实现接通或分断电路的目的。开关的顶盖部分是由滑板、凸轮、弹簧和手柄等构成的操作机构。由于采用了弹簧储能，可使触点快速闭合或分断，从而提高了开关的通断能力。

2. 有限位型转换开关

有限位型转换开关也叫可逆转换开关或倒顺开关，它只能在90°范围内旋转，有定位限制，类似于双掷开关。常用的为HZ3系列，HZ3-132型转换开关的外形与结构如图4-5-8a、b所示。

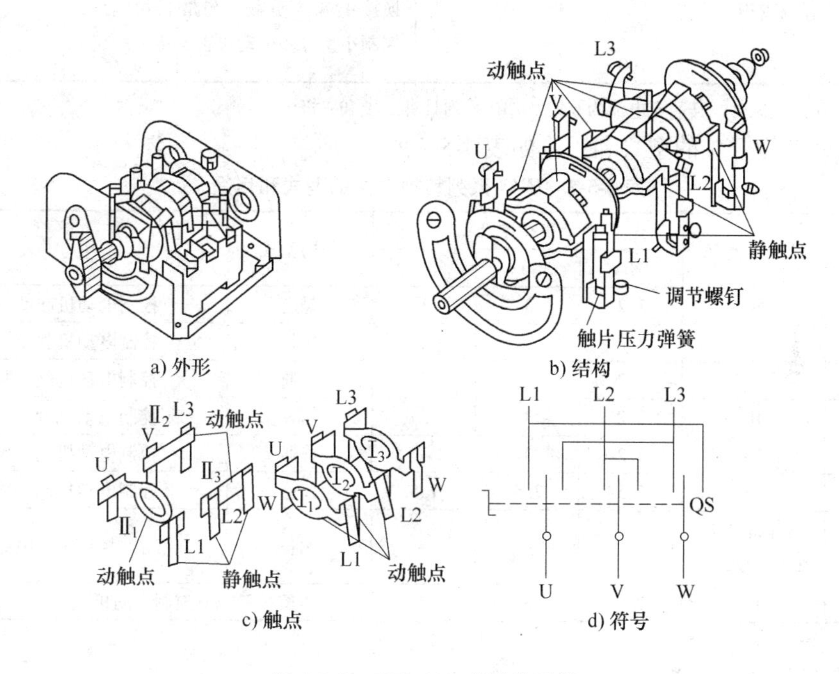

图4-5-8　HZ3-132型转换开关

HZ3-132型转换开关的手柄有倒、停、顺三个位置，手柄只能从“停”位置左转45°和右转45°。移去上盖可见两边各装有三个静触点，右边标符号L1、L2和W，左边标符号U、V和L3，如图4-5-8b所示。转轴上固定着六个不同形状的动触点，其中Ⅰ1、Ⅰ2、Ⅰ3、Ⅱ1是同一形状，Ⅱ2、Ⅱ3为另一种形状，如图4-5-8c所示。六个动触点分成两组，每组三个，其中Ⅰ1、Ⅰ2、Ⅰ3为一组，Ⅱ1、Ⅱ2、Ⅱ3为一组。两组动触点不同时与静触点接触。HZ3-132型转换开关的符号如图4-5-8d所示。

HZ3系列转换开关多用于控制小容量异步电动机的正、反转及双速异步电动机△/YY、Y/YY的变速切换。

转换开关是根据电源种类、电压等级、所需触点数、接线方式进行选用的。应用转换开关控制异步电动机的起动、停止时，每小时的接通次数不超过15～20次，开关的额定电流也应该选得略大一些，一般取电动机额定电流的1.5～2.5倍。用于电动机的正、反转控制时，应当在电动机完全停止转动后，方可允许反向起动，否则会烧坏开关触点或造成弧光短路事故。

HZ5、HZ10系列转换开关主要技术数据如表4-5-6所示。

表 4-5-6 HZ5、HZ10 系列转换开关主要技术数据

<table>
<tr><th>型号</th><th>额定电压/V</th><th>额定电流/A</th><th>控制功率/kW</th><th>用 途</th><th>备 注</th></tr>
<tr><td>HZ5-10</td><td rowspan="4">交流 380</td><td>10</td><td>1.7</td><td rowspan="4">在电气设备中用于电源引入，接通或分断电路、换接电源或负载（电动机等）</td><td rowspan="4">可取代 HZ1 ~ 3 等老产品</td></tr>
<tr><td>HZ5-20</td><td>20</td><td>4</td></tr>
<tr><td>HZ5-40</td><td>40</td><td>7.5</td></tr>
<tr><td>HZ5-60</td><td>60</td><td>10</td></tr>
<tr><td>HZ10-10</td><td rowspan="4">直流 220</td><td>10</td><td rowspan="4"></td><td rowspan="4">在电气线路中接通或分断电路；换接电源或负载；测量三相电压；控制小型异步电动机正反转</td><td rowspan="4">可取代 HZ1、HZ2 等老产品</td></tr>
<tr><td>HZ10-25</td><td>25</td></tr>
<tr><td>HZ10-60</td><td>60</td></tr>
<tr><td>HZ10-100</td><td>100</td></tr>
</table>

注：HZ10-10 为单极时，其额定电流为 6A，HZ10 系列具有二极和三极。

HZ3 系列转换开关的型式和用途如表 4-5-7 所示。

表 4-5-7 HZ3 系列转换开关的型式和用途

<table>
<tr><th rowspan="2">型号</th><th rowspan="2">额定电流/A</th><th colspan="3">电动机功率/kW</th><th rowspan="2">手柄型式</th><th rowspan="2">用 途</th></tr>
<tr><th>220V</th><th>380V</th><th>500V</th></tr>
<tr><td>HZ3-131</td><td>10</td><td>2.2</td><td>3</td><td>3</td><td>普通</td><td>控制电动机起动、停止</td></tr>
<tr><td>HZ3-431</td><td>10</td><td>2.2</td><td>3</td><td>3</td><td>加长</td><td>控制电动机起动、停止</td></tr>
<tr><td>HZ3-132</td><td>10</td><td>2.2</td><td>3</td><td>3</td><td>普通</td><td>控制电动机倒、顺、停</td></tr>
<tr><td>HZ3-432</td><td>10</td><td>2.2</td><td>3</td><td>3</td><td>加长</td><td>控制电动机倒、顺、停</td></tr>
<tr><td>HZ3-133</td><td>10</td><td>2.2</td><td>3</td><td>3</td><td>普通</td><td>控制电动机倒、顺、停</td></tr>
<tr><td>HZ3-161</td><td>35</td><td>5.5</td><td>7.5</td><td>7.5</td><td>普通</td><td>控制电动机倒、顺、停</td></tr>
<tr><td>HZ3-452</td><td>5（110V）
2.5（220V）</td><td>—</td><td>—</td><td>—</td><td>加长</td><td>控制电磁吸盘</td></tr>
<tr><td>HZ3-451</td><td>10</td><td>2.2</td><td>3</td><td>3</td><td>加长</td><td>控制电动机△/YY、Y/YY变速</td></tr>
</table>

3. 转换开关型号意义

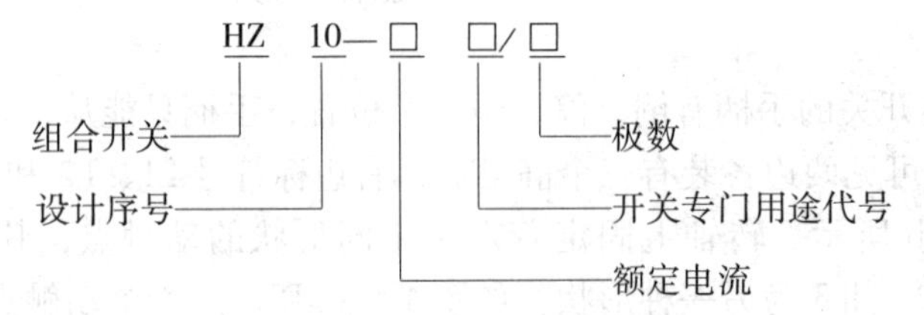

【任务小结】

本任务介绍了 X62W 型万能铣床的主要结构和运动形式，及相关的电磁离合器及转换开关的结构原理等。详细分析了 X62W 型万能铣床电气线路组成、工作原理及铣床常见电气故障的诊断与检修方法。

【习题及思考题】

现场处理 X62W 型万能铣床的继电器控制电路故障（考场提供 X62W 型万能铣床的工作原理图），故障现象如下：（1）主轴进给、快速进给电磁铁不能工作；（2）工作台不能左右移动。

参 考 文 献

[1] 李广兵. 维修电工国家职业技能鉴定指南 [M]. 北京：电子工业出版社，2014.

[2] 周德仁. 维修电工与实训 [M]. 北京：人民邮电出版社，2006.

[3] 刘小春. 电气控制与 PLC 技术应用 [M]. 2 版. 北京：电子工业出版社 ，2015.

[4] 华满香，李庆梅. 电气控制技术及应用 [M]. 北京：人民邮电出版社，2012.

[5] 王跃东，李赏. 维修电工技能训练 [M]，西安：西北工业大学出版社，2008.

[6] 赵承荻，李乃夫. 维修电工实训与考级 [M]，北京：高等教育出版社，2010.

参考文献

[1] [illegible]［M］. [illegible]：[illegible]，2014.
[2] [illegible]［M］. [illegible]：[illegible]，2008.
[3] [illegible]，2015.
[4] [illegible]
[5] [illegible]，2006.
[6] [illegible]［M］. [illegible]，2010.